oekom

Klimaneutral
Verlag
ClimatePartner.com/53585-1805-1001

Selbstverpflichtung zum nachhaltigen Publizieren
Nicht nur publizistisch, sondern auch als Unternehmen setzt sich der oekom verlag konsequent für Nachhaltigkeit ein. Bei Ausstattung und Produktion der Publikationen orientieren wir uns an höchsten ökologischen Kriterien.
Dieses Buch wurde auf 100 % Recyclingpapier, zertifiziert mit dem FSC®-Siegel und dem Blauen Engel (RAL-UZ 14), gedruckt. Auch für den Karton des Umschlags wurde ein Papier aus 100 % Recyclingmaterial, das FSC®-ausgezeichnet ist, gewählt. Alle durch diese Publikation verursachten CO_2-Emissionen werden durch Investitionen in ein Gold-Standard-Projekt kompensiert.
Die Mehrkosten hierfür trägt der Verlag.
Mehr Informationen finden Sie hinten im Buch und unter:
http://www.oekom.de/allgemeine-verlagsinformationen/nachhaltiger-verlag.html

Bibliografische Information der Deutschen Nationalbibliothek:
Die Deutsche Nationalbibliothek verzeichnet diese Publikation in der Deutschen Nationalbibliografie; detaillierte bibliografische Daten sind im Internet über http://dnb.d-nb.de abrufbar.

Gesellschaft für ökologische Kommunikation mbH
Waltherstraße 29, 80337 München

Layout und Satz: Reihs Satzstudio, Lohmar
Lektorat: Eva Rosenkranz
Korrektorat: Petra Kienle
Umschlaggestaltung: www.buero-jorge-schmidt.de

Druck: Friedrich Pustet GmbH & Co. KG, Regensburg

ISBN 978-3-96238-130-1

FSC
www.fsc.org
RECYCLED
Papier aus Recyclingmaterial
FSC® C014889

Axel Berg

Energiewende einfach durchsetzen

Roadmap für die nächsten 10 Jahre

Gewidmet ist dieses Buch
meiner Nichte Julia Berg und meinem Patensohn Kai Hendricks;
stellvertretend für die Jugend,
die in der hier beschriebenen Zukunft leben wird.

Inhaltsverzeichnis

Kapitel 1

In zehn Jahren eine andere Welt – warum dieses Buch

Dieses Buch erzählt am Beispiel Deutschlands von einer Zukunft, in der eine Vollversorgung mit erneuerbarer Energie Realität geworden ist. Es beschreibt Wege, die aus der derzeitigen Lähmung herausführen, und will damit einen positiven Sog erzeugen, den Zauber der Idee vom Aufbruch in das nachfossile Zeitalter verbreiten, Gleichgesinnte ermutigen, sie in ihrem richtigen Denken bestärken und an vielen Beispielen aufzeigen, dass es eine Alternative zum Status quo gibt: die dezentrale Energiewende in weniger als zehn Jahren.

Die Energiefrage bestimmt fast alle gesellschaftlichen, wirtschaftlichen und kriegerischen Entwicklungen der Menschheit. Kein Wunder, ist Energie doch der erste Schritt jeder Wertschöpfung. Bis heute ist die fossil-atomare Verschwendungswirtschaft der Schmierstoff industriellen Lebens in modernen Gesellschaften. Öl, Gas und Kohle halten unsere Wirtschaftskreisläufe in Bewegung. Inzwischen haben wir festgestellt, dass gerade der Einsatz dieser fossilen Energieträger durch Verbrennung größte Schäden in der Umwelt hinterlässt, die wir nicht mehr rückgängig machen können. Es geht mittlerweile nur noch darum, die Schäden in ihren Auswirkungen in Grenzen zu halten und auszudiskutieren, wer dafür bezahlt. Das bedeutet, dass die Antriebsfeder der gesamten Menschheit nicht mehr wie bisher zur Verfügung steht. Das ist eine sehr ernüchternde Erkenntnis.

Soziologen haben festgestellt, dass einfach verfügbare Energiequellen so lange unbedacht benutzt werden, bis sie aufgebraucht sind. Die herrschende fossil-nuklear angetriebene Wirtschaft erzeugt heute schon Umwelt- und Ernteschäden, ferner hohe Gesundheits-

und Arbeitslosenkosten sowie enorme Kosten für militärische Sicherung und Subventionen. Hinzu kommen Zukunftskosten durch Anpassungsmaßnahmen an den Klimawandel, Umweltflüchtlinge sowie die sichere Verwahrung von nicht oder kaum biologisch zersetzbaren, radioaktiven Schwermetall- und Kunststoffabfällen und vielleicht von CO_2. Weiter erfolgt die Vernichtung von Naturressourcen, die substanzielle Bedeutung außerhalb der Energiewirtschaft haben, etwa für die chemische oder die pharmazeutische Industrie. Wenn man eine Ökobilanz oder Life-Cycle-Analyse macht, dann ist da nichts nachhaltig. Den günstigen Betrieb finanziert der Steuerzahler, die astronomischen Gewinne streichen die Unternehmen ein. Die Betreiber und Institutionen, die von einer großindustriellen Struktur profitieren, machen für deren Erhalt fast alles. Doch ihre Trugbilder stürzen ein.

Klima-, Rohstoff- und Wachstumskrisen lassen ein Weiter-so nicht zu. Das ist jedem klar. Deshalb erkennt man die Gegner der Energiewende nicht mehr an ihrer offenen Gegnerschaft, sondern daran, dass sie Gründe für den Aufschub suchen. Letztlich geht es in Deutschland, Europa und global um die Kontrolle über das Energiesystem der Zukunft. Wird es zentralisiert bleiben, in den Händen weniger Konzerne? Oder wird es ein von Nachhaltigkeit geprägtes System mit einer Vielzahl von Akteuren geben, die alle regenerative Energie bereitstellen? Ein Sowohl-als-auch wird nicht möglich sein. Wo bitte also geht's zur solaren Weltwirtschaft[1]? Und wie lange darf's noch dauern?

Fossile Energien und Uran sind endlich, teuer und schaden Umwelt, Gesundheit und Gerechtigkeit. Erneuerbare Energien sind nachhaltig, sauberer und gerecht; ihre Grenzkosten gehen gegen null. Doch das für die Gesellschaft überlebenswichtige Ziel einer entschlossenen Energiewende steht immer noch nicht oben auf der politischen Agenda.

Zur Jahrtausendwende war eine Vollversorgung mit dezentraler Nutzung erneuerbarer Energien eine Vision und ein Versprechen, dass eine friedliche und lebenswerte Zukunft auf Basis erneuerbarer Energien möglich ist. Heute ist aus der Vision Gewissheit geworden – und angesichts technischer und ökonomischer Fortschritte wird diese Tatsache bald Common Sense sein: Erneuerbare Energien aus Wind, Sonne, Wasser, Biomasse und Geothermie einschließlich Speicher- und Umwandlungstechnologien stehen für eine dezentrale und schnelle Energiewende zur Verfügung und sind längst auch ökonomisch konkurrenzfähig.

Deutschland hat schon früh umgesteuert. Der rot-grüne Atomkonsens von 2000 stand auf zwei Beinen: geregelter Atomausstieg und Anschub für die Erneuerbaren. Für Deutschland löste dieses Konzept eine bemerkenswerte Erfolgsgeschichte aus: rund fünf Gigawatt Zubau jährlich (das entspricht vier Atomkraftwerken), Exportboom und Systemführerschaft bei den erneuerbaren Energien und ein weitgehender Konsens über die Energiezukunft nach endlosen Kontroversen in der Vergangenheit.

Aber noch viel wichtiger war: Ein großes und renommiertes Industrieland ging erfolgreich einen Weg aus der Kernenergienutzung. Wer den globalen Markt der Erneuerbaren nicht überproportional den Deutschen überlassen wollte, musste in diesen Wettbewerb einsteigen – ganz Europa und Länder wie die Vereinigten Staaten und China reagierten. Wenn anderswo der Atomausstieg zumeist auch ausblieb, setzte diese Entwicklung doch starke industriepolitische Signale und über Wettbewerb und die »Economies of Scale« gewannen die Renewables auch weltweit an Gewicht.

Die Energiewende ist eine politische Herausforderung, die schnell konsequente Weichenstellungen verlangt. Doch mit jedem Schritt in Richtung energiepolitischer Veränderung wird der Widerstand des atomar-fossilen Oligopols radikaler. Man blockiert mit allen Mitteln. Willfährige Politiker unterstützen dabei nach Kräften.

Dieses Buch belegt, dass die herkömmlichen Energien Öl, Gas und Kohle ohne milliardenschwere Subventionen längst bankrott wären. Man könnte mit wachsender Fassungslosigkeit über die irrational erscheinende Energiepolitik lamentieren. Klüger ist es, sich klar zu machen, dass wir das – vermutlich letzte – Komplott des atomar-fossilen Lagers erleben. Zentrale und dezentrale Systeme vertragen aufgrund ihrer physikalischen und ökonomischen Charakteristika kein Nebeneinander. Konzerne, die mit weltumspannenden Infrastrukturen und zentralen Versorgungslösungen mächtig geworden sind, wollen ihr Geschäftsmodell nicht auf dezentrale, kleinteilige und beteiligungsintensive Versorgungslösungen umstellen. Sie wollen das alte, nicht nachhaltige Geschäft so lange wie möglich mitnehmen. Daher lassen sie nichts unversucht, dezentrale Lösungen zu erschweren und gleichzeitig mit Pipelines, monströsen Hochspannungstrassen oder Rodungsaktionen neue Fakten und Abhängigkeiten zu schaffen.

Die konzernfreundliche Politik wird dezidiert entlarvt. Denn die Alternativen sind verfügbar. Anfangs belächelt, zeitweise gefeiert und später wieder bekämpft, haben die unzähligen Akteure der Energiewende in den zurückliegenden Jahren eine wechselhafte Resonanz erlebt. Heute entfaltet eine um sich greifende Desinformationspolitik ihre Wirkung. Selbst in Kreisen engagierter Energiewendeaktivisten wachsen die Zweifel daran, dass wir die Wende noch rechtzeitig schaffen. Seit Jahr und Tag ist es fünf vor zwölf; die in Deutschland so gut gestartete Energiewende wirkt zäh und scheint zu lange zu dauern. Viele frühere Optimisten sind enttäuscht und haben den Glauben an den Umbruch verloren. Unschlüssig warten viele Bewegte auf die nächsten Kippelemente in der Klimaentwicklung. Kipppunkte gibt es aber auch gesellschaftlich und technologisch. Wenn sie erreicht sind, geht alles wahnsinnig schnell.

Der Geist ist aus der Flasche. Dafür gesorgt haben Einspeisegesetze wie das deutsche Gesetz für den Vorrang Erneuerbarer Energien (EEG), das inzwischen von rund hundert Ländern übernommen wurde. Einspeisegesetze sind emanzipatorische Gesetze: weg von einer zentralisierten Energieerzeugung in den Händen einiger weniger Großkonzerne hin zu einer Vielzahl von Akteuren, die als Prosumer regenerativen Strom bereitstellen und verbrauchen. Der Massenmarkt senkt beständig die Investitionskosten und macht Strom aus Wind und Sonne konkurrenzlos günstig. Wir haben das Know-how, wir haben die Mehrheit der Bevölkerung auf unserer Seite und wir haben genug Geld für den Wandel. Alles ist da.

Entscheidend ist der politische Wille. Und zu wissen, was zu tun ist. Hier werden Mittel und Wege beschrieben, was wie wann von wem zur schnellen Energiewende beizutragen ist. Parallel werden Widerstände enthüllt und benannt, wer wie und warum agiert – nicht nur seitens der großen Energieversorger, sondern auch der Kommunen, der Landwirtschaft oder der Automobilindustrie. Aufgezeigt wird nichts weniger als das Energiesystem der nahen Zukunft – und wie damit der Klimawandel eingedämmt werden kann. Dieses Wissen wird verknüpft mit konkreten Forderungen an die Politik.

Am Ende der Reise steht die Erkenntnis, dass ein ehrgeiziges Europa in höchstens zehn Jahren komplett erneuerbar versorgt werden kann. Nicht die Energiewende verursacht Billionenkosten, wie sie der Energie- und Wirtschaftsminister und frühere Umwelt- und Kanzleramtsminister Peter Altmaier bis zum Jahr 2040 fälschlicherweise prognostiziert hat. Im Gegenteil: Ohne Energiewende steigen die Kosten für Energie immens. Die Ausgaben der Deutschen für fossile Energieimporte haben sich im letzten Jahrzehnt mehr als verdoppelt. Seit 1990 sind sie um das Vierfache gestiegen. Die fossilen Energiepreise werden aber nicht stagnieren, sondern aufgrund knapper Ressourcen und geopolitischer Entwicklungen eher ansteigen.

Wer über Energie spricht, meint meist Strom. Die viel höheren Kostensteigerungen für Wärme (Öl, Erdgas) und Mobilität (Diesel, Benzin), die für die Normalbürger rund 80 Prozent der Energierechnung ausmachen, werden selten angesprochen. Nicht ohne Grund: Von den jährlich netto gut 90 Milliarden Euro Importkosten für die deutsche Volkswirtschaft profitieren die globalen Energiekonzerne. Fast 70 Prozent des deutschen Energiebedarfs wird durch Importe gedeckt[2].

Im Gegensatz dazu ist die Kostenentwicklung der Erneuerbaren langfristig kalkulierbar, da sie hauptsächlich durch technologische Entwicklungen und den dazu erforderlichen Kapitaleinsatz beeinflusst wird. Brennstoffkosten gibt es ja keine. Eine konsequente und beschleunigte Energiewende ist der einzig sinnvolle Weg, um aus der Kostenfalle beständig steigender fossiler Energiepreise herauszukommen.

Dieses Buch setzt nicht die Angst vor der Klimakatastrophe oder die Rettung der Welt in Szene. Doch es ist auch klar, dass die schnelle und vollständige Umstellung der weltweiten Energieversorgung auf die dezentrale Nutzung erneuerbarer Energien die entscheidende Grundvoraussetzung ist für das Überleben unserer Zivilisation. Frieden oder Krieg, Naturbewahrung oder industrielle Naturbeherrschung, soziale Gerechtigkeit oder Ausbeutung, Autonomie oder Diktatur: Unser Leben ist aufs Engste auch mit unserer energetischen DNA verknüpft.

Ein Paradigmenwechsel hin zu einer erneuerbaren Vollversorgung innerhalb von zehn Jahren ist möglich, in Deutschland ebenso wie in anderen überentwickelten Industrieländern. In unterentwickelten Ländern kann sie einfacher sein, weil nicht erst die nicht zukunftsfähigen zentralen Energiesysteme beiseitegeräumt werden müssen. Diese Roadmap will Sie mitnehmen auf eine Reise, an deren Ziel ein anderes Land wartet. Möge sie der – entscheidenden – kritischen Minderheit als Orientierung und Wegweiser dienen.

Kapitel 2

Das Grundgesetz der Energiewende

Artikel 1

Anlagen aller erneuerbaren Energien massiv ausbauen. Alle Schleusen radikal öffnen, bürokratische und ökonomische Hindernisse beseitigen, insbesondere für Photovoltaik (PV) und Windkraft Onshore. So lange, bis wir bei 100 Prozent des Bedarfs liegen, der in zehn Jahren inklusive Wärme und Verkehr viel höher sein wird.

Strom ist die wertvollste Energieform, weil man damit Licht, Wärme, Mobilität, Industrie und sogar die Landwirtschaft organisieren kann.

Artikel 2

Dezentralität fördern. Die Erneuerbaren sind am besten und billigsten möglichst nah am Verbrauch – weltweit und in jeder Stadt!

Das neue dezentrale System hat andere Anforderungen als das bisher bekannte zentrale System; es gibt leider kein Sowohl-als-auch, nur ein Entweder-oder. Daher: alle Vorhaben darauf checken, welchem System sie dienen – und dann die zentralen verhindern und die dezentralen durchführen.

Artikel 3

Tempo machen. Je schneller wir zu einer dezentralen Nutzung von erneuerbaren Energien zur vollständigen Abdeckung des Energiebedarfs kommen, desto kostengünstiger wird der Umbau der Energieversorgung. Denn schnell bedeutet, dass der kostspielige Parallelbetrieb der beiden nicht kompatiblen Energieversorgungssysteme minimiert wird. Außerdem erzwingt der Klimawandel schnelle Ergebnisse.

Instrumente und Technologien, welche die alte Welt ein wenig verbessern und politisch als gerade noch machbar gelten, sind gut, dauern aber zu lange, zum Beispiel Emissionshandel, CO_2-Steuern, Kohlekommissionskompromiss, Effizienzsteigerungen bei überholten Technologien, Auskoppeln von Wärme in Kohle- und Atomkraftwerken. Vor 20 Jahren durchgesetzt, hätte das ausreichen können. Jetzt ist es angesichts des fortgeschrittenen Klimawandels zu spät. Es muss schnell gehandelt werden. Konsens ist deshalb Nonsens.

Ziel ist eine nachhaltige Kreislaufwirtschaft, die allen Luft zum Leben lässt. Dazu müssen wir wachsam sein, denn nicht immer sind Bremsen und Bremser der Energiewende auch sofort zu erkennen. Wie immer hilft auch hier die Frage ›Cui bono?‹. Wer zieht Vorteile aus der neuen Idee, dem neuen Regierungsvorschlag oder Beschluss? Nicht jede neue Sau, die durchs Dorf getrieben wird, trägt dazu bei, dass wir schneller zu einem dezentralen System kommen.

Albert Einstein sagte: *Man muss die Dinge so einfach wie möglich machen. Aber nicht einfacher.* Auf unsere Frage übertragen bedeutet das bis zur Grenze des Verantwortbaren vereinfacht:

Gut ist, was dezentral, recycelbar und schnell anwendbar ist.

Weniger gut ist, was zentral oder schmutzig ist oder lange dauert.

Beispiele

Windkraft Onshore	**ja**
Windkraft Offshore	nein
Regionale Verteilnetze	**ja**
HGÜ-Übertragungsleitungen	nein
PV auf Mietshausdächern	**ja**
PV in der Sahara (außer für die dort lebenden Menschen)	nein
Bestehendes deutsches Gasnetz als Saisonspeicher für Biogas	**ja**
Neue Gaspipeline nach Russland oder Oman	nein
Sektorenkopplung	**ja**
Alte Kohlekraftwerke lediglich durch einen Windpark ersetzen	nein

Entsprechend muss man die einzelnen Gesetze und Förderungen nach zentral oder dezentral durchdeklinieren:

EEG, das dezentralen Anlagenbau fördert	**ja**
EEG, das mit Ausschreibungen den Großen hilft	nein
Erneuerbares Verkehrssystem mit Sharing, mehr Platz für Räder und Fußgänger, dafür weniger Platz für individuelle Verbrenner	**ja**
Ersetzen des Verbrennungsmotors 1:1 gegen Elektromotor	nein
Beseitigung der bürokratischen Hemmnisse für den EE-Ausbau	**ja**
Subventionen für Kohle und Diesel	nein
Lokale Ökobauern unterstützen, auch Strom und Bioplastik zu produzieren	**ja**
Intensivanbau, Massentierhaltung und Regenwaldrodung	nein

Die dezentrale Nutzung von erneuerbaren Energien

- macht unabhängig von konfliktreichen Herkunftsländern und entzieht den Konflikten um Öl, Kohle, Erdgas und Uran den Treibstoff;
- macht unsere Energieversorgung sicherer gegen Störungen von innen wie von außen, ist damit ein aktiver Beitrag zum Frieden und einer sichereren Welt;
- holt die Wertschöpfung in die Regionen und stärkt damit die ländlichen Räume;
- schafft hochwertige Arbeitsplätze in Produktion, Aufbau, Betrieb, Pflege, Wartung und später auch Abbau und Recycling von Erneuerbare-Energien-Anlagen;
- ist bürgernah und mittelständisch und führt zu einem fairen Energiemarkt ohne unfaire Oligopol-Profite;
- verringert massiv die Schadstoffe in der Luft und rettet damit jedes Jahr Tausende Menschenleben;
- substituiert den Ausstoß von CO_2 und ist damit die Antwort auf die Klimakatastrophe (flankierend sind umweltschädliche Subventionen – in Deutschland circa 60 Milliarden Euro pro Jahr – schnell abzubauen; der Ausstieg aus der Kohle ist sofort umzusetzen, der aus der intensiven Landwirtschaft so schnell wie möglich);
- funktioniert überall als volkswirtschaftlich billigste Lösung. Alle gewinnen, außer die Konzerne von gestern und ihre Appendices.

Kapitel 3

Krisen-Triplex – Energie, Wachstum, Klima

Zur Lage: Wir stehen sowohl in Deutschland als auch global vor drei sich verschärfenden und gegenseitig bedingenden Krisen: der Energiekrise, der Wachstumskrise und der Klimakrise. Diese drei existenziellen Probleme unserer Gesellschaft brauchen einen integrierten Lösungsweg – obwohl oder auch gerade weil sie häufig isoliert betrachtet und diskutiert werden. Wir brauchen einen Pfad, der uns zu sozialer Sicherheit, Klimaschutz und Energiesicherheit führt, (gutes) Wachstum inklusive.

Erstens: die Energiekrise

Der weltweite Energiebedarf steigt dramatisch. Von 1970 bis heute hat er sich verdoppelt. Schätzungen der International Energy Agency (IEA) gehen davon aus, dass bei einem Weiter-so der Bedarf jährlich um knapp 2 Prozent wächst – was sich ohne Verbesserungen im Effizienzbereich auch verdoppeln kann. Diese galoppierenden Zuwachsraten haben eine zentrale Ursache: Die Entwicklungs- und Schwellenländer orientieren sich an der Wirtschaftskraft und dem Lebensstandard der Industrienationen – und wer wollte ihnen das verdenken. Das bedeutet aber: Mehr Öl, mehr Gas, mehr Kohle werden aus China, Indien, Brasilien und den anderen aufstrebenden Schwellenländern nachgefragt. Die Verknappung der Reserven spiegelt sich bereits heute in den steigenden Preisen wider. Der Weltmarktpreis für Rohöl ist hoch volatil, in den letzten zehn Jahren schwankte er zwischen 30 und 140 US-Dollar je Barrel. Ökonomische und kriegerische Verwerfungen treten schon lange vor dem letzten Tropfen Öl auf. Der Gaspreis steigt mit dem Ölpreis. Uran gibt es noch ein paar Jahrzehnte. Auch Terroristen suchen fieberhaft danach – zum Bau schmutziger Bomben für mehr Terror. Und sogar die Kohlepreise haben sich in den vergangenen Jahren vervielfacht.

Das alles ist eine zentrale Herausforderung für die hiesige Wirtschaft, aber auch für viele Menschen weltweit. Deutsche Haushalte wenden jährlich über 100 Milliarden Euro an Energiekosten auf – das sind etwa 30 Milliarden Euro mehr als noch vor zehn Jahren. Weitaus dramatischer stellt sich die Situation im globalen Süden dar. Dort werden die Entwicklungshilfegelder ab einem Barrelpreis für Erdöl von etwa 70 Dollar fast komplett vom Ölimport aufgefressen. Für alle Menschen gilt daher gleichermaßen: Der zu erwartende Bedarf kann aus ressourcenökonomischer Sicht keinesfalls mit endlichen fossilen Energieträgern gedeckt werden. Dieses Missverhältnis von wachsender Nachfrage und endlichen Reserven zieht kurz- und mittelfristig weiter steigende Preise nach sich, die sich viele nicht mehr leisten können. Energieknappheit birgt ein hohes sozial- und sicherheitspolitisches Konfliktpotenzial.

Zweitens: die Wachstumskrise

Bereits seit den 1960er-Jahren sinken die langfristigen Wachstumsraten in den großen Industrieländern. Wachstumsraten von über 2 Prozent sind inzwischen so selten geworden, dass sie bejubelt werden. Das Erschreckende: In vielen Branchen in Deutschland, nicht nur in der Energiewirtschaft, schrumpft der Kapitalstock und es wird per saldo desinvestiert (wobei ich hier noch nicht einmal vom qualitativen Wachstum spreche, sondern lediglich vom quantitativen).

Zudem sind die Grenzen des quantitativen Wachstums bereits überschritten. Gegenwärtig lebt die Menschheit so, als stünden ihr 1,7 Erden zur Verfügung; lebten alle wie wir in Deutschland, bräuchten wir 3,3 Planeten. Es kann aber kein grenzenloses Wachstum auf einer begrenzten Welt geben. Diesem Umstand, dieser Verantwortung gerecht zu werden, bedeutet, dass wir anders mit der Umwelt umgehen müssen. Die Regenerationsfähigkeit der Ökosysteme darf nicht weiter überbeansprucht werden. Der Earth Overshoot Day ist der Kalendertag, ab dem der menschliche Verbrauch der nachwachsenden Rohstoffe das Angebot auf der Erde und ihre Kapazität zur Reproduktion übersteigt. Er lag bis 1990 noch im Dezember – 2019 fiel er bereits auf den 29. Juli. Deutschland lebt im Jahr 2019 seit dem 3. Mai ökologisch auf Pump, auf Kosten der Natur und derer, die sie weniger ausbeuten als wir.

Wir müssen von den Zinsen der Natur leben und nicht von ihrer Substanz. Dabei geht es um das Ende der Verschwendung, nicht um Verzicht. Aufgabe ist es, dafür zu sorgen, dass wir unseren Lebensstandard halten, die Armen mitnehmen und gleichzeitig die natürlichen Lebensgrundlagen erhalten können.

Bei ungebremstem quantitativen Wachstum kann von Nachhaltigkeit keine Rede sein, weil mit ihm desaströse ökologische Zerstörung einhergeht: Geradezu lehrbuchmäßig ist das am Beispiel China mit seinen bis zu zweistelligen Wachstumsraten zu verfolgen – bei ganz ähnlich hohen Zuwächsen ökologischer Zusammenbrüche. Die Umweltschäden fressen das Wachstum auf. China war bis etwa 2016 der einzige echte Wachstumsmarkt für deutsche Automobilhersteller und ist seit 2017 der größte Ölimporteur der Welt. 1,4 Milliarden Chinesen haben in der Summe einen gigantischen Energiehunger, 1,3 Milliarden Inder ebenso.

Zudem befinden wir uns seit Jahren in einer weltweiten Rezession, verursacht durch Spekulationen und Blasen; erst platzte die IT-Blase und dann die große Immobilien- und Finanzblase. Die Bank of England warnte schon 2005 vor Kohlenstoffblasen, weil sich Investitionen in Kohle, Gas und Öl nicht mehr rechnen könnten. Unsere auf Spekulation angelegte Bubble Economy wird weiter Zusammenbrüche auslösen.

Wir können mit der Energiewende in zehn Jahren ein tolles Paket schnüren, mit dem wir unsere Enkel entlasten, die Umwelt schützen und etwas für unsere Wirtschaft tun, also nachhaltig handeln. Nichthandeln treibt den Klimawandel voran, oder, im Sinne des Stern-Reports formuliert[3]: Der Nutzen, entschlossen und sofort zu handeln, übersteigt bei Weitem die wirtschaftlichen Kosten, die wir tragen müssen, wenn wir nicht handeln. Sein Verfasser, Sir Nicholas

Stern, forderte bereits im Jahr 2006, dass wenigstens 20 Prozent der weltweiten Konjunkturprogramme in Energieeffizienz und erneuerbare Energien gesteckt werden, wovon jede und jeder profitieren würde:

- Bürger gewinnen, weil sie weniger Heizkosten zahlen (das ist Sozialpolitik, weil für arme Menschen steigende Heizkosten besonders zu Buche schlagen).
- Handwerker und Arbeitsmarkt profitieren von mehr Aufträgen. Die Wertschöpfung bleibt vor Ort.
- Finanzmärkte gewinnen an Stabilität, weil erneuerbare Energien Investitionen in Realwirtschaft sind.
- Umwelt und Klima gewinnen, weil viel weniger fossile Energien verbraucht und dadurch weniger Emissionen in die Luft abgesetzt werden.
- Der Staat gewinnt, denn mit jedem neuen Arbeitsplatz erzielt der Staat Lohnsteuern, anstatt Sozialausgaben zu tätigen.
- Der Friedensprozess gewinnt, denn Öl und Gas liegen in geopolitisch umkämpften Ländern. Wenn man kein Öl oder Gas mehr braucht, gibt es weniger Kriege und die Terrorgefahr nimmt ab.
- Demokratie und Verbraucher gewinnen, denn dezentrale Versorgung und hohe Effizienz machen die Bürger unabhängig von den Energieunternehmen und ihren Monopolen.
- Die Gerechtigkeit gewinnt, denn erneuerbare Energien sind eine ethische Energiegewinnung. Jeder kann daran teilhaben. Sie sind gut für die Menschen in Nord und Süd, Ost und West und auch für unsere Kinder und Enkel.

Drittens: die Klimakrise

Der Klimawandel ist ein globales Phänomen, die Klimaerwärmung Realität. Verursacher ist der Mensch. In der internationalen Klimaforschung besteht kein Zweifel daran, dass der Klimawandel voranschreitet und sich beschleunigt. Insbesondere Kohlendioxid ist von 280 parts per million (ppm) im Jahr 1750 auf heute über 400 ppm angestiegen. Dadurch wird der Erde ein massiver Treibhauseffekt aufgezwungen. Er bedingt bereits heute eine deutliche Zunahme von extremen Wetterereignissen. Anzahl und Intensität von Naturkatastrophen (Überschwemmungen, Stürme, Hitzewellen) haben sich seit 1990 verdoppelt. Wir sind in ein geschlossenes Ökosystem eingebunden. Jeder Eingriff in dieses komplexe System ist deshalb auch eine Gefahr für uns selbst.

Lassen wir dem Artensterben, dem grenzenlosen Energie- und Wasserverbrauch weiter freien Lauf, sind Barbarei und die Selbstvernichtung der Menschheit nicht ausgeschlossen. Die größten Flüchtlingsströme weltweit setzen sich jetzt schon aus Umweltflüchtlingen zusammen. Die Völkerwanderung von Süd nach Nord hat bereits begonnen.

Perspektive Energieautonomie

Nachhaltiges Wirtschaften ist das Leitbild nicht nur im Energiebereich, sondern genauso in den Bereichen Verkehr, Bauen und Landwirtschaft. A priori setzen politisches und auch unternehmerisches Handeln die Fähigkeit und Bereitschaft zur ständigen Anpassung an neue Gegebenheiten voraus und sind damit das Gegenteil eines strukturkonservativen Bewahrens. Das ist nichts anderes als Joseph Schumpeters Definition vom Menschen als dem schöpferischen Zerstörer. Das Kennzeichen menschlichen Handelns ist gerade die Innovation – auch die Strukturinnovation. Die enorme ökologische Herausforderung, der wir uns gegenübersehen, erzwingt den Bruch mit alten, zerstörerischen Gewohnheiten und die Entwicklung neuer Produkte. Richtig verstanden, ist menschliches Handeln auf nachhaltige Wertschöpfung ausgerichtet. Alle zur Verfügung stehenden Mittel sollten zur langfristigen Schonung natürlicher und sozialer Ressourcen eingesetzt werden. Darauf müssen wir uns wieder besinnen – und zwar global.

In der Energiepolitik des 21. Jahrhunderts geht es um das Gemeinwohl. Um Wirtschaftspower und Jobs mit einer nachhaltigen, weil umweltverträglichen Energieversorgung. Deutschland kann mit einer zukunftsfähigen Energiepolitik die Binnenwirtschaft stärken, gleichzeitig den Export seiner Technologien ausbauen und sich importunabhängig von Öl, Gas und Kohle machen, die Ressourcen schonen und das Klima schützen.

Meine Leitkultur ist die Energieautonomie. Nach Hermann Scheer, dem Archimedes der Energiewende, ist eine selbst- statt fremdbestimmte Verfügbarkeit über Energie das Ziel – frei und unabhängig von äußeren Zwängen, Erpressungs- und Interventionsmöglichkeiten. Dies ist auf Dauer nur mit den erneuerbaren Energien möglich. Die Autonomie durch eine Vielzahl von Akteuren zu verwirklichen, ist die einzig Erfolg versprechende Methode, den Energiewechsel rechtzeitig und unumkehrbar gegen die Funktionslogik des überkommenen Energiesystems durchzusetzen.

Hermann Scheer schrieb im Jahr 2010, dass ein vollständiger Wechsel zu erneuerbaren Energien weltweit im Zeitraum etwa eines Vierteljahrhunderts und in einigen Ländern auch früher realisiert werden kann[4]. Realisierbar ist dieser Wandel aufgrund des natürlichen Potenzials der erneuerbaren Energien und der verfügbaren Technik. Er ist keine untragbare Belastung, sondern eine umfassende neue wirtschaftliche Chance für den Norden und ein riesiges Potenzial auch für den Süden. Dieser Umbau erfordert zwar eine beispiellose politisch-kulturelle Anstrengung. Doch auch die Herausforderung, vor der wir stehen, ist als historisch zu sehen. Sie ist umso schwerer zu bewältigen, je länger wir sie vor uns herschieben. Aber das müssen wir nicht, denn seit Scheers Tod (2010) haben sich die erneuerbaren Technologien rasant entwickelt, die Kosten fielen und fallen weiter – das Ziel einer vollständig regenerativen Energieversorgung bis 2030 bleibt damit erreichbar.

Die Integration der Erneuerbaren in das bestehende Energieversorgungssystem ist das Gegenkonzept zur Energieautonomie; eine solche Strategie dient vor allem dazu, diese darin unter Kontrolle zu halten. Antonio Gramsci nannte so ein Vorgehen eine »passive Revolution«: Ein existierendes System bekennt sich zu seinen Versäumnissen in einer allgemein relevanten Frage, nimmt die Kritik an, bedankt sich bei den Anstoßgebern und erklärt sich nunmehr als einzig kompetent für die Umsetzung. Dann interpretiert es die Frage nach seinen eigenen Regeln und setzt nur unwesentliche Teile des Neuen um – das können wir nicht wollen!

Kapitel 4

Zeit der Monster – warum die Energiewende stockt

Das deutsche Gesetz für den Vorrang Erneuerbarer Energien (EEG) aus dem Jahr 2000 ist das erfolgreichste Klimaschutzinstrument der Welt. Es hat wie kein anderes Gesetz dafür gesorgt, dass der Anteil der Erneuerbaren am deutschen Stromverbrauch von 6 Prozent im Jahr 2000 auf inzwischen 40 Prozent gestiegen ist, und damit den Umbau des Kraftwerkparks gefördert.

Es sorgte außerdem für Investitionen, Wertschöpfung, zukunftsfähige Jobs, Innovationssprünge und die Reduktion von Energieimporten. Weit über 2 Millionen Deutsche arbeiten im Umweltschutz, davon circa 300.000 für erneuerbare Energien. Damit hat das EEG mehr Jobs geschaffen als zu Beginn der Energiewende im Jahr 2000 im Bereich der Kohlewirtschaft noch bestanden. Das Zechensterben begann bereits vor 50 Jahren. Im Vergleich zu rund 340.000 Kumpeln in der Kohlebranche im Jahr 1980 arbeiteten 2018 nur noch 25.000 in der Bergbauindustrie, davon 20.000 in der Braunkohle und 5.000 in der Steinkohle. Die Vergütung für Photovoltaikanlagen sank seit 2004 um über 80 Prozent. Windanlagen erzeugen heute circa neunmal so viel Strom wie in den 1990er-Jahren. Unsere Volkswirtschaft wurde dadurch robuster gegen unkalkulierbar schwankende Weltmarktpreise für fossile Energieträger und unabhängiger von geopolitisch instabiler werdenden Regionen.

Die administrativ festgelegten EEG-Einspeisevergütungen haben einen neuen und wachsenden Markt geschaffen, der zu einem intensiven globalen Wettbewerb zwischen Anlagenherstellern und Projektierern führte. Der Wettbewerb entstand aus der hohen Investitionssicherheit des EEG über 20 Jahre. Dies hat zu derart großen

Einsparungen bei den Produktionskosten geführt, dass die Stromproduktion mit Wind-Onshore- und Photovoltaikanlagen aus neuen EE-Anlagen heute kostengünstiger ist als der Weiterbetrieb selbst steuerlich abgeschriebener Kohlekraftwerke. Soweit die positiven Aspekte.

Sand kommt ins Getriebe

Trotz dieser Erfolgsgeschichte und obwohl die Menschen hierzulande mehrheitlich für eine schnelle Energiewende sind, erscheint diese mittlerweile als ein mehr als mühsames Projekt – und sie verdient ihren Namen auch nicht (mehr), denn sie mutierte zu einer eindimensionalen Atomstrom-Austauschaktion, welche die Industrie zu niedrigsten Preisen bedient.

Die Kosten zahlen die Stromverbraucher vor allem über eine höhere EEG-Umlage. Die Umstellungen im EEG 2014, EEG 2017 oder im Energiesammelgesetz 2018 wurden in der Öffentlichkeit so dargestellt, als ginge es um Wettbewerb. In Wahrheit wurde jedoch eine planwirtschaftliche Mengenfestsetzung mit Deckelungen für Erneuerbare zum Schutz der Kohle durchgesetzt. Das schwächt die deutsche Industrie und den Wirtschaftsstandort in diesem Branchensegment.

Noch während der Unterzeichnung des Pariser Weltklimaabkommens am 12. Dezember 2015 ging die Große Koalition den Weg zurück in eine Kombinats- und Oligopolwirtschaft, die einst in Ost- und Westdeutschland für große, stinkende Betriebe und machtpolitische Unbeweglichkeit stand. Offensichtlich sollen die konventionellen Energien noch ein paar Jahre länger am Tropf gehalten werden. Aktuell sind daher Jobs im Bereich der erneuerbaren Energien wieder gefährdet. In der Photovoltaik ist die Beschäftigtenzahl von 120.000 im Jahr 2010 auf 30.000 im Jahr 2018 eingebrochen. Über 90.000 Arbeitsplätze sind vor allem wegen falscher deutscher Rahmenbedingungen an China und andere Standorte verloren gegangen.

Deutschland forciert Arbeitsplätze im Kohlesektor, der für Verschmutzungs- und Entsorgungsprobleme steht, während im Zukunftsmarkt Photovoltaik achselzuckend Jobs abgebaut werden.

Auch in weiterer Hinsicht ist die Bilanz der ›Klimakanzlerin‹ Merkel nicht gerade berauschend: 90 Milliarden Euro pro Jahr werden für den Import von Öl, Gas und Kohle aufgewendet, noch immer sind 150 Kohlekraftwerke am Netz, eine Verkehrs- und Wärmewende ist nicht in Sicht.

Trotz der enormen Erfolgsgeschichte der Erneuerbaren beträgt ihr Anteil am deutschen Gesamtenergieverbrauch gerade einmal 15 Prozent. 85 Prozent der in Deutschland verbrauchten Energie kommt also immer noch aus Atomkraft, Kohle, Gas und Öl. Bisher sind wir Deutschen nur im Bereich der Stromversorgung gut. Aber über 90 Prozent unserer Heizungen und Klimaanlagen verfeuern immer noch fossile Brennstoffe. Und fast alle Autos fahren immer noch mit ineffizienten und teuren Verbrennungsmotoren, mit der Folge, dass über 80.000 Menschen jährlich in Deutschland vorzeitig durch Luftschadstoffe und Feinstaub sterben.[5]

2019 ist klar, dass die Bundesregierung die zugesagten Klimaschutzziele für 2020 um ein Viertel verfehlen wird. Routiniert versprach sie, sich um die weiteren Ziele zu kümmern. In den letzten zwei Jahrzehnten hat sich aber wenig getan – und jetzt zelebriert die Bundesregierung auch noch die Renaissance von Kohle und Gas.

Ungerechtigkeit gebiert Monster

Die ökologische und die soziale Frage sind unmittelbar miteinander verbunden. Gerade die unteren Einkommensschichten zahlen die relativ höchsten Stromkosten, wohnen in schlecht gedämmten Wohnungen, in Gegenden mit der höchsten Luftverschmutzung und können sich keine effizienten Geräte leisten. Gut 6 Millionen Deutsche sitzen über den Winter mit Jacken, Decken und warmen Schuhen im Wohnzimmer. Ungefähr einer Million wird mindestens einmal jährlich der Strom abgestellt. Die Haushaltsstrompreise sind – im Gegensatz zu den Industriestrompreisen – mit die höchsten in der EU.

Derartige Entwicklungen sind nicht nur unschön, sie schaffen Raum für Konflikte und spielen Populisten in die Hände. Nationalisten und Antidemokraten fühlen sich als Teil einer Bewegung der Transformationsverlierer gegen das Establishment. Mit einem Blick über die Grenzen (wenn auch nicht nur dort) könnte man mit Gramsci sagen: »Die alte Welt liegt im Sterben, die neue ist noch nicht geboren: Es ist die Zeit der Monster.« Sie gehen wieder um und heißen heute Trump, Putin, Erdogan, Bolsonaro, Orban, Le Pen, aber auch Gauland. Sie sind das Ergebnis der großen Krisen unserer Welt: der Ungerechtigkeit, der Wirtschaft und des Klimas. Sie alle leugnen den Klimawandel.

Dieser gefährlichen Entwicklung müssen wir ein überzeugendes Narrativ entgegensetzen: soziale Gerechtigkeit und eine positive Perspektive für alle. Der Gedanke der Umverteilung durch Fortschritt, wie ihn die SPD postuliert, funktioniert bei geringen Wachstumszahlen, digitalem Kapitalismus und fortschreitender Umweltzerstörung nicht mehr. Der dystopischen, mithin zukunftspessimistischen Erzählung der Rechten sollten die republikanisch gesinnten Kosmopoliten eine demokratische Erzählung entgegensetzen, die mit konkreten Projekten und klarer Zuversicht unterlegt wird.

Was ist zu tun?

Wo ökologische Mengenprobleme vorliegen – etwa beim Verbrauch von Energie, Rohstoffen oder Flächen sowie beim Ausstoß von Emissionen –, sind Instrumente wie eine CO_2-Äquivalente- oder eine Schadstoffsteuer geeignet, um der Innovationsdynamik eine neue Richtung zu geben. Ein schneller Kohleausstieg sowie der beschleunigte Ausbau von dezentralen erneuerbaren Energien und von Speichern sind unabdingbar. Gleichzeitig sind der überdimensionierte und überteuerte Ausbau der Übertragungsnetze einzubremsen und eine neue Energiemarktordnung in die Debatte einzubringen, um Konvergenz zwischen dem Strommarkt und den Märkten für Wärme, Gas und Kraftstoffe zu erreichen. Alle Deckel beim Ausbau der erneuerbaren Energien sind ersatzlos zu streichen.

Kapitel 5

Feuer und Geist – Energie ist Macht

Die Zähmung von Wildfeuern aus Blitzschlägen oder Buschbränden und später die Kunstfertigkeit, Feuer zu entfachen, waren wichtige Schritte der Menschwerdung. Feuer bot Wärme, Licht und Schutz vor Raubtieren und Insekten. Feuer konnte Holz und Steine härten, schuf im Neolithikum Ton und Keramik und schmolz später Erze zu Kupfer und Bronze. So zeichneten sich die Agrargesellschaften im Gegensatz zu den Jäger-und-Sammler-Kulturen dadurch aus, dass sie die Sonnenenergie kontrolliert nutzen konnten. Brennstoff und Baumaterial wie zum Beispiel Holz stammen bis heute daraus. Auch Öl, Kohle und Gas gäbe es ohne Sonne nicht. Die Freisetzung des in ihnen gebundenen CO_2 ruiniert mit seiner ineffizienten Verbrennung allerdings gerade das Weltklima.

Der Aufstieg der USA zur weltweit führenden Militär- und Wirtschaftsmacht ist nicht denkbar ohne die zweite Welle der Industrialisierung durch die transkontinentale Eisenbahn – einer Dampfmaschine auf Rädern –, das Öl und das Automobil. Die deutsche Erfolgsgeschichte ist eng mit dem Bergbau und der Schwerindustrie verbunden. Die weltweit höchst ungleiche Verteilung des Energieverbrauchs entspricht der ungleichen Verteilung des Reichtums. Politische Spannungen nehmen dadurch zu, dass die fossilen Ressourcen oft in anderen Regionen zu finden sind als der Reichtum, der aus ihrer Ausbeutung resultiert.

Energie ist der erste Schritt jeder Wertschöpfung und insbesondere der Motor und das Schmieröl moderner Industriegesellschaften. Deshalb sind es letztendlich das Erdöl, das Erdgas und die verschiedenen Kohlearten, die bisher unsere Wirtschaftskreisläufe in

Disruption in der Energiewende

Eine disruptive Technologie (to disrupt – unterbrechen, zerreißen) ist eine Innovation, die eine bestehende Technologie, ein bestehendes Produkt oder eine bestehende Dienstleistung vollständig verdrängt. Dabei geht es auch um Verfahren, Denkweisen, Prozesse, Systeme und ganze Kulturen. Disruption ist ein Prozess, bei dem ein bestehendes Geschäftsmodell oder ein gesamter Markt durch eine schnell wachsende Innovation komplett abgelöst wird. Bestehende, traditionelle Geschäftsmodelle, Produkte, Technologien oder Dienstleistungen werden immer wieder durch innovative Veränderungen abgelöst und teilweise vollständig verdrängt. Insbesondere in der Start-up-Szene ist der englisch auszusprechende Begriff ›Disruption‹ eine beliebte Vokabel, da er das revolutionäre Denken eines Gründers zum Ausdruck bringt.

Der Unterschied zwischen einer normalen Innovation, wie sie in allen Branchen vorkommt, und einer disruptiven Innovation liegt in der Art und Weise der Veränderung. Während es sich bei einer normalen Innovation um eine Erneuerung handelt, die den Markt nicht grundlegend verändert, sondern lediglich weiterentwickelt, bezeichnet die disruptive Innovation eine komplette Umstrukturierung beziehungsweise Zerschlagung des bestehenden Markts.

Was jenen blüht, die von der Disruption überrollt werden, wird gern am Beispiel von Kodak erzählt, dem untergegangenen Filmhersteller: im Jahr 1888 gegründet, mit 150.000 Mitarbeitern zu den besten Zeiten Weltmarktführer, im Jahr 2012 insolvent. Dabei haben die Menschen nicht aufgehört, Fotos zu knipsen. Im Gegenteil, es wird mehr denn je fotografiert – nur Kodak ist nicht mehr dabei. Die Firma hat die digitale Revolution verschlafen. In weniger als einer Generation drehten Henry Ford und Fred Taylor, der das Fließband erfand, durch die Industrialisierung der Autoherstellung den Pferdekutschen den Hahn ab und schrieben mit dem massenfähigen Automobil die Erfolgsgeschichte

Amerikas. Das Smartphone disruptierte den Handymarkt von oben. Amazon verdrängt langsam den traditionellen Buchhandel.

Nicht jede Transformation ist disruptiv. Noch 1990 prognostizierte AT&T den Bedarf an Handys auf weniger als eine Million in den nächsten 15 Jahren. Es wurden über 100 Millionen. Klare Fehleinschätzung. Trotzdem gibt es AT&T noch – wenn auch geschrumpft. Die Erfindung der CD bedeutete beispielsweise lediglich eine Weiterentwicklung der klassischen Schallplatte. Presswerke, die analoge Platten herstellten, passten ihre Verfahren an die neue Compact Disc an, während Plattenhändler begannen, CDs in ihr Produktsortiment aufzunehmen. Das Aufkommen digitaler Musikvertriebe wie Napster, Deezer, Apple-, Google- bis hin zur Aldi-Music-App bedeutet hingegen die schrittweise Zerschlagung des lokalen Musikgeschäfts. Sie haben einen disruptiven Prozess eingeleitet. Indem Napster einerseits dem Kunden die Möglichkeit gibt, seine Lieblingssongs online zu erwerben, und es andererseits dem Künstler erlaubt, ohne Tonträger erfolgreich zu sein, verlieren Major-Labels, Presswerk und Plattenhändler ihre wirtschaftliche Grundlage.

Viele Webdienste, die wir heute ganz selbstverständlich nutzen, haben ältere Industrien abgelöst. Früher hatte fast jeder ein Lexikon oder gleich den großen Brockhaus mit 20 Bänden zu Hause; heute gibt es Wikipedia – der Brockhaus wurde disruptiert. Google Maps oder maps.me verdrängten Atlanten und Landkarten.

Bewegung halten. Inzwischen haben wir festgestellt, dass gerade der Einsatz dieser fossilen Energieträger durch Verbrennung große, langfristige Schäden in unserer Umwelt hinterlässt, die wir nicht mehr rückgängig machen können. Das bedeutet, dass die zentrale Antriebsfeder des gesamten menschlichen Wirtschaftens nicht mehr wie bisher zur Verfügung steht.

Selbst wenn sich viele dieser Erkenntnis immer noch verweigern, ist die einzige Lösung dieser größten Herausforderung für die Menschheit eindeutig: Unser Energie- und letztendlich unser gesamtes Wirtschafts- und Ernährungssystem müssen radikal umgebaut werden – und dazu müssen wir anders denken.

Unsere Generation hat von Kindesbeinen an gelernt, dass Energie immer zur Verfügung steht (nur noch Vertreter der Kriegs- oder ersten Nachkriegsgeneration wissen, dass dies nicht selbstverständlich ist). Darüber hinaus wurde uns beigebracht, dass eine sichere Energieversorgung in modernen Industriegesellschaften nur durch große und aufwendige Maschinen und Anlagen geleistet werden kann. Je größer das Kraftwerk, je zentraler die Anlage und je mächtiger die physikalisch gebändigte Kraft, desto höher die Wirkungsgrade und die Versorgungssicherheit. Vor diesem Hintergrund wird deutlich, warum es vielen Menschen schwerfällt, daran zu glauben, dass es auch anders geht. Denn die Situation verändert sich drastisch, wenn wir nur noch Energieträger nutzen, die uns unendlich zur Verfügung stehen, weil dann deren Wirkungsgrad unerheblich beziehungsweise nicht so wichtig ist. Und wenn wir die Energie auch nur noch dort produzieren, wo sie gebraucht wird, dann werden die Schlussfolgerungen anders ausfallen – und die Zeit für eine disruptive Innovation ist gekommen.

Was wir brauchen und was uns bevorsteht, ist also eine Revolution. Die globale Energiewende wird kommen, davon bin ich zutiefst überzeugt. Daran können auch niedrige Ölpreise und Donald Trump nichts ändern. Die Treiber sind weder ambitionierte Klimaschutzziele noch ein gesteigertes ökologisches Bewusstsein, sondern die exponentielle Kostendegression bei regenerativen Energietechniken, die technischen Innovationen bei den Speichertechnologien und ein hohes industriewirtschaftliches Interesse.

Mittlerweile gibt es die in diesem Buch beschriebenen Schlüsseltechnologien, die – in ihrem Zusammenwirken – das Zeug dazu haben, die Energiewende derartig zu beschleunigen, dass große Player aus der deutschen Old Industry, die Jahrzehnte als unverzichtbares Fundament unserer mächtigen Industrienation galten, einfach von neuen Playern wegdisruptiert werden. Es hat bereits begonnen. Und in weniger als zehn Jahren ist es vielleicht schon vollzogen.

Kapitel 6

Raubbau als Prinzip – die Loslass-Energien

Je mehr Öl aus einer angezapften Quelle gefördert und verkauft wird, desto weniger ist darin. Also muss man zur Aufrechterhaltung des Geschäfts permanent neue Ölquellen suchen, um die erschöpften zu ersetzen. Solche Zusammenhänge finden in der Red-Queen-Hypothese ihren Niederschlag[6]. Sie bezieht sich auf die Rote Königin aus ›Alice im Spiegelland‹, die Alice erklärt: »Hierzulande musst du so schnell rennen, wie du kannst, wenn du am gleichen Fleck bleiben willst.« Wobei die benachbarten Ölfelder oft schon schwach sind und es mit der Zeit immer schwieriger wird, neue Felder zu finden und daraus zu fördern. So wurde China vom Ölexportland zum Importeur mit beständig wachsendem Bedarf.

Die Konsequenz: Je größer der Erdölbedarf in Beijing, desto höher steigt der Ölpreis in San Francisco oder Berlin.

Photovoltaik (PV) hingegen hat eine Lernkurve von über 20 Prozent. Mit jeder Verdopplung der Infrastruktur sinken die Produktionskosten um über 20 Prozent. Je größer die Nachfrage auf dem Markt, desto eher werden Grenzkosten von fast null erreicht. Jedes verkaufte Solarmodul trägt dazu bei, dass die nächsten Module günstiger und besser werden. Zwischen 2011 und 2017 sind die Kosten der Stromerzeugung aus Photovoltaik um fast 75 Prozent gefallen. Hätte Erdöl eine vergleichbare Entwicklung hinter sich, dürfte eine Tankfüllung heute nicht mehr als ein paar Cent kosten. Die gesamten Erneuerbare-Energien-Technologien sind hightechbasiert und die Kommerzialisierung aller eher bit- als atombasierten Produkte verfolgt ähnlich exponentielle Kostenkurven. Und so entwickeln sich auch Batterien, Wechselrichter, Smart Grids und viele andere Komponenten, die Photovoltaik noch anwenderfreundlicher und lukrativer machen. Dieser wechselseitige Gewinn ist das Gegenteil von dem, was in rohstofffördernden Branchen wie der Öl- , Gas- oder Kohleindustrie stattfindet.[7]

Das bedeutet: Je mehr Photovoltaik in Beijing verbaut wird, desto geringer werden die PV-Preise auch in San Francisco oder Berlin.

Im Treibhaus

Treibhausgase sind diejenigen gasförmigen Bestandteile in der Atmosphäre, sowohl natürlichen wie anthropogenen, also menschengemachten Ursprungs, die thermische Infrarotstrahlung zu großen Teilen absorbieren. Über 80 Prozent der globalen Treibhausgasemissionen, so der Intergovernmental Panel on Climate Change (IPCC), entstehen aus der Verbrennung fossiler Brennstoffe. Sie führen zu einem Anstieg der globalen Temperatur. Wasserdampf (H_2O), Kohlendioxid (CO_2), Lachgas (N_2O), Methan (CH_4) und Ozon (O_3) sind die Haupttreibhausgase in der Erdatmosphäre. Die klassischen Luftschadstoffe sind für Versauerung und Eutrophierung, also die Nährstoffanreicherung von Böden und Gewässern, aber auch für eine Gefährdung der menschlichen Gesundheit verantwortlich. Beim natürlichen Treibhauseffekt ist der Wasserdampf ausschlaggebend: Etwa zwei Drittel des natürlichen Treibhauseffekts werden von Wasserdampf verursacht, nur ein kleiner Teil von CO_2. Steigt die Welttemperatur, nimmt auch der atmosphärische Wasserdampfgehalt zu und der Treibhauseffekt wird verstärkt.

Anthropogenes Kohlendioxid wird bei bestimmten Landnutzungen wie der industriellen Landwirtschaft oder Entwaldung frei sowie bei der Verbrennung fossiler Energieträger. Quellen sind hier vor allem die Strom- und Wärmeerzeugung, Haushalte und Kleinverbraucher, der Verkehr und die industrielle Produktion.[8] CO_2 ist ein geruch- und farbloses Gas, dessen durchschnittliche Verweildauer in der Atmosphäre etliche Jahrzehnte beträgt.

Methan, ebenfalls ein geruch- und farbloses, jedoch hochentzündliches Gas, ist ebenfalls ein wesentliches Treibhausgas. Seine durchschnittliche Verweildauer in der Atmosphäre beträgt 9 bis 15 Jahre und ist somit wesentlich geringer als die von CO_2. Trotzdem macht es einen substanziellen Teil des menschgemachten Treibhauseffekts aus, denn das Gas ist mindestens 25-mal so wirksam wie Kohlendioxid. Rechnerisch hat eine Tonne Methan innerhalb von 100 Jahren in der Atmosphäre dieselbe Wirkung wie 28 bis 34 Tonnen CO_2[9]. Methan entsteht auch dort, wo organisches Material abgebaut wird, in Deutschland vor allem in der Land- und Forstwirtschaft, insbesondere bei der Massentierhaltung. Eine weitere Quelle sind Klärwerke und Mülldeponien.

Kohle – der nie enden wollende Sinkflug

Ohne Kohle keine industrielle Revolution. Doch heute gilt: ohne Kohleausstieg keine Energiewende. Bernd Bornhorst, Leiter der Abteilung Politik und globale Zukunftsfragen von Misereor bezweifelt nicht den großen Anteil der Kohle am Wohlstand der westlichen Welt[10]. Aber sie macht Europa und die USA auch zu den Hauptverursachern des Klimawandels. Für China trifft diese Entwicklung inzwischen auch zu. Dabei schadet Kohle nicht nur dem Klima. In vielen Ländern verhindert sie die notwendige Neuausrichtung und sie steht der Armutsbekämpfung im Weg, Ihr Abbau ist eng mit Menschenrechtsverletzungen verknüpft. Der rasche, sozial verträgliche Ausstieg aus der Kohle ist also drängender denn je. Trotzdem stagniert – auch nach dem Klimaabkommen von Paris – in vielen Staaten der Kampf gegen den Klimawandel und der Einsatz für den Kohleausstieg – auch in Deutschland. Im Jahr 2018 sind weltweit 630 Gigawatt (also 630.000 Megawatt) neue Kohlekapazität geplant, davon 61 Gigawatt in Europa, obwohl der derzeitige globale Kohlenstoffhaushalt keinen weiteren Bau von Kohlekraftwerken zulässt.[11] Offen ist, ob sie tatsächlich gebaut werden.

Kohlekraftwerke sind zu unflexibel, um als Partner der erneuerbaren Energien zu fungieren. Die schwerfälligen Kraftwerke können nicht spontan hoch- und heruntergeregelt werden und verstopfen dadurch mit ihrem Strom die Netze, anstatt Schwankungen von Sonne und Wind auszugleichen. Auch als Reserve braucht Deutschland keine Kohlekraftwerke.

Hinzu kommen die direkten Gesundheitsschäden. Im Jahr 2013 sind allein in Deutschland fast 4.000 Menschen an kohlefeuerungsbedingten Krankheiten gestorben.[12]

Das wirklich Beunruhigende ist: Mit dem zunehmenden Wissen über die Zusammenhänge steigen auch die Schätzungen der zu erwartenden Schäden. Insbesondere gilt dies für die Treibhausgase. 80 Euro Kosten pro Tonne CO_2 galten über viele Jahre als realistische Einschätzung. Im Jahr 2017 ging das Umweltbundesamt (UBA) von 120 Euro aus.[13] 2018 taxierte das UBA die CO_2-Schäden bereits auf 180 Euro pro Tonne CO_2.[14] Die amerikanische Environmental Protection Agency bezifferte die Kosten pro Tonne CO_2 im Jahr 2018 gar auf bis zu 800 Dollar.

Im Braunkohlebergbau arbeiteten 2018 noch gerade mal 20.000 Menschen, inklusive derer, die mit der Rekultivierung ehemaliger Braunkohlereviere befasst sind. Das entspricht 2 Prozent aller lokalen Arbeitsplätze in der Lausitz, 1,2 Prozent derer am Rhein und unter 0,3 Prozent in den anderen Revieren. In der Steinkohleverbrennung gibt es noch knapp 6.000 Beschäftigte; insgesamt keine 0,1 Prozent aller deutschen Beschäftigten, die Hälfte davon sind über 50 Jahre alt. Die Bezahlung in der Branche ist überdurchschnittlich, ebenso die Qualifikationen, insbesondere im MINT-Bereich (Mathematik, Informatik, Naturwissenschaft, Technik); es bestehen somit gute Chancen auf dem Arbeitsmarkt. Die mit Kultur und Tradition begründete Forderung, kein Kumpel dürfe ins Bergfreie fallen – während gleichzeitig frei werdende Stellen kontinuierlich nachbesetzt werden –, ist vorgeschoben, um überholte, nicht wettbewerbsfähige Geschäftsmodelle, die überdies auf Kosten der Umwelt agieren, so lang wie möglich aufrechtzuerhalten. Von den vielen Milliarden an Subventionen könnte man problemlos alle Betroffenen bei vollem Gehalt heimschicken und stattdessen die Erneuerbaren fördern. Rein rechnerisch könnte man jedem Kumpel sogar eine Million Euro schenken mit der Auflage, sie zu Hause in erneuerbare Technologien oder Speicher zu investieren. Das wäre ein prima Konversionsprogramm, für alle wäre gesorgt und die volkswirtschaftlichen Kosten wären niedriger als die Subventionskosten der Braunkohlewirtschaft in nur einem Jahr.

Sozial ist es auch nicht, wenn alle Strombezieher und Steuerzahler jahrzehntelang wesentlich mehr als notwendig für Strom bezahlen und schlechte Luft atmen müssen, um eine einzige Branche vor Wettbewerb zu bewahren. Überdies holt uns das ein. Oder wollen wir mit der knappen Million Menschen in Deutschland, denen mit dem Niedergang des Verbrennungsmotors ein ähnliches Schicksal droht, auch so verfahren, dass der Ausstieg zu einem künstlich subventionierten jahrzehntelangen Sinkflug wird? So viel Geld hat keiner und der bereits fortgeschrittene Klimawandel verkraftet das auch nicht.

Der Ausstieg kann für eine Region nachhaltig gestaltet werden, wenn ihre Wirtschaft diversifiziert wird. Industrie muss sich niederlassen, um Arbeitsplätze außerhalb der Kohle zu schaffen. Schulen, Krankenhäuser, eine gute Bahnanbindung, diese Dinge sind Voraussetzung für Unternehmen, sich dort niederzulassen. Entscheidend

Wasserverschwender Kohle

Kohlestrom allein ist für rund 7 Prozent des weltweiten Wasserverbrauchs verantwortlich. Kohle- ebenso wie Atom- und Gaskraftwerke sind Kondensations- oder Dampfkraftwerke. Diese Kraftwerke funktionieren nach dem Prinzip Teekessel, deshalb stehen sie alle an Oberflächengewässern: Wasser wird erhitzt, der aufsteigende Wasserdampf treibt eine Turbine an, die über einen Generator Strom erzeugt. Bei einem Wirkungsgrad von etwa 30 bis 40 Prozent werden die übrigen 60 bis 70 Prozent der erzeugten Wärme wieder in den Fluss oder über einen Schornstein in die Atmosphäre geleitet. Das sind die langen Wasserdampffahnen, die man bei blauem Himmel gut sehen kann. Konventionelle Kraftwerke sind die größten Wasserverbraucher Deutschlands mit rund 68 Prozent, gefolgt von der Industrie mit 24 Prozent und Haushalten sowie Kleingewerbe mit 8 Prozent.[15] Neben diesem Kühlwasser werden enorme Wassermengen in den Kohleminen sowie zum Waschen der Kohle verbraucht.

sind auch Umschulungsangebote für Arbeitnehmer der Kohleindustrie. Das kann unangenehm für die Betroffenen sein, aber das ist das Risiko, wenn man wirtschaftlich auf Monokulturen setzt. Hier kann gerade die Energiewende helfen, da sie auf Dezentralität baut. Umso widersprüchlicher erscheint es vor diesem Hintergrund, dass weitgehend geräuschlos Zehntausende in den Revieren bereits neu angesiedelte Arbeitsstellen im erneuerbaren Bereich einfach aufgegeben wurden.

Selbst in den Revieren sind die meisten Menschen für einen schnellen Ausstieg[16]. Ein schneller Kohleausstieg eröffnet wirtschaftliche Chancen, weil dadurch der Strommarkt bereinigt wird und sich so bessere Geschäftsmodelle durchsetzen. Investitionen in Zukunftstechnologien, neue Arbeitsplätze, Wertschöpfung und Wettbewerbsvorteile für die gesamte Wirtschaft rechnen sich.

Steinkohle – ausgekohlt

Während der Pariser Klimaschutzverhandlungen im Jahr 2015 ging in Hamburg das 3 Milliarden Euro teure Steinkohlekraftwerk Moorburg mit 800 Megawatt ans Netz, das nach dem Willen der Betreiber ein paar Jahrzehnte lang in Betrieb sein soll. Es hat trotz Kraft-Wärme-Kopplung lediglich einen Wirkungsgrad von 55 Prozent und bläst jährlich über 8 Millionen Tonnen CO_2, 8.000 Tonnen Schwefeldioxid und 800 Tonnen Feinstaub aus Stickoxiden und Ruß in die Luft. Die kleinsten Teilchen dringen tief in die Lunge ein und verursachen lebensbedrohliche Krankheiten – Asthma, Herzinfarkte und Lungenkrebs. Hinzu kommen drei Tonnen Blei, ein paar Tonnen Quecksilber und weitere krebserregende Stoffe wie Arsen oder Cadmium. Es ist kaum zu fassen, aber mit diesem Ausstoß sind alle immissionsschutzrechtlichen, für Großfeueranlagen gesetzlich vorgeschriebenen Grenzwerte[17] erfüllt.

Im Jahr 2018 flossen 9 Milliarden Euro allein in Stilllegung und Renaturierung.[18] Man darf es nicht als gegeben akzeptieren, dass nun auch die Renaturierungskosten nicht von den Verursachern, sondern von der Allgemeinheit bezahlt werden, wobei der Fachbegriff Renaturierung euphemistisch ist. Von einer Wiederherstellung der natürlichen Landschaft kann keine Rede sein. Die Restlöcher, die so groß sind, dass ganze Städte wie München hineinpassen würden, werden lediglich geflutet und die Ränder begrünt.

Was ist zu tun?

Bis spätestens 2020 muss eine Leistung in Höhe von zehn Gigawatt der ältesten Steinkohlekraftwerke geschlossen werden. Danach sind es mindestens zwei Gigawatt jährlich,[19] parallel zu einem entsprechenden Ausbau von erneuerbaren Energien. Genug Geld für einen sozial verträglichen Ausstieg ist da.

Neue Kohlekraftwerke dürfen nicht mehr ans Netz gehen; keine Genehmigungen mehr für Neubauten von – auch werkseigenen – fossilen Kraftwerken. Anstelle Kohleabwrackprämien an die Eigentümer für das Stilllegen von Kraftwerken, die ohnehin vom Netz gegangen wären, zu bezahlen, sollten Finanzhilfen für betroffene Regionen und Beschäftigte bereitgestellt werden[20].

Braunkohle – ungesund, klimaschädlich, teuer

Deutschland ist seit Beginn der industriellen Braunkohleproduktion am Ende des 19. Jahrhunderts der größte Braunkohleproduzent weltweit und gewinnt ein Viertel seiner Stromerzeugung aus diesem Energieträger.[21] 2018 konnte die Braunkohle ihren Anteil am Strommarkt sogar noch ausbauen – vor allem zulasten von Erdgas. Von den Energieträgern im deutschen Strommix ist die Braunkohle der klimaschädlichste überhaupt und mit Abstand für den höchsten Kohlendioxidausstoß pro Kilowattstunde Strom verantwortlich[22]. Die Braunkohleverstromung emittiert etwa 20 Prozent der gesamten deutschen Treibhausgasemissionen und etwa 50 Prozent der CO_2-Emissionen im Stromsektor.

Quecksilber allüberall

Drei Viertel der deutschen Quecksilberfreisetzungen fallen allein im Energiesektor an. Wärmekraftanlagen und andere Verbrennungsanlagen über 50 Megawatt blasen durchschnittlich 5.000 Kilogramm Quecksilber jährlich in die Luft.[23] Dieses Quecksilber wird über die Atemluft, das Regenwasser und den Verzehr belasteter Fische vom Menschen aufgenommen und kann zu gravierenden Gesundheitsschäden führen. Jahr für Jahr werden in der EU fast 2 Millionen Babys geboren, die bedenkliche Quecksilberkonzentrationen im Blut aufweisen. 40 Prozent der EU-Gewässer sind belastet. Quecksilber verbleibt bis zu 3.000 Jahre in der Umwelt. Die Hälfte der deutschen Quecksilberemissionen stammt allein aus Deutschlands Braunkohlekraftwerken.

Die angeblich billige Braunkohle ist eine der teuersten Formen der Stromerzeugung überhaupt: jährlich 27,9 Milliarden Euro.[24] Neben den Stromerzeugungskosten stehen mit Abstand die Kosten für die Anpassung an den Klimawandel, die sich auf gut 23 Milliarden Euro belaufen. Die direkten Subventionen und staatliche Vergünstigungen schlagen mit circa 2 Milliarden Euro zu Buche. Die Gesundheitsschäden liegen bei 3 Milliarden Euro. Erschwerend kommt hinzu, dass die derart billig gerechnete Braunkohle die Strompreise an der Börse drückt und infolgedessen den Börsenpreis für alle Arten ökologischer Stromerzeugungsarten ruiniert.

Eine Methode der Desinformation: Die EEG-Umlage soll den Verbrauchern verdeutlichen, was der Zubau von erneuerbaren Energien kostet. Die Umlage lag 2018 bei 6,8 Cent/kWh (Kilowattstunde). Würde die Braunkohle nach der gleichen EEG-Methode umgelegt und ausgewiesen, entsprächen die nicht kompensierten Schäden einer ›Braunkohle-Umlage‹ 7,9 Cent/kWh. Bei einer vollständigen Kostenrechnung, in die alle gesellschaftlichen Kosten miteinbezogen werden, schlägt eine Kilowattstunde Braunkohlestrom für den Verbraucher mit über 20 Cent zu Buche, ohne Steuern und Umlagen. In dieser Höhe subventioniert der Stromkunde die Braunkohle. Das sagt ihm aber keiner. Gesprochen wird nur über angeblich hohe Kosten für Erneuerbare, obwohl sie viel niedriger sind als die für Braunkohle.

Während die Energiekonzerne also mit der Braunkohle seit Jahrzehnten gute Geschäfte machen, werden viele der langfristigen Folgekosten auf die Gesellschaft abgewälzt. Für sogenannte Ewigkeitskosten wie dauerhaftes Abpumpen von Grundwasser, Erdrutsche oder die Folgen des Klimawandels kommen die verursachenden Konzerne in der Regel nicht auf. Greenpeace fordert deshalb völlig zu Recht, dass die Braunkohlekonzerne Rücklagen für die zu erwartenden Folgekosten anlegen, welche vollständig in einem unabhängigen Fonds gesichert werden.

Was ist zu tun?

Wie bei der Steinkohle muss bis spätestens 2020 eine Leistung in Höhe von 10 Gigawatt der ältesten Braunkohlekraftwerke geschlossen werden. Im Anschluss sind es mindestens 2 Gigawatt jährlich parallel zu einem entsprechenden Ausbau von erneuerbaren Energien. Der CO_2-Preis ist durch eine Schadstoffsteuer zu erhöhen. Im Jahr 2025 darf kein mit Braunkohle erzeugter Strom mehr produziert oder Braunkohle abgebaut werden.

Kohlekommission – kein Einstieg in den Ausstieg

In Anlehnung an den Atomausstieg hat die Bundesregierung im Sommer 2018 eine Kohlekommission gebildet. Energieminister Peter Altmaier sagte schon vor Arbeitsbeginn, dass mehr als eine Reduzierung um die Hälfte bis 2030 mit ihm nicht zu machen sei. Im Frühjahr 2019 hat die Kohlekommission ganz im Sinne des Ministers entschieden.

Es wird vor allem eines: sehr teuer. Die Kohlekommission nennt einige, wenn auch nicht alle Zahlen. Bis zum endgültigen Ausstieg in knapp 20 Jahren, Ende des Jahres 2038, werden 26 Milliarden Euro für den Industrieumbau benötigt; die Strompreisentlastung 2023 bis 2030 beläuft sich auf 14 Milliarden Euro. Zusätzliche Renten und Abfindungen für bestehende Arbeitsverhältnisse schlagen mit 5 Milliarden Euro zu Buche. Macht zusammen 45 Milliarden Euro. Darüber hinaus sollen die betroffenen Bundesländer 0,7 Milliarden Euro über einen Zeitraum von 20 Jahren vom Bund bekommen. Diese 14 Milliarden addiert sind wir bei 59 Milliarden Euro – sofern nicht *jedes* der sechs Kohleländer jährlich 0,7 Milliarden Euro bekommen soll. Das lässt der Berichtstext offen.

Hinzu kommt der von der Kohlekommission als verpflichtend erwähnte, aber nicht bezifferte Zukauf von Emissionsrechten durch den Staat. Wird der aktuelle Trend der Misserfolge in der Emissionsreduzierung, an dem der Kommissionsbericht nicht viel zu ändern gedenkt, fortgeschrieben, kommen laut »Agora Energiewende« auf die deutschen Haushalte nochmals Kosten in Höhe von 30 bis 60 Milliarden Euro hinzu. Hierzu sagt der Bericht – nichts. Auch wenn wir nur von der Untergrenze von 30 Milliarden Euro ausgehen, sind wir somit schon bei mindestens 89 Milliarden Euro angekommen.

Die wegfallenden Kohlekraftwerke sollen überwiegend durch Gaskraftwerke ersetzt werden. Ein modernes Gas- und Dampfturbinen-(GuD-)Kraftwerk kostet 900 Euro je Kilowatt Leistung. Wenn nur die Hälfte der 42 Gigawatt zu ersetzender Kraftwerkskapazitäten als GuD-Kraftwerke gebaut werden, kommen leicht weitere 19 Milliarden Euro Baukosten hinzu, die überwiegend auf die Verbraucherstrompreise umgelegt werden. Der Bericht empfiehlt, ab 2023 einen Ausgleich in Höhe von 2 Milliarden Euro jährlich zu schaffen, der durch die beschleunigte Beendigung der Kohleverstromung in Unternehmen und Privathaushalten entsteht. Das macht, nur bis 2030 gerechnet, weitere 16 Milliarden Euro.

Allein für die Kohlereduktion um gut die Hälfte der bestehenden Kapazitäten bis 2030 wären wir damit in einem Best-Case-Szenario bei atemberaubenden 124 Milliarden Euro angekommen.

Der Bericht lässt die Frage offen, wer die Ewigkeits- und Renaturierungskosten für die stillgelegten Kohlereviere übernehmen soll. Die voraussichtlichen Kosten, die durch Klima- und Gesundheitsschäden verursacht werden, wenn wir weitere zwei Jahrzehnte mit Kohleemissionen die Luft verschmutzen, wurden in dem Bericht ebenfalls nicht beziffert. Ebenso unbeziffert ist die Höhe der Entschädigung respektive die der Prämien für die Kraftwerksbetreiber für die Nichtfertigstellung von begonnenen Kraftwerksneubauten, die schon seit vielen Jahren abgeschriebenen sind.

Wenn der Bericht so umgesetzt wird, werden die Paris-Ziele weder 2020 noch 2030 erreicht. Die Kohlekommission befürwortet im Jahr 2030 immer noch einen Bestand von neun Gigawatt Braunkohle und acht Gigawatt Steinkohle. Das ist ungefähr doppelt so viel, wie laut Klimaschutzplan der Bundesregierung 2030 noch am Netz sein sollte. Im Abschlussbericht wird lapidar darauf verwiesen, dass auch die anderen Sektoren zeitnah ihre Beiträge leisten müssten. Die Energiewirtschaft habe ja bisher bereits den größten Anteil an der gesamten Emissionsminderung erbracht. Die Kommission hat nicht ausdrücklich empfohlen, alte Kraftwerke mit enorm hohen Emissionen vor neuen, hocheffizienten Kraftwerken mit wesentlich weniger Emissionen vom Netz zu nehmen. Eine Emissionsobergrenze ist nicht vorgesehen. Die vielen Privilegien der Industrie im Bezug auf die Fossilen sollen beibehalten werden, während es auf der anderen Seite bei den bestehenden Hemmnissen und Deckeln für den Ausbau erneuerbarer Energien bleiben soll.

Die Übertragungsleitungen sollen weitere Jahre mit Kohlestrom verstopft bleiben. Die Kohlekommission weist sogar darauf hin, dass von den von der Bundesregierung geplanten 7.700 Kilometer neuer Übertragungsleitungen erst 950 Kilometer gebaut seien. Wer in Konzern-Systemkategorien denkt, sieht nur in Nischen Raum für dezentrale erneuerbare Energien.

Die deutsche Bevölkerung soll demzufolge neben den durch Kohleverbrennung verursachten Emissionen an CO_2 auch weitere 20 Jahre den in Deutschland überproportional hohen Anteilen an Quecksilber und Stickoxiden aus Kohlekraftwerken ausgesetzt bleiben. Das kostet weiterhin Tausende Menschen in Deutschland jedes Jahr Gesundheit und Lebensjahre.

Ein Wechsel hin zu einem dezentralen System erneuerbarer Energien, das weder Kohlegroßkraftwerke noch den Ausbau neuer Übertragungsleitungen im großen Stil erfordert, ist nicht gewollt – dabei könnte alles eigentlich ganz einfach sein:

- Alle Beschäftigten werden extrem großzügig abgefunden, beispielsweise mit 30.000 Euro pro Jahr ihrer Betriebszugehörigkeit. Dafür können statt der bisher vorgesehenen 5 Milliarden auch 20 Milliarden Euro bereitgestellt werden. Das hört sich teuer an, ist aber nur ein einmaliger Betrag. Vor allem aber kann niemand mehr den gebeutelten Arbeiter ins Feld führen, wenn es in Wahrheit nur um Konzerngewinne geht.
- Mit einem beschleunigten Herunterfahren der weitgehend über 30 Jahre alten Kohleindustrieanlagen und gleichzeitigem energischen Hochfahren des Ausbaus von Photovoltaik und Windparks, insbesondere auf den frei werdenden Flächen, wäre ein Konversionsprogramm möglich, das nur einen Bruchteil der von der Kommission veranschlagten Gelder kostet.

Derzeit sind Kohlekraftwerke mit einer Leistung (netto) von insgesamt 42 Gigawatt aktiv, davon 20 Gigawatt Braunkohle und 22 Gigawatt Steinkohle. Im deutschen Rekordjahr 2012, bevor die Bundesregierung den Ausbau der Erneuerbaren eindämmte, betrug der Zubau allein bei der Photovoltaik 8,3 Gigawatt. Wenn Deutschland also lediglich zu bereits geleisteten Solarausbauzahlen zurückfindet, können sämtliche bestehenden Kohlekraftwerke innerhalb der nächsten fünf bis zehn Jahre ersetzt werden. Der Neubau von größeren Erneuerbare-Energien-Anlagen ist jetzt schon billiger als der Weiterbetrieb alter Kohlemeiler.

Von Greenpeace bis hin zu einem Konsortium aus Vattenfall, BayWa und anderen stehen Investoren bereit, die auf den bergbaulich genutzten Flächen, inklusive Netzanschluss und genügend Fachkräften in der Region, einen Mix aus Photovoltaik-, Wind- und Hybridkraftwerken mit den früheren Brennkesseln als Salzspeicher bauen würden – mit privatem Kapital und ohne jegliche staatliche Förderung. Beteiligt man auch die Anwohner und lokalen Gemeinden an dem Ausbau, könnten die Reviere einen erfreulichen lokalen Aufschwung erfahren – ähnlich wie das vielen abgehängten Dörfern in industriefernen Regionen gelungen ist, die dank ihres Engagements für dezentrale erneuerbare Energien vor Ort Unternehmen, Jobs und Gewerbesteuereinnahmen schaffen konnten. Doch die Eigentümer der Kohlekraftwerke setzen lieber auf Subventionen für den Weiterbetrieb des alten Geschäfts, anstatt sich auf die Energiewende einzulassen.

Dass der Klimawandel keine Rücksicht auf die Wünsche der Old Industry nimmt und zulasten welcher anderen staatlichen Aufgaben deren Abwrackparty die nächsten Jahrzehnte finanziert werden soll, hat die Kommission »Wachstum, Strukturwandel und Beschäftigung« nicht thematisiert.

Die Kommission war wohl nur ein auf Zeitgewinn angelegtes Ablenkungsmanöver, die einen schnellen Kohleausstieg simulieren sollte.

Erdgas – das pure Gift

Erdgas besteht fast vollständig aus Methan. Es fungiert als Wärmelieferant für Häuser und in der Industrie, zur Stromerzeugung und als Treibstoff. Der Methangehalt in der Atmosphäre stieg zwischen 1960 und 1990 pro Jahrzehnt um etwa 10 Prozent an. Seitdem fällt der Zuwachs geringer aus, was mit dem Zusammenbruch der Sowjetunion und ihrer Industrien zusammenhängt. Während die Konzentration von Methan in der Atmosphäre um die Jahrtausendwende stagnierte, steigt sie seit 2007 wieder stark an. Mindestens 40 Prozent dieses Anstiegs sind auf die Zunahme der Erdöl- und Erdgasproduktion auf der Nordhalbkugel zurückzuführen.[25]

Deutschland ist Weltmeister unter den Gasimporteuren. Nahezu 100 Prozent wird über Pipelines aus Russland, Norwegen und den Niederlanden importiert. Die Holländer steigen wegen der vielen Erdbeben bis 2030 aus der Produktion aus. Die Gaswirtschaft boomt gleichwohl: Nord Stream 2 soll trotz anhaltender Proteste aus Polen, der EU, der Ukraine, den USA und aller Umweltschützer Fakten bis zum Jahr 2080 schaffen. Die Bundesregierung will sogar neue Gasfelder in Russland für Europa erschließen[26]. Der Southern Gas Corridor ist das Vorzeigeenergieprojekt der EU. Die Trans-Adria-

Gas-Löcher

1,5 bis 12 Prozent der geförderten Gesamtmenge entweicht unkontrolliert durch Leckagen in die Atmosphäre. Die Expertenaussagen hierzu sind sehr widersprüchlich[27], wobei unbestritten ist, dass sich Erdgas während der kompletten Bereitstellungskette verflüchtigt. In der Umgebung von Förderanlagen sind Umweltzerstörungen und erhöhte Krebsraten zu beobachten. Bei den auffallend wenigen Feldversuchen wurden stets Löcher in den Leitungen mit riesigen Gasverlusten festgestellt. Allein in der Nordsee entweichen aus stillgelegten Förderbohrungen jährlich bis zu 17.000 Tonnen Methan.[28]

Pipeline soll dabei aserbaidschanisches Gas über Griechenland und Albanien durch das Adriatische Meer nach Italien bringen; die Trans-Anatolian-Pipeline soll die Türkei versorgen. Die Pipeline Poseidon soll von Israel über Zypern in 3.000 Meter Wassertiefe bis zum Peloponnes führen. Viele weitere Pipelines – Southstream und Nabucco gehören zu den bekanntesten – sind in Planung.

Der klimaschädlichste Brennstoff überhaupt dürfte gefracktes Flüssigerdgas (LNG) aus den USA sein, das in Europa verstromt wird. Ein Viertel der enthaltenen Energie wird allein für die Verflüssigung aufgebraucht. 2019 gibt es 22 Anlandeterminals in Europa, die nicht einmal zu einem Viertel ausgelastet sind. Trotzdem plant die Bundesregierung, den Bau deutscher Terminals zu subventionieren.

Diese Überschätzung des Bedarfs an neuer Erdgasinfrastruktur führt entweder dazu, dass viel zu lange klimaschädliches Erdgas verbrannt wird, oder sie lässt viele sich nicht amortisierende Anlagen entstehen.

Die Gaspreise sind sehr volatil. Im Jahr 2005 lagen sie bei 16 Dollar MMBtu[29], 2016 bei unter 2 Dollar. 2019 liegen sie unter 5 Dollar. Alle Schwankungen und auch die sogenannte Frackingrevolution eingerechnet, ist der Gaspreis zwischen 1970 und 2014 um den Faktor 14,8 gestiegen. Die Photovoltaikkosten sind im gleichen Zeitraum um den Faktor 154 gesunken. Solarenergie hat damit ihre Kostenposition um das 2.275-Fache gegenüber Gas verbessert.[30]

Wer investiert heute noch in ein neues Gaskraftwerk, wo doch die Erneuerbare-Energien-Alternativen billiger im Investment sind, keine Übertragungsnetze brauchen und Rendite bringen? Deutschland hat jetzt schon Überkapazitäten an Gaskraftwerken.

Erdgas ist kein klimafreundlicher Ersatz für Kohle und schon gar kein Partner der erneuerbaren Energien.[31] Erdgas ist auch nicht der neue Diesel, wie es Volkswagen verbreitete; weder für Autos noch für die Schifffahrt. Gas ist nur in der Phase der reinen Energieumwandlung erst einmal ›besser‹ als Kohle, weil nur halb so viel CO_2 wie bei Kohlekraftwerken in die Luft emittiert wird und Gaskraftwerke flexibler regelbar als Atom- und Kohlekraftwerke sind.

Nur bereits bestehende Gaskraftwerke können als Brücke fungieren und die bestehende Gasnetzinfrastruktur mit ihren unter ganz Deutschland verlaufenden Rohren kann für den späteren Betrieb mit regenerativem Gas dauerhaft Speicherfunktionen übernehmen. Erdgas kann durch PtX (Power-to-X, also Wind–Gas, EE–Gas) ersetzt werden. Wie in der Landwirtschaft kann man auch bei der Energie im Sommer Überschüsse produzieren, die dann im Winter verbraucht werden. Zu bedenken ist allerdings, dass Erdgas als Krücke eine Gefahr für den Umstieg auf erneuerbare Energien werden kann[32], wenn Investoren in Gas und nicht gleich in erneuerbare Energien investieren.

Was ist zu tun?

Keine Genehmigungen mehr für neue Netzanschlüsse und den Bau von neuen Gaskraftwerken oder LNG-Terminals.

Keine Genehmigungen mehr für Bohrungen in Deutschland für Gas, Öl und Fracking.

Alle Emissionen mit einer Schadstoffsteuer belasten; eine in Deutschland diskutierte CO_2-Steuer nutzt der Gaswirtschaft.

Erdöl – überlebensgefährdender Schmierstoff

Erdöl ist Rohstoff und Energieträger zugleich und allgegenwärtig. Es dient als Kraftstoff in modernen Verkehrsmitteln, als Schmierstoff oder als Grundstoff für die chemische Industrie. Die Produktvielfalt reicht von Benzin über Dieselkraftstoff, Heizöl, Kosmetik, Waschmittel, Kleidung und Reifen bis hin zu einer Vielzahl verschiedener Kunststoffe. Öl ist der Schmierstoff unserer Industriegesellschaft. 2019 erreichte der weiter wachsende Weltverbrauch die historische Marke von 100 Millionen Barrel (1 Barrel = 159 Liter) am Tag. Das entspricht einem Güterzug von Riad bis Berlin.

Sinkt der Ölpreis, floriert die Wirtschaft, so lautet die uralte Erkenntnis. Der Ölpreis fiel im Jahr 2015 von 110 auf unter 50 US-Dollar je Barrel. So etwas gab es auch früher schon, als 2008 der Ölpreis von über 140 auf unter 40 Dollar fiel. Diese Entwicklung war damals vom Platzen der Finanzblase getrieben, dem eine Rezessionsphase folgte. Auch seit 2010 ist das WTO-Handelsvolumen nicht mehr gestiegen und ohne die Exporte nach Asien sogar leicht gefallen. In den OECD-Staaten geht der Ölverbrauch längst zurück. Dies wurde in den vergangenen Jahren durch steigenden Konsum in den Schwellenländern ausgeglichen, der allerdings inzwischen ins Stocken geraten ist.

1998 fiel der Ölpreis sogar auf 12 Dollar. Zu dieser Zeit verschwanden so traditionsreiche Marken wie Texaco, Elf, Arco, Amoco oder Mobil Oil. Kurz darauf nahm der Ölpreis Kurs auf 140 Dollar. Lagen danach die Preisschwankungen im Bereich von 1 oder 2 Dollar, so liegen sie inzwischen bei 40 bis 100 Dollar.

Zunehmende Fluktuationen signalisieren oft den Beginn eines Zusammenbruchs. Waren es anfangs ›nur‹ US-Airlines oder Logistik- und Fischereiflotten, die vom Markt verschwanden, so sind inzwischen etliche Branchen betroffen. Auch die geopolitischen Krisen haben deutlich zugenommen. Man denke an Immobilienblase, Finanzkrise, Bankenkrise, Staatenkrise, Schuldenkrise und die zunehmende Gewaltbereitschaft der Verlierer. Das sind keine zufällig zeitgleichen Effekte; wir schlittern in eine globale Krise. Die weltweite Ordnung löst sich auf.[33]

Peak Oil und Fracking

Seit den 1960er-Jahren nehmen die Funde konventionellen Öls (Rohöl und Flüssiggas) ab; seit 1980 wird mehr Öl gefördert als gefunden. Peak Oil nennt man das Maximum der Förderrate. Die International Energy Agency sah den Zeitpunkt bereits 2006 eingetreten. Die US Energy Information Administration ebenfalls – allerdings für 10 bis 15 Jahre auf einem Plateau verharrend. Die Prognosen sind abhängig von geologischen Daten, die viele Förderländer nicht herausrücken, technischem Fortschritt, steigendem Ölpreis, fallenden Preisen für erneuerbare Alternativen ebenso wie Kriegen und Unruhen.

Unkonventionelles Erdöl und Erdgas wird durch Hydraulic Fracking aus Teersanden und Schiefergas gewonnen. In Bohrlöcher wird mit einem Druck von mehreren Hundert bar Wasser mit chemischen, teils radioaktiven Zusätzen gepresst, um die rohstoffführenden Gesteinsschichten aufzubrechen. Seit ungefähr 2007, als der Ölpreis meist über 80 Dollar je Barrel lag und die Gaspreise entsprechend stiegen, erleben die USA und das kanadische Alberta einen Frackingboom. Die USA haben unter Trump erreicht, was schon Barack Obama anstrebte: nach 70 Jahren wieder größter Ölproduzent der Welt zu sein.

Doch liegen die jährlich im zweistelligen Milliardenbereich anfallenden Ausgaben für Exploration und Förderung meist über den Einnahmen aus dem Öl- und Gasverkauf. Dividenden mussten durch steigende Verschuldung und den Verkauf von Bohrrechten finanziert werden. Die immer neuen Kredite wurden vor allem durch den Wert der Reserven abgesichert. Einige Jahre lang konnte so für die Finanzakteure ein rasantes Bonanza generiert werden. Doch der Preisverfall von Öl 2016 und sein langsamer Wiederanstieg auf rund 40 Dollar je Barrel entlarvte diese Kredite als höchst spekulative Anlagen. 2018 stieg der Ölpreis erneut auf über 80 Dollar je Barrel und Fracking lohnt sich wieder. Inzwischen kannibalisieren sich Tausende Bohrtürme wie viele Zapfhähne in ein und demselben Fass und viele Frackingfirmen stehen vor der Pleite.

In Europa ist Fracking nicht gern gesehen und oft ganz verboten. Wir überlassen die Schmutzarbeit lieber den Amerikanern und importieren das Fracking-Produkt LNG.

Auch weltweit sind die Probleme beim Fracking einfach zu groß. Fast überall vorliegende schwierige geologische Formationen erfordern hohe Investitionskosten. Hinzu kommt der gigantische Energie- und Wasserbedarf.[34]

Die Absicherung des Zugriffs auf die weltgrößten Ölreserven am Persischen Golf hat die Außen- und Sicherheitspolitik der Weltmacht USA seit dem Zweiten Weltkrieg bestimmt. Der Energiehunger der Autonation Nummer eins, die sich bis heute den weltweit höchsten Pro-Kopf-Verbrauch an Öl und Gas leistet, ist auch mit heimischem Fracking nicht zu stillen.

Den Konflikt mit dem Irak hätte es nicht gegeben, wenn dort nicht die weltweit zweitgrößten Ölvorkommen lägen – in einer Region, die insgesamt zwei Drittel der bekannten weltweiten Ölreserven beherbergt. Schon der irakisch-iranische Krieg (1980–1988), den Saddam Husseins Regime – unterstützt von den USA – gegen das unberechenbarer gewordene Ölland Iran führte, tobte vor diesem Hintergrund. Das Gleiche gilt für Saddam Husseins Okkupation des Öllands Kuwait im Jahr 1990 und den darauffolgenden Golfkrieg. Stets war die politische Kontrolle der Ölreserven das zentrale Motiv und nicht die Durchsetzung von Demokratie und Menschenrechten.

Die Terrormiliz ISIS eroberte ölreiche Regionen und Transportwege. Mit Tankwagen verkaufen sie Öl auf dem Schwarzmarkt, um sich mit den Erlösen zu finanzieren. Doch auch die Macht und das Geld für staatliche Unterdrückung wird oft aus Öleinnahmen finanziert. Man denke an Saudi-Arabien, Iran, Irak, Libyen, Sudan, Nigeria, Venezuela und auch Russland, Kasachstan oder Aserbaidschan. Oft wird behauptet, die Rohstoffreserven seien in geopolitisch schwierigen Ländern. Das Gegenteil ist der Fall: Gerade die

Rohstoffreserven dieser Länder bringen sie erst in eine geopolitisch schwierige Situation.

Erdöl ist der größte einzelne Verursacher der katastrophalen Klimaveränderung sowie der Luftverschmutzung und damit von Gesundheitsschäden für Millionen von Menschen. Die Förderung zerstört ganze Landschaften, verschlingt Unmengen an Wasser und verschärft damit die globale Wasserkrise. Tankerhavarien verseuchen Meere und Küsten und bedrohen die Fischerei. Der Einsatz von Erdöl als Rohstoff der chemischen Industrie verpestet die Luft der Chemiestandorte und vergrößert laufend die Mengen schwer oder gar nicht recycelbarer Abfälle aus Plastik oder PVC.

Es ist doch absurd, dass für die ungestörte Fortsetzung der Erdölgewinnung jährlich mehr Geld für militärische Sicherungskosten ausgegeben wird, als bisher insgesamt für die Mobilisierung erneuerbarer Energien bereitgestellt wurde. Die Abhängigkeit vom Erdöl macht darüber hinaus die Chancen des globalen Südens zunichte, sich wirtschaftlich zu entwickeln, weil sie ihre gesamten Exporteinnahmen und oft die kompletten Entwicklungshilfegelder für den Erdölimport ausgeben müssen.

Unter Donald Trump ist das nicht anders, nur treten die geopolitischen Interessen, die den Zugriff auf Rohstoffe sichern sollen, noch unverblümter als unter seinen Vorgängern zu Tage. China mit seinen vielen Menschen würde sich sein eigenes Grab schaufeln, würde es weiterhin auf Öl setzen. Die wie Pilze aus dem Boden sprießenden Megastädte würden gänzlich im Smog ersticken. Schon deshalb stellt sich die Führung in Beijing seit Jahren auf das Ende des Verbrennungsmotors ein. Während die USA noch ganz auf Öl setzen, streckt China die Hand nach dem besonders rohstoffreichen Afrika aus. China hat erkannt, dass die Techniken der Zukunft viele Metalle brauchen, wie Nickel, Lithium, Kobalt, Kupfer oder das Mineral Bauxit. Im Westen wird Chinas wachsender Einfluss in Afrika oft als Neokolonialismus und Gefahr für den Weltfrieden gebrandmarkt. Das ist es in der Tat, unterscheidet sich jedoch nicht so sehr vom jahrzehntelangen Verhalten der USA.

Der Liter Superbenzin kostete in Deutschland 1950 rund 63 Pfennig. Bei dem Preis blieb es bis 1970. Dann ging's aufwärts: 1980 lag er bei 1,20 Mark, im Jahr 2000 bei 2 DM. Im Jahr 2010 – etliche Jahre nach der Währungsumstellung – lag der Superpreis bei 1,40 Euro und er blieb mit Schwankungen um 10 Cent bis 2018 auch einigermaßen stabil.[35] Der generelle Anstieg ist aber offensichtlich.

Der Preis für ein Photovoltaikmodul mit 1 Kilowatt peak lag im Jahr 2006 noch bei rund 5.000 Euro; heute müssen Verbraucher weniger als 1.000 Euro dafür auf den Tisch legen, inklusive Montage. Nach Amortisation der immer günstigeren Technikkosten liegen die Erzeugungskosten bei fast null.

Sobald sich die erneuerbare Mobilität durchsetzt, wird der Spritbedarf binnen weniger Jahre um bis zu 80 Prozent zurückgehen, selbst wenn man davon ausgeht, dass jedes autonome Auto dreimal mehr Energie braucht als ein individueller Verbrenner. Rein rechnerisch könnten dann Russland und Saudi-Arabien allein den gesamten Weltbedarf decken.[36] Stromproduzierende Ölkraftwerke werden seit der Jahrtausendwende wegen der unsicheren und hohen Brennstoffkosten nur noch für die Spitzenlast oder in Öl fördernden Län-

Was ist zu tun?

Radikaler Aufbau von Photovoltaik und Windmühlen bei gleichzeitiger Belastung von Öl mit seinen wahren Kosten. Es hilft wenig, einzelne Endprodukte zu verteuern, etwa Benzin oder Plastiktüten im Supermarkt; treffsicherer ist es, möglichst weit oben in der Herstellungskette anzusetzen, also am besten an der Rohölquelle oder der Raffinerie.

Die Überwindung der Ölabhängigkeit durch erneuerbare Energien dient dem Schutz des Klimas und der Umwelt, stabilisiert die Wirtschaft, verringert die globale Rohstoffausbeutung und dient der Glaubwürdigkeit der demokratischen Staatenwelt im islamischen Raum und in Afrika. Den Akteuren von Terror und geopolitischer Gier wird die Finanzierung entzogen. So ist die Energiewende auch ein dauerhafter Beitrag zur internationalen Friedenssicherung.

dern betrieben. Unzählbar viele kleine Dieselgeneratoren stehen in Staaten mit unsicherer Netzversorgung bereit, insbesondere als Back-up-System bei Stromausfällen. Heute ist Solarenergie billiger als Diesel oder Kerosin, um Strom zu erzeugen. Sie ist als dezentrale Technologie auch in Gegenden einsetzbar, in die man Diesel erst mit Tankwagen transportieren muss. Die Preise für Speicher fallen so schnell, dass selbst die Rund-um-die-Uhr-Versorgung billiger kommt als ein Dieselgenerator. Photovoltaik, Batterien und das Elektroauto können die Ölindustrie in weniger als einem Jahrzehnt zum Konkursfall machen.

Atomkraft – die Welt nach Fukushima ist nicht in Ordnung

Auch der Atomausstieg hat seine Zeit – und es ist keineswegs sicher, dass schon die japanische Atomkatastrophe von Fukushima im Jahr 2011 allein ausreichen wird, um diese Zeit endgültig heraufziehen zu lassen, denn die Halbwertszeit des menschlichen Gedächtnisses für Gefahren ist erschreckend gering. Offenkundig haben wir uns selbst an die Atomapokalypse in Japan gewöhnt, obwohl die atomaren Teilchen am Ende ihrer 11.000 Kilometer langen Reise von Japan auch in Europa angekommen sind.

In Deutschland wurden nach der Katastrophe von Fukushima die ältesten Meiler überprüft. Bundeskanzlerin Angela Merkel, promovierte Physikerin und ehemalige Ministerin für Reaktorschutz, erweckte den Anschein, als habe man plötzlich bei einer Überprüfung der Reaktoren überraschende Sicherheitsmängel festgestellt, von denen man im Jahr zuvor noch nichts wusste. Das war gezielte Irreführung der Öffentlichkeit. Denn es ist unstrittig: Je länger die Laufzeiten der Kraftwerke andauern, desto höher werden sowohl das Risiko eines die Umwelt kontaminierenden Super-GAUs als auch der radioaktive Müllberg. Die sieben in Deutschland derzeit noch aktiven Atomkraftwerke sind im Schnitt 36 Jahre alt. Dazu kommen noch mal sieben Forschungsreaktoren.

Merkels Strategie, die Laufzeitverlängerung gegen den Willen der Bevölkerung im Herbst 2010 durchzupeitschen, damit rechtzeitig vor dem Superwahljahr 2011 Ruhe herrscht, ist nicht aufgegangen. Einen Störfall hatte sie nicht mit einkalkuliert. Die Verlängerung der Laufzeiten war grundfalsch und hochriskant. Jeder und jedem musste klar sein, dass eine Katastrophe wie in Japan jederzeit und überall auf der Welt passieren kann. Bundeskanzlerin Merkel, der damalige EU-Energiekommissar Oettinger und die ganzen Atomkraftbefürworter wurden sozusagen mit dem rauchenden Colt in der Hand erwischt.

Seitdem reden ausgerechnet diejenigen von Beschleunigung des Ausbaus der erneuerbaren Energien, die seit den 1980er-Jahren bis Fukushima noch erklärt haben, dass wir die Atomenergie dringend als Brücke bräuchten, weil der Ausbau der Erneuerbaren nicht so schnell möglich sei.

Die Welt wunderte sich. Der hektische energiepolitische U-Turn in Berlin mit der Schnellabschaltung von sieben AKWs wurde als Produkt der ›German Angst‹ wahrgenommen. Es erschien als Kurzschlussreaktion, kaum nachahmenswert für andere. Dass es sich um eine auf Einsicht beruhende Umkehr in eine Energiezukunft der autonomen, dezentralen, regionalen und auf die grenzenlosen Vorräte der erneuerbaren Ressourcen setzende Versorgung handeln könnte, hat die Bundeskanzlerin ausdrücklich ausgeschlossen. Der deutsche Atomausstieg dürfte kaum endgültig sein. Die Atomkonzerne drängen auf mehr Schadensersatz, der Ausbau der dezentralen erneuerbaren Energien wird verhindert. Die Klimaziele sind kaum noch erreichbar.

Die Kostenkurve von Atomkraft ist progressiv, weil Kernkraftwerke immer teurer werden. Mit einem einzigen Atomreaktor macht man rund 1 bis 2 Millionen Euro Gewinn. Am Tag! Das ist viel Geld. Noch viel mehr kostet die Atomkraft allerdings die Gesellschaft.[37] Während die EEG-Förderung erneuerbarer Energien – jedenfalls, bevor die Industrietricksereien kamen – transparent und explizit im Strompreis ausgewiesen wurde, erfolgen die staatlichen Förderungen von Atom und Kohle teils aus dem öffentlichen Haushalt, teils über Regelungen, die letztlich ebenfalls den Strompreis erhöhen, wie zum Beispiel beim Emissionshandel. In beiden Fällen sind die Förderungen für die Verbraucher auf ihren Stromrechnungen

Waffen für die Welt

Die Interdependenz zwischen der zivilen und militärischen Nutzung der Atomkraft war immer schon eine der wichtigsten Charakteristiken der Atomindustrie.[38] Hinkley Point C heißen zwei im Bau befindliche englische Reaktoren, deren Baukosten 2005 auf 6 Milliarden Euro veranschlagt wurden. Inzwischen haben sich die Baukosten verfünffacht. Die durch die EU-Kommission genehmigte Höchstsumme liegt bei 39 Milliarden Euro. Die UK-Regierung hat den Betreibern einen hohen garantierten Einspeisetarif für 35 Jahre zugesagt. Nach Berechnungen von Greenpeace lässt sich die britische Regierung die Reaktoren in dieser Zeit insgesamt rund 108 Milliarden Euro an Subventionen kosten. Der Europäische Gerichtshof genehmigte diese wettbewerbsverzerrende Subvention mit Hinweis auf den Euratom-Vertrag von 1957, der die Förderung der Atomkraft erlaubt. Erhebliche Widerstände gegen den AKW-Neubau kommen aus der englischen Industrie, die jahrzehntelang überteuerte Stromkosten befürchtet. Hinkley Point – als ein typisches Beispiel – ist so offensichtlich unwirtschaftlich, dass es nur am Rande um Stromerzeugung gehen kann. In erster Linie profitieren die verschiedenen Sicherheitsapparate, der Atomunterseeboot-Hersteller Rolls Royce und nicht zuletzt alle, die sich mit waffenfähigem Material beschäftigen, durch Know-how und Quersubventionierungen.[39] Solange es – wenn auch vordergründig friedliche – Nutzung der Atomkraft gibt, wird auch Waffenmaterial erzeugt werden.

nicht sichtbar. Die Summe der gesamtgesellschaftlichen Kosten von Atomkraft wurde auf bis zu 37 Cent/kWh berechnet – eine hohe und dennoch unwichtige Zahl, weil die alles entscheidenden Versicherungskosten noch nicht enthalten sind.

Derzeit ist die Haftpflicht nach Angaben der Deutschen Kernreaktor-Versicherungsgemeinschaft auf knapp 250 Millionen Euro begrenzt. Weitere gut 2 Milliarden Euro stellen die vier AKW-Betreiber bei einem Unfall im Rahmen einer gegenseitigen Absicherung zur Verfügung. Für Schäden darüber hinaus muss der Verursacher mit seinem eigenen Kapital komplett haften. Die Versicherungsforen Leipzig, ein Dienstleister für die Versicherungskonzerne, berechnete den Maximalschaden eines Unfalls der höchsten Kategorie auf mehr als 6 Billionen Euro. Sollten dafür Prämien für die 17 noch zehn Jahre laufenden AKWs aufgebaut werden, würde das rechnerisch den Strompreis auf fast 4 Euro pro Kilowattstunde treiben. Bei einer Bereitstellung der gesamten Versicherungssumme nach 100 Jahren ergäbe sich eine jährliche Versicherungsprämie von 19,5 Milliarden Euro für jedes Kernkraftwerk. Wären die durch ein solches Schadensereignis verursachten Kosten der Schadensbeseitigung von den Verbrauchern zu zahlen, ergäbe sich bei Umlage der Kosten bzw. der darauf basierenden Versicherungsprämie für den Bereitstellungszeitraum von 100 Jahren eine Erhöhung der Energiepreise für Atomstrom (netto) mit einer Spanne von 0,139 Euro bis zu 2,36 Euro je Kilowattstunde.[40] Auf einem freien Markt sind Atomkraftwerke also niemals wettbewerbsfähig, sobald die Kosten ehrlich berechnet werden. Noch gar nicht berücksichtigt sind dabei die enormen Ausgaben für den Rückbau der Atomreaktoren, die die Betreiber nicht zurückgelegt, sondern weitgehend bereits als Gewinne ausgeschüttet haben und die bei der Gesellschaft hängen bleiben werden – eine weitere finanzielle Zeitbombe.

Unsinnige Fusionsforschung

Im Unterschied zur Kernspaltung werden bei der Kernfusion Deuterium und Tritium unter extremem Druck bei 100 Millionen Grad Celsius verschmolzen – wie auf der Sonne. Auf der Erde hat das nur im Test bei der Wasserstoffbombe geklappt, die mit einer Atombombe gezündet wurde, um die notwendige Temperatur zu erzeugen.

Seit 2007 baut die EU in Cadarache an einem Internationalen Thermonuklearen Experimentalreaktor (Iter). Derzeit werden die

Baukosten auf 20 Milliarden Euro geschätzt, von denen die Europäische Union gut ein Drittel trägt. 2025 soll das experimentelle Kraftwerk in Betrieb gehen und zehn Jahre später seine volle Funktionsfähigkeit erreichen. An Iters Nachfolger wird bereits gebaut. Die Demonstration Fusion Power Plant (Demo) ist für Mitte des Jahrhunderts geplant. Während mit Iter noch Plasmaforschung betrieben und Strom nur probeweise erzeugt werden soll, würde Demo dauerhaft einige Hundert Megawatt ins Netz einspeisen. Wenn 2050 tatsächlich erstmals nutzbarer Fusionsstrom fließen sollte, wären seit dem ersten Schritt genau 100 Jahre vergangen. In Deutschland werden jährlich rund 130 Millionen Euro in Forschungskosten für die Kernfusion investiert, etwas weniger als in entsprechende Aufwendungen für erneuerbare Energien fließt. Seit 30 Jahren sagen die Fusionsforscher, dass sie in 30 bis 50 Jahren Strom erzeugen können.

Die Atomfusion, so sie denn jemals einsatzfähig wird, kann nicht unter 12 Cent/kWh produzieren. Dabei sind die Systemanbindungskosten wie lange Übertragungsleitungen, um die ungeheuer große lokale Stromausbeute hin zum Bedarf zu transportieren, nicht eingerechnet. Windkraft und Photovoltaik sind jetzt schon zu zwei Dritteln billiger und werden in wenigen Jahren Grenzkosten gegen null haben.

Also wäre es doch klug, die Forschungen zu beenden und die Fusions-Forschungsgelder in die Energiewende zu leiten – etwa in die Sektorenkopplung, weil die sicher kommt – im Gegensatz zu Fusionsstrom. Weitere Zigmillionen aus dem Bundeshaushalt fließen zu Euratom und zur Internationalen Atomenergie-Organisation (IAEO). Das muss dringend beendet werden.

Der rot-grüne Atomkonsens von 2000 stand auf zwei Beinen: geregelter Atomausstieg und Anschub für die Erneuerbaren. Es war voraussehbar, dass Deals mit der von Grund auf unseriösen Atombranche kaum funktionieren können. Ausstieg vom Ausstieg und Wiederausstieg nach Fukushima mit Schadensersatzzahlungen und

Sozialisierung der Endlagerungskosten zeigen, dass es besser gewesen wäre, die Atomkraft einfach mit einer verpflichtenden Haftpflichtversicherung auslaufen zu lassen. So wie es von jedem verlangt wird, der mit Gefährlichem oder Riskantem hantiert, sei es vom Betreiber eines Chemiewerks, Ärzten oder jedem Autobesitzer.

Nun ist die Geschichte aber anders abgelaufen als noch im Jahr 2000 vorgesehen und vereinbart – zum Nachteil der Erneuerbaren. Denn wäre die Bundesrepublik konsequent auf diesem Weg geblieben, hätte bis etwa 2020 der Beweis der erneuerbaren Vollversorgung erbracht werden können: Ja, es gibt eine machbare und attraktive Alternative zu den Atomkraftwerken, auch für aufstrebende und große Industriegesellschaften. Modelle zeigen, dass eine eigenständige Energieversorgung unabhängiger macht und klimafreundlicher ist und Arbeitsplätze und Wertschöpfung schafft. Etliche seriöse Gutachten, Modellrechnungen usw. haben klar belegt, dass Deutschland in wenigen Jahren komplett erneuerbar versorgt werden kann und dass dies für alle von Vorteil ist – außer für die jetzigen Energieversorgungsunternehmen.

Der globale Schaden wird an einigen Zahlen deutlich: 2018 setzen 31 Länder mit 413 Reaktoren wenigstens teilweise auf Atomtechnologie, 62 Anlagen sind im Bau – wenn auch die meisten viele Jahre hinter ihrem Zeitplan sind – und 65 weitere Länder haben entsprechende Pläne, davon allein 21 auf dem afrikanischen Kontinent und 27 in China. Weitere 158 Reaktoren befinden sich laut World Nuclear Association in Planung. Davon je 2 in Bulgarien, Rumänien und Tschechien, 6 in Polen und 1 Reaktor in UK und der Türkei. Auch die Ukraine plant, 2 Reaktorrohbauten – über die 1990 ein Baustopp verhängt wurde – bis 2026 doch noch fertigzustellen. Neue Aufträge wurden in den letzten Jahren hauptsächlich in asiatischen Ländern erteilt, wo der Anteil an Atomenergie verschwindend gering ist. Insgesamt sind heute ungefähr gleich viele Atomkraftwerke im Betrieb wie 1990. Weltweit sinkt die Atomstromproduktion seit Fukushima, einzige nennenswerte Ausnahme ist China.

In Deutschland sind 2019 noch sieben Atomkraftwerke in Betrieb[41]: Die stromproduzierende AKW-Leistung fällt kontinuierlich. Doch immer noch verstopfen sie die Netze. Mehr als die Hälfte des

> ### *Frankreichs atomarer Irrtum*
>
> Frankreich deckt noch immer über 70 Prozent seines Strombedarfs mit Atomkraftwerken und hat ein massives Stromproblem. Die Stromimporte stiegen im Februar 2018 auf über 9.000 Megawatt Leistung und damit auf Rekordwerte. Schuld war nicht nur die Kältewelle. Mindestens zehn französische Atomkraftwerke waren ausgefallen. Die Kraftwerke werden älter und damit anfälliger für Reparaturen. In Frankreich werden eigentlich 58 Atomkraftwerke mit einer Leistung von 63.000 Megawatt betrieben. Im Winter wurden aber offenbar nur Atomkraftwerke mit einer Leistung von knapp 51.000 Megawatt tatsächlich betrieben. Das geht aus den Daten des französischen Netzbetreibers RTE hervor. Die Folge sind hohe Stromimporte aus den Nachbarländern und Anspannungen im europäischen Stromnetz. Bereits 2017 kämpfte Frankreich gegen den Strommangel. Selbst Ölkraftwerke mussten hochgefahren werden, um die Stromlücke zumindest teilweise zu schließen.

Jahres 2017 durften norddeutsche Windkraftanlagen und Solaranlagen keinen Strom produzieren, weil Atomkraftwerke in ihrer Nähe liefen.[42] Sie wurden mit knapp 200 Millionen Euro entschädigt. Der Gesetzgeber hat 2018 eine Novelle des Atomgesetzes beschlossen, welches die Entschädigung von Atomkonzernen im Zuge des Atomausstiegs regelt. Das Ergebnis: Die Kosten sind von den Verbrauchern zu tragen. Das Gesetz erlaubt unter anderem, dass bereits zugeteilte Strommengen von Kernkraftwerken in Süddeutschland auf Meiler in sogenannten Netzausbaugebieten übertragen werden dürfen. In diesen Gebieten wird bereits viel eigener Strom produziert, doch mangelt es an Kapazitäten im Übertragungsnetz. Mit noch mehr Atomstrom im Netz werden in den Engpassregionen im Norden künftig wohl noch häufiger Windräder und Solaranlagen abgeregelt oder gar nicht erst gebaut. Das novellierte Gesetz freut vor allem eine Seite: die Atomkonzerne, die ihre AKWs im Norden nun besser auslasten und gleichzeitig den dortigen Ausbau erneuerbarer Energien ein wenig einbremsen können. Das Ganze ist ein weiterer Beleg dafür, dass sich Deutschland unter der Großen Koalition immer weiter von seiner Rolle als Energiewende-Vorreiterland entfernt.[43]

Seit den 1950er-Jahren verspricht die Branche eine Atomenergie ohne Probleme (als da wären: horrende Kosten, Gefahren und strahlender Müll) und mit endlos fließender Energie. Die Meiler der Generation II, die heute laufen, haben in Tschernobyl oder Fukushima gezeigt, dass sie hohe Risiken bergen. Also wurde die Lösung aller Probleme mit der Generation III versprochen. Dazu zählt der Europäische Druckwasserreaktor (EPR), dessen Baukosten in Finnland und Frankreich seit Jahren steil nach oben gehen. Inzwischen soll es das Generation IV International Forum (GIF) richten. Dreizehn Staaten inklusive Euratom sind dabei. Die Vorschläge sind wieder alter Wein in neuen Schläuchen: Flüssigsalzreaktoren werden seit den 1950ern gehypt, korrodieren jedoch, sodass große Mengen radioaktiven Tritiums unaufhaltsam entweichen; darüber hinaus fällt viel bombenfähiges Uran-233 an. Kugelhaufenreaktoren wiederum haben in Jülich oder Hamm-Uentrop bereits versagt; China hat seine Ausbaupläne von 30 auf nur noch einen 250-Megawatt-Meiler reduziert. Der Schnelle Brüter ging in Kalkar nie in Betrieb und der französische Superphénix liegt meist wegen technischer Defekte still. Es gibt bis heute nur Ideen, wie die materialtechnischen Probleme gelöst werden könnten, aber nicht mal einen Prototypen der Generation IV. Dennoch plant das US-Energieministerium, bis 2050 79 Gigawatt davon zu bauen.

Auch Small Molecular Reactors (SMR) werden propagiert, obwohl es jahrzehntelang hieß, dass man die Kosten nur mit großen Anlagen beherrschen könne. Die Idee dahinter ist: In Containergröße können sie sehr praktisch etwa auf weggesprengte Bergkuppen geflogen werden, wo sie die für Fracking benötigte enorme Energie bereitstellen könnten.

Weltweite Forschungszentrale der Generation-IV-Reaktoren ist Karlsruhe; das Institut für Technologie (KIT) und vor allem das Joint Research Center (JRC).[44] Im sogenannten Atomausstiegs- und

Energiewendeland Deutschland wird also wieder an Technologien geforscht, die waffenfähiges Material erzeugen und die Proliferationsgefahr erhöhen.

Was ist zu tun?

Der Brexatom ist die perfekte Gelegenheit, den EURATOM-Vertrag zu reformieren: Die Sicherheitsregeln sind weiterzuentwickeln, der Fördergedanke muss verschwinden und ernsthafte Regeln für die Haftung und den Rückbau müssen aufgenommen werden.

Stattdessen wird von Gutmeinenden ein EURenew-Vertrag gefordert, in dessen Rahmen auch das Monitoring des Umbauprozesses geregelt werden soll. Zu bedenken ist allerdings, dass ein völkerrechtlich verbindlicher EURenew-Vertrag viel Kraft und Zeit kostet und das Risiko besteht, dass die Bevölkerung – ähnlich wie bei den internationalen Klimaverhandlungen – irrtümlich glaubt, alles ist gut, wenn erst der Vertrag kommt. Besser ist es, den Weg für Kooperationen, Sektorenkopplung, Verteilnetze und Selbstversorgung mit Erneuerbaren freizumachen. Entscheidend ist, dass öffentliche Gelder dringend von der Atomwirtschaft und der Fusionsforschung in die Energiewende umgelenkt werden.

Kapitel 7

Dezentral und enkeltauglich – die Energien der Zukunft

Etwa 1 Prozent der eingestrahlten Sonnenenergie wird in mechanische Windenergie umgewandelt – allein dieser Teil ist das 150-Fache des Weltenergieverbrauchs. Um den jährlichen Weltenergiebedarf zu decken, reicht theoretisch jene Sonnenenergie aus, die in weniger als einer Stunde die Erde erreicht.[45] Die Solarkonstante, jene Leistung der Sonnenenergie, die die Erde erreicht, beträgt 1.376 Watt pro Quadratmeter. Die Sonnenenergie ist nach menschlichen Maßstäben unendlich. Wir müssen sie uns nur nutzbar machen. Dafür gibt es verschiedenste Möglichkeiten, die heute schon zur Verfügung stehen. Die Nutzung der Sonnenenergie ist also keine Zukunftsmusik, sondern Realität. Das hat auch das deutsche EEG geschafft. Eine Erfolgsgeschichte, die von ›Träumern‹ und ›Spinnern‹ angetrieben wurde.

Solar und Wind müssen für die Energiewende als Team antreten. Die Summe des aus beiden Quellen eingespeisten Stroms weist geringere Schwankungen auf als jede der beiden Stromquellen allein. Die Kompensation der Schwankungen erfolgt aber nur teilweise, sodass eine zuverlässige Stromversorgung nicht ohne Speicher oder Stromnetze möglich ist.

Alle Produkte sind da – von den Regelungen bis zur Hardware. Beides wird zudem immer billiger. Solarstrom ist schon heute in vielen Ländern Sozialstrom und wird es in wenigen Jahren auf der ganzen Welt sein. In dieselbe Richtung entwickelten sich die Kosten der Windenergie. Sonne und Wind schicken eben keine Rechnung. Die erneuerbaren Energien können vollständig im eigenen Land geerntet werden. Insgesamt musste Deutschland 2017 rund 70 Prozent seines fossilen Lieferbedarfs mit Importen decken. Hierfür wurden 90 Milliarden Euro bezahlt. Ohne Mehrausgaben, alleine durch Umverteilung der Mittel, ist damit ein enormes deutschlandweites Konjunkturprogramm möglich und die Energiewende wird zum Spaziergang. Der Einstieg ins Solarzeitalter ist bereits Realität. Der Erfolg der erneuerbaren Energien hat weltweit zu mehr als 10 Millionen neuen Arbeitsplätzen geführt. Das ist die Basis einer neuen ökosozialen Marktwirtschaft.

Die Ausbaudynamik der erneuerbaren Energien wird jedoch willkürlich beschnitten, damit eben nicht der archimedische Punkt eines regenerativen Energiesystems überschritten wird, ab dem die erneuerbaren Energien von ganz allein ins Zentrum unserer Stromversorgung rücken. Diese Rolle soll auch weiterhin der fossil-atomaren und – aber in Maßen – der zentralen Großerzeugung von erneuerbaren Energien vorbehalten sein.

Rasante Entwicklung weltweit

Seit dem Mittelalter dominierten weltweit Wasserkraftwerke die erneuerbare, nachhaltige Stromerzeugung[46]. Mit dem ausgehenden 20. Jahrhundert wurden andere regenerative Kapazitäten aufgebaut, also Photovoltaik, Windkraft On- und Offshore, Geothermie und Biomasse.

Sensationell entwickelte sich die Photovoltaik: Das erste Gigawatt, immerhin genug Strom, um 200.000 Haushalte zu versorgen, entstand 2000. Bereits 2012 waren weltweit 100 GW installiert. 2018 waren es über 500 GW und 2019 soll es auf die 700 GW zugehen[47]. Die als Weltraumkraftwerk gestartete Photovoltaik beschreibt seit 2000 eine Lernkurve von 200 Prozent. Die Preise fielen dramatisch. Von rund 7.000 Euro je Kilowatt peak auf heute unter 1.000 Euro. Jeden Tag werden über 500.000 Solarpanelen installiert[48].

Die Windkraft boomte fast ebenso exponentiell. Im Jahr 2000 gab es 18 GW globale Windkraftkapazitäten. Heute sind es über 600 GW. Neben PV sind Onshore-, also Land-Windkraftanlagen sowohl unter den Erneuerbaren als auch den konventionellen Energien die kostengünstigsten Technologien[49].

Die Erzeugungskosten von Photovoltaik und Wind liegen inzwischen weltweit unterhalb der Installationskosten von Kernkraft und unterhalb der Kosten für den Bau eines Kohle- oder Gaskraftwerks. Freilich ohne Betriebskosten für Brennstoff oder Personal. Die Grenzkosten der Erneuerbaren gehen gegen null.

Bloomberg meldete im Dezember 2016 einen Wendepunkt in der Weltenergieversorgung: Solarenergie wurde erstmals zur billigsten Form neuer Anlagen zur Stromerzeugung, was auch künftig weltweite Investitionsströme lenken wird. In sonnenreichen Regionen Afrikas oder Chiles kostet Solarstrom nur noch 1,5 bis 2,5 Cent pro Kilowattstunde. Das größte Solarkraftwerk der Welt will Saudi-Arabien bis 2030 bauen. Es soll dann so viel Strom produzieren wie etwa 150 mittlere Atomkraftwerke (200 GW). Die Kilowattstunde Solarstrom soll nicht über 1 Cent kosten. In der Ausschreibung über 25 Jahre für ein 200-MW-Solarfeld im ägyptischen Aswan lagen die Gebote bei unglaublichen 0,02 Cent/kWh und damit fast noch mal um den Faktor Hundert niedriger.[50]

Weltweit führend in Bezug auf Neuinvestitionen ist China, gefolgt von den USA, Japan, Großbritannien und Indien. Deutschland fällt zurück, die ganze EU ebenfalls.[51] Trotzdem war Ende 2018 in Deutschland Photovoltaik mit einer Leistung von 46 GW installiert, verteilt auf 1,6 Millionen Anlagen, die rund 7 Prozent des Nettostroms erzeugten. Kleinere Länder wie zum Beispiel Island, Dänemark, Costa Rica oder Nicaragua stehen kurz vor der erneuerbaren Vollversorgung. Das Gleiche gilt für viele Inseln wie El Hierro oder die Cook Islands und Regionen wie Kalifornien, Südaustralien oder Rheinland-Pfalz. Über 50 Staaten haben einen Komplettumbau auf 100 Prozent Erneuerbare beschlossen. Deutschland gehört nicht dazu.

Mit der Stromwende kommen wir gut voran, aber nicht mit der ökologischen Wärmewende und schon gar nicht mit der ökologischen Verkehrswende[52].

China schmiedet Allianzen

Im Sommer 2018 ist nach den Vorgaben der nationalen Entwicklungs- und Reformkommission Chinas NDRC, der Energiebehörde NEA und des chinesischen Handelsministeriums die International Investment Alliance for Renewable Energy ins Leben gerufen worden. Fokussiert auf die Bereiche Photovoltaik und Windkraft ist dies die erste chinesische Organisation, die das Spektrum von Investitionen sowie Planung, Bau und Betrieb von Projekten zu erneuerbarer Energie im Ausland abdeckt. Die meisten großen einheimischen Equipmenthersteller sind beteiligt. Die Allianz ist Teil der One Belt One Road-Initiative, vulgo Seidenstraße und der International Capacity Cooperation, ein Zusammenschluss von Staatsbanken und Fonds zur Exportförderung chinesischer Unternehmen, um Chinas Handels- und Industriepolitik im Ausland zu positionieren.

Photovoltaik – der Billigheimer der kommenden Energieversorgung

Die Photovoltaik ist weltweit seit Jahren die am schnellsten wachsende Technologie. Die Initiative kam 1990 von Deutschland mit dem 1.000-Dächer-Programm. Das wurde zwar nach zwei Jahren gestoppt, doch Japan übernahm die Idee und entwickelte sich zum weltgrößten PV-Markt. Deutschland fand 1999 mit dem 100.000-Dächer-Programm und dem EEG zum Trendsetter zurück.

Im Jahr 2000 kostete die Produktion einer Kilowattstunde deutschen Solarstroms umgerechnet 70 Cent – die EEG-Einspeisevergütung betrug 99 Pfennig/kWh. 2019 waren die Kosten für die Erzeugung über den Faktor zwanzig geringer und fallen weiter. Damals lag der Anteil erneuerbarer Energien am deutschen Stromverbrauch bei 5 Prozent; heute liegt er bei über 40 Prozent.

Die derzeitigen Erzeugungskosten in Deutschland betragen in der Freifläche etwa 3 Cent je kWh.[53] Eine billigere Stromerzeugung gibt es nicht, wobei die Kosten weiter rasant sinken. An und in Gebäuden werden Systeme pro Kilowatt mehr kosten, denn sie müssen auch weiterhin individuell angepasst werden. Vor allem für Altbauten ist es knifflig. Doch ganz neuartige Bauelemente werden kommen, die Strom erzeugen können. Der zur Stromerzeugung notwendige Halbleiter ist billig, was zu Innovationen geradezu einlädt. Die Module benötigen zwar viel Fläche, gleichwohl ist der Flächenverbrauch wertvoller Böden marginal, weil bereits versiegelte Flächen – vor allem die Hausdächer – ein Vielfaches des erforderlichen Platzes bieten.

Die Preise für Photovoltaikanlagen auf dem Markt befanden sich in den letzten zehn Jahren im freien Fall. 2008 hat eine Freiflächenanlage auf ein Kilowatt umgerechnet rund 4.000 Euro gekostet. Heute sind es im Schnitt gut 800 Euro; für Gebäude kostet das Kilowatt noch über 1.000 Euro[54]. Die nächsten Technologiesprünge sind bereits erkennbar. So verwundern die Expertenschätzungen nicht, die in den nächsten zehn Jahren 300 bis 700 Euro inklusive der Handwerkerkosten prognostizieren[55].

Finanzielle Erträge entstehen heute auf zwei Wegen: Der erzeugte Solarstrom kann ins Netz eingespeist oder im eigenen Haushalt oder Betrieb verbraucht werden. Die Einspeisung einer Kilowattstunde bringt dem Hausbesitzer bei Neuanlagen im Jahr 2019 etwa 10 Cent EEG-Einnahmen, garantiert für 20 Jahre. Die Höhe der Einspeisevergütung wird weiter sinken.

Eine Kilowattstunde Strom aus dem deutschen Netz kostet rund 30 Cent, obwohl der Börsenpreis bei 5 Cent liegt. Das ergibt sich daraus, dass alle etwas ›draufschlagen‹. Mehrwertsteuer und Stromsteuer machen gut 22 Prozent des Strompreises aus, 23 Prozent beträgt das Netzentgelt (unabhängig von der Länge der genutzten Leitung, so wie bei der Schweizer Autobahnvignette), die EEG-Umlage beträgt ebenfalls 23 Prozent, die Kraft-Wärme-Kopplungs-Kraftwerke und die anderen Stromgroßverbraucher wollen auch mit je gut 1 Prozent subventioniert werden. Über 70 Prozent des Strompreises sind staatlich veranlasst, wenn auch nicht aus Gründen des Umweltschutzes.

Der Direktverbrauch spart also doppelt so viel ein wie der Verkauf einbringt. Hochschrauben lässt sich der Eigenverbrauch durch einen Batteriespeicher, der Solarstrom auch nach Sonnenuntergang vorhält. Ein Elektroauto erhöht den Direktverbrauch, wenn die Photovoltaikanlage in die Ladestation speist.[56]

So wenig kostet der Solarstrom in Deutschland. Industrie und Städte werden Hybridkraftwerke im großen Megawatt- oder Gigawattmaßstab bauen, also PV-Anlagen mit Windmühlen, Wasserkraftwerken und Biomasseanlagen kombinieren, um die Verbraucher zu versorgen. Stationäre Großspeicher werden Energie auch über längere Zeit einspeichern und abrufbar machen und die Netze stabilisieren.

Die Vorteile der Einheit zwischen Erzeugung und Verbrauch – möglichst in räumlicher Nähe – werden in einer Gesamtbetrachtung auch bei vollständiger Eigenversorgung schnell dazu führen, dass sich alle Netzfragen neu stellen. Außerdem wird die digitale Entwicklung in diesem Zusammenhang neue Formen von Bilanzierung, ›Communitys‹ und viele andere Modelle ermöglichen, so diese nicht von reaktionärer Politik unterdrückt werden.

Deutschland nimmt sowohl in der Technologieentwicklung rund um die Gesamtanlage als auch bei der installierten Leistung immer noch einen internationalen Spitzenplatz ein. Das Kostensenkungspotenzial ist weiterhin groß und der Exportanteil ist vergleichsweise hoch (zwischen 50 und 90 Prozent). Im Installations- und Dienstleistungssegment haben deutsche Firmen einen Marktanteil von nahezu 100 Prozent am deutschen Markt. Letztlich fördert der heimische Photovoltaikausbau die ökonomische Entwicklung und rückläufige Installationen in Deutschland führen deshalb zu rückläufiger Beschäftigung[57]. Deutschland hat sich entwickelt. Einfach nur einspeisen war gestern. Heute ist die Solarbranche so weit, systemisch zu denken.

Recycling

Photovoltaikpanelen haben eine geschätzte Lebensdauer von rund 30 Jahren, die erste Generation wird jetzt also langsam fällig. Das Glas und die Rohstoffe können wiederverwertet werden. Die EU-Richtlinie zum Recycling von Elektroschrott (WEEE 2014) umfasst auch PV-Module und verlangt, dass 85 Prozent eingesammelt und 80 Prozent recycelt werden. In Deutschland gibt es seit 2007 den Verband PV Cycle, in dem 90 Prozent der Unternehmen der PV-Branche Mitglied sind, die rund 80 Prozent der Altmodule einsammeln und diese zu 80 Prozent recyceln. Seit Beginn der 2000er-Jahre werden Recyclingverfahren erforscht. Die Wertstoffe aus den Altmodulen können inzwischen fast vollständig neuen Produktionsverfahren zugeführt werden. Übel ist, wenn – insbesondere außerhalb Europas – beschädigte Module auf Mülldeponien oder in der Wildnis landen. China und die USA, die führend in der Installation von Solaranlagen sind, werden im eigenen Interesse angemessene Abfallvorschriften für PV-Abfälle und Recyclinganlagen erlassen.

Wenn ein hoher Grad der Elektrifizierung des Mobilitäts- und Wärmesektors angestrebt wird, halten Wissenschaftler eine drastische Erhöhung des Photovoltaikausbaus bis zum Sechsfachen von derzeit 2.500 auf 15.000 Megawatt/Jahr für erforderlich.[58] Mithilfe folgender Maßnahmen sind auch 20 bis sogar 30 Gigawatt Solarzubau jährlich in Deutschland möglich. Allein die Entfesselung der Photovoltaik kann innerhalb von zehn Jahren mühelos den kompletten fossilen und nuklearen Kraftwerkspark ersetzen.

Was ist zu tun?

Steuern und Umlagen machen über zwei Drittel des Strompreises aus. Um diese Abgaben sollte Strom aus erneuerbaren Energien befreit und diese auf Öl, Kohle und Gas umgelegt werden. Das folgt der gleichen Logik der öffentlichen Güter, die den kollektiven Zugang zu Trinkwasser, Atemluft, zum Wald sowie zu Bildung oder Kultur ohne oder gegen geringe Gebühr gewährleistet. Elektrisches Fahren und Heizen mit Wärmepumpen würden billiger, fossiles Heizen auf der Autobahn und im Heizungskeller würden teurer.

Alle Deckelungen für den Ausbau der Erneuerbaren hemmen Investitionen und sind abzuschaffen – Zölle auf Photovoltaikmodule und andere importierte Güter für die Energiewende ebenfalls. Stattdessen braucht es die Wiedereinführung der EEG-Einspeisevergütung für Kleinanlagen bis mindestens 40 MW und neue Vergütungen für Kombinationskraftwerke, die ganzjährig den Bedarf abdecken und für Netzsystemdienlichkeit sorgen, also helfen, Spannung und Frequenz zu stabilisieren. Der Eigenverbrauch muss steuerlich begünstigt statt wie bisher belastet und von bürokratischem Ballast befreit werden.

Windkraft – der Maschinenhammer unter den Erneuerbaren

Die Kraft des Winds wird seit Tausenden von Jahren genutzt. Seit dem Mittelalter wurden Windmühlen massiv als mechanische Korn-, Dresch- oder Pumpmühlen mit Antriebsriemen ausgebaut. In den 1980er-Jahren wurden die ersten Windkraftanlagen mit Generatoren zur Stromerzeugung gebaut. Die Türme ragten damals nur bis zu 30 Meter auf. Heute sind sie 200 Meter hoch und erzeugen über 5 Prozent der weltweiten Elektrizität.

Die Windenergie ist neben Photovoltaik die preisgünstigste erneuerbare Energieform und spielt in Deutschland heute die mit Abstand größte Rolle in der erneuerbaren Stromerzeugung. Die Gestehungskosten betragen im Jahr 2018 in Deutschland durchschnittlich 4 Cent je kWh.[59]

Noch im Jahr 2015 wurden jährlich rund 6 GW zugebaut. Dann kam die EEG-Novelle 2016. Der Ausbau wurde auf jährlich höchstens 2.800 MW gedeckelt und von einer planbaren Direktvergütung auf unsichere Ausschreibungen umgestellt. Erschwerend kam hinzu: In zahlreichen Ländern wurden verschärfte Abstandsregelungen eingeführt. In Bayern etwa muss eine Neuanlage eine Entfernung zum nächsten Haus von zehn Mal der Höhe des Windrads einhalten. Wie politisch erwünscht, brach der Ausbau in Deutschland daraufhin ein. 2018 kamen nur noch 2.400 MW an neuen Anlagen dazu.

Weltweit kommen seit 2013 jährlich ungefähr 60 GW neu hinzu – gegenüber 70 bis 100 GW neuen PV-Kapazitäten.[60] 2019 wird bei Photovoltaik gar ein weltweiter Zubau von über 120 GW erwartet[61].

Seatec und Desertec – regenerative Nischen für Konzerne

Konzerne sind selten ideologisch und noch seltener idealistisch. Sie wollen Geld verdienen und wenig Konkurrenz haben. Atom, Öl, Gas und Kohle sind typische Konzerngeschäfte, die nicht jeder Mittelständler oder gar ein Einzelner einfach betreiben kann. So ein typisches Konzerngeschäft ist auch die Seatec genannte Windstromerzeugung – fernab draußen im Meer, wo es weit und breit keinen Verbrauch gibt.

Die weltweit vorhandenen Offshore-Windkraftanlagen liefern nur etwa 20 GW, die vor deutschen Küsten davon alleine 6 GW. Offshorestrom ist wegen des auf See größeren Bau- und Wartungsaufwands mit Spezialschiffen und Hubschraubern immer um 5 bis 10 Cent je Kilowattstunde teurer als Onshore erzeugter Windstrom. Lange Übertragungskabel bis an Land und weiter zum Verbraucher, die bei einer Produktion in Verbrauchernähe entfallen, sind dabei noch nicht eingerechnet. Die Betriebsdauer ist mit 20 bis 25 Jahren kurz, der Rückbau erfolgt wieder aufwendig und teuer. Bisher sind Offshore-Anlagen nicht wiederverwendbar oder recyclingfähig.

Warum also fördert die Bundesregierung seit 2012 offensiv die Offshore-Windkraft, während sie den Windkraftausbau an Land massiv bremst? Weil das ihrer konzernfreundlichen Strategie entspricht. Dezentrale Erzeugung aus Sonne, Wind, Wasser und Biogas geht nicht konform mit den Interessen der großen Stromkonzerne und ist deshalb politisch nicht erwünscht. Den Akteuren des dezentralen Ausbaus erneuerbarer Energien, also Bürgerinnen und Bürgern, kleinen und mittelständischen Betrieben oder kleinen Stadtwerken, wird das Heft aus der Hand genommen. Im Gegenzug wird der Fortbestand der herkömmlichen Erzeugungsstrukturen gesichert und die nicht vermeidbare regenerative Stromerzeugung in diese zentralistischen Strukturen eingepasst.

Inzwischen wächst die Photovoltaik also doppelt so schnell wie die Windkraft.

Der Anteil deutscher Hersteller von Windenergieanlagen am deutschen Markt beträgt circa 70 Prozent, am internationalen Markt circa 20 Prozent. Hervorzuheben ist, dass die technische Kompetenz und Innovationskraft der deutschen Windindustrie als hoch einzuschätzen ist und das technische Know-how deutscher Unternehmen als führend im internationalen Vergleich angesehen wird.[62] Im PV-Bereich hat inzwischen China die Branchenführerschaft übernommen, bei der Windkraft noch nicht.

Um den Mittelstand außen vor zu halten, hat die Bundesregierung, zusammen mit den Konsortialführern Siemens und Munich Re, ab 2009 für Desertec geworben, also die Idee, solaren Strom zentralisiert in Großanlagen in der Sahara zu erzeugen, um ihn dann zum Verbraucher nach Deutschland zu transportieren. 2014 wurde die Planungsgesellschaft des Wüstenstrom-Kartells wieder aufgelöst, angeblich weil erkannt wurde, dass regenerativer Strom dezentral am Ort des Verbrauchs viel billiger erzeugt werden kann. Dieses Argument ist ebenso vernünftig wie banal, war aber bei Projektbeginn bereits bekannt. Ob Desertec am Größenwahn scheiterte oder von Anfang an als Ablenkungsmanöver gedacht war, um den dezentralen Ausbau in Europa zu bremsen, bleibt ein Geheimnis.

Was ist zu tun?

Windkraftanlagen an Land sind eine billige und schnelle Möglichkeit, fossile Kraftwerke zu substituieren. Planung, Genehmigung und Bau können in Monaten und nicht wie bei Großkraftwerken in Jahrzehnten realisiert werden. Ein jährlicher Zubau von 10 bis 15 GW wäre unkompliziert zu bewerkstelligen. Um die örtliche Akzeptanz für den Flächenverbrauch zu gewinnen, kann eine Kommunalabgabe in Höhe von 0,5 Euro je produzierter Kilowattstunde eingeführt werden; der Anwohnerschaft kann man garantieren, dass die Anlagen nach 30 Jahren wieder abgebaut werden.

Wasserkraft – Mühlen halten 100 Jahre

Die kleine Wasserkraft ist die sauberste Möglichkeit, Strom zu erzeugen. Sie verbraucht so gut wie keine Rohstoffe, sie ist klimaneutral und ohne Ewigkeitslasten. Kleine Wasserkraftwerke erzeugen als schwankungsarme regenerative Energiequelle den Strom ortsnah ohne lange Transportwege und Umspannverluste. Wasserkraftwerke sind meist schwarzstartfähig; sie können nach einem großflächigen Blackout unabhängig vom Stromnetz schnell hochfahren, um das zusammengebrochene Netz wieder mit Strom zu füllen, während die nicht schwarzstartfähigen Kraftwerke Strom benötigen, um anfahren können.

Kleinwasserkraft ist krisensicher. Das schlagende Argument für jahrzehntelange Subventionierung von Steinkohle war ihre Bedeutung für die nationale Versorgungssicherheit. Wasserkraft macht politisch unabhängig von Krisenregionen. Sie ist Wertschöpfung im eigenen Land und schafft Arbeitsplätze in strukturschwachen Gebieten. Gerade kleine Wasserkraftwerke leisten durch den Wasserrückhalt und ihr dezentrales, in Kreislaufwirtschaft betriebenes Vegetationsmanagement einen wichtigen Beitrag zum Klima- und Bodenschutz.[63]

Verwaltung und Fischerei schreiben aus Furcht, dass Fische in die Turbinen geraten, oder um längst ausgestorbene Arten wieder anzusiedeln, teure Schutzmaßnahmen vor, die die Wasserkraft in die Unwirtschaftlichkeit treiben. Was sie nicht beachten: Autochthone Fische stammen aus dem Gewässer, pflanzen sich dort fort und sind an ihren jeweiligen Lebensraum gebundene sogenannte Opportunisten; die allermeisten heimischen Fischarten sind standorttreu. Sie brauchen nur selten Fischaufstiegs- und gar keine Fischabstiegshilfen. Seit vielen Jahren werden aber die Fischbestände durch künstliche Besatzmaßnahmen aufrechterhalten; weit über 90 Prozent unserer Fische in Bächen und Seen sind künstlich erzeugt und vom Menschen eingesetzt. Zuchtfische wiederum können nicht erfolgreich ausgewildert werden. Sie sind nicht selbst reproduktionsfähig. Sofern die Zuchtfische nicht im Kochtopf der Angler landen, lassen sie sich mit dem Strom flussabwärts treiben, ohne etwas zur Arterhaltung beizutragen und landen auch mal in der Turbine. Gerade kleine Wasserkraftwerke wiederum sind in der Lage, einen Teil der Laichplätze für sich selbst reproduzierende Fische zu erhalten und neue zu schaffen, die heute vielfach fehlen. Die Ausleitungsstrecken mit niedrigen Fließgeschwindigkeiten sind ideale Laichgebiete.

Kleine Wasserkraftwerke, die ihre Techniken den natürlichen Gegebenheiten der Flüsse anpassen, leisten einen wichtigen Beitrag zur Steuerung des Wasserhaushalts, des Klimaschutzes und des Bodenschutzes. In ihren Einzugsgebieten bildet der Bau von kleinen Wasserkraftanlagen einen wichtigen Baustein einer regionalen Kreislaufwirtschaft und trägt dazu bei, lokale kurzgeschlossene Wasser- und Stoffkreisläufe neu zu beleben. Die Wehre dienen der Grundwasseranreicherung und dem Hochwasserschutz und verhindern, dass die Flussbetten erodieren.

Indes hat der Ausbau in der EU sowie bei Bund und Ländern keine Priorität. Es gibt keine Ausbauziele. Wasserrechtsbehörden arbeiten oft restriktiv. Kraftwerksbesitzer werden aufgefordert, auf eigene Kosten Aufstiegshilfen zu errichten und für diese erhebliche Wassermengen sicherzustellen, um Aale oder Salmoniden, also Forellen, Renken oder Äschen anzusiedeln, die es häufig nicht einmal historisch vor Ort gegeben hat. Andernfalls wird mit dem Entzug des Wasserrechts und der kostenpflichtigen Beseitigung bestehender Wasserkraftwerke gedroht. Wenn nichts geschieht, werden bereits kurzfristig viele Wasserkraftanlagenbesitzer kapitulieren und den Betrieb ihrer Wasserkraftanlagen einstellen. Die administrativen Hemmnisse auf der niederen Verwaltungs- und Landratsebene sind deprimierend. Nachdem inzwischen nahezu alle Anlagen mit einer Fischaufstiegshilfe ausgestattet sind, werden auch weitgehend sinnlose Fischabstiegsanlagen gefordert, die schwierig und teuer zu realisieren sind, sowie übertrieben enge Abstände der Stäbe von Rechenreinigungsanlagen.

Die Wasserkraft ist in einem dezentralen Energiesystem wichtig und ausbaufähig. Ihr systemimmanenter Vorteil liegt in ihrer hohen Verlässlichkeit und in den viel höheren Kosten für Alternativen wie Hochspannungsnetze, Speicher und Regelungsanlagen. Ihre Verfügbarkeit liegt meist bei 100 Prozent. Selbst bei Niedrigwasser kommt sie noch auf 60 Prozent. So zuverlässig sind Wind und Sonne nicht. Windenergie- und Photovoltaikanlagen werden den höchsten Beitrag an regenerativer Energie bereitstellen. Der stetige Zuwachs dieser volatilen Einspeiser führt jedoch zu steigenden Netzausbau-, Speicher- und Regelungskosten. Wasserkraftanlagen unterliegen keiner hohen Einspeisefluktuation und stellen somit auch zukünftig eine verlässliche und hoch verfügbare regenerative Energiequelle dar. Die Bestandsanlagen fügen sich außerdem in den meisten Fällen schon seit vielen Jahrzehnten mit geringem Flächenbedarf in das Landschaftsbild harmonisch ein.

Mit einem weiteren Ausbau würde der positive Beitrag der Wasserkraft etwa proportional zur installierten Leistung wachsen. Dieses Potenzial ist leicht zu heben und sollte im Sinne einer umfassenden Energiewende genutzt werden. Es ist daher zu empfehlen, bisher

Was ist zu tun?

Eine Verdopplung der deutschen Wasserkraftanlagen ist problemlos möglich, eine Verzehnfachung erstrebenswert. Und auch mehr wäre sinnvoll. Grundsätzlich sollten Genehmigungen für Wasserkraftwerke erteilt werden, was nicht der Fall ist. Als Sofortmaßnahme brauchen wir sie wenigstens an bestehenden Querbauwerken, die allein aus Gründen der Grundwasserstabilisierung nicht weiter in komplett überströmte Sohlrampen umgebaut werden dürfen.

Auf die Gleichbehandlung von Fischen mit Landtieren im Tierschutz- und Naturschutz-Gesetz ist zu drängen. Die Anforderungen an Fischauf- und -abstiegsanlagen sowie Mindestwassermengen sind auf ein gesamtökologisches Maß zu reduzieren und nicht länger auf die Wünsche der Sportfischerei auszurichten. Bei genehmigungsrechtlichen Vorschriften für Fischtreppen oder Mindestwassermengen ist der Schutz autochthoner Fischarten in den Vordergrund zu stellen.

ungenutzte Standorte auf eine potenzielle Wasserkraftnutzung hin zu untersuchen und bestehende Anlagen hinsichtlich ihrer Effizienz und Leistungsfähigkeit beständig zu verbessern.[64] Kleinwasserkraftwerke brauchen Bestandsschutz und die Stromproduktion aus Wasserkraft ist überwiegend im öffentlichen Interesse.

Das Gewässersystem gleicht einer Baumstruktur, von der nur die wirtschaftlichsten Standorte an den großen Flüssen ausgebaut sind. An den kleineren Flüssen und Bächen hingegen, wo einstmals viele Tausend Wassermühlen ihren Dienst taten, findet Wasserkraftnutzung fast nicht mehr statt. Gerade diese Standorte aber sind es, die durch ihre Dezentralität zur verbrauchernahen, stetigen und krisensicheren Stromversorgung beitragen.

Geothermie – Feuer der Erde

Nach menschlichen Maßstäben liefert nicht nur die Sonne, sondern auch das Erdinnere unendlich viel Energie. Die Wärme aus dem Erdinneren haben Menschen von jeher genutzt. Thermalbäder und heiße Quellen sind Beispiele für diese Nutzung. Geothermieanlagen nutzen die Wärme der Erde, um Strom und Wärme daraus zu gewinnen. Die Wärme kann genutzt werden, um Gebäude zu beheizen oder zu kühlen und in Nahwärmenetze[65] einzuspeisen. Große Anlagen zur Strom- oder Wärmegewinnung gibt es bisher wenig. Das Potenzial ist jedoch riesig.

Man unterscheidet zwischen oberflächennaher Geothermie und Tiefengeothermie. Die oberflächennahe Geothermie funktioniert mittels Wärmetauschern in geringen Tiefen. Mit ihnen heizt man Wohnungen und Gebäude. Hausbesitzer werden damit unabhängig von steigenden Heizkosten. Fast eine Million Wärmepumpen sind in Deutschlands Gebäuden installiert. Auch in die Wände von Tunnel können Geothermieanlagen eingebaut werden. Das funktioniert wie eine Fußbodenheizung und lohnt sich bereits bei herkömmlichen Tunneln. So beheizt eine Anlage im Stuttgarter Rosensteintunnel das benachbarte Elefantenhaus im Zoo Wilhelma. Noch häufiger als solche erdgekoppelten Wärmepumpen sind Luft- und Wasser-Wärmepumpen.

Mit der Tiefengeothermie können je nach Temperatur des geförderten Wassers sowohl Wärme als auch Strom gewonnen werden. Bohrungen für Tiefengeothermie werden einige Kilometer weit in die Erde betrieben. Die Stromgestehungskosten liegen nicht unter 20 Cent/kWh und werden bestenfalls um die Hälfte sinken. Damit wird die tiefe Geothermie teurer sein als Photovoltaik und Speicher zusammen.

Anders verhält es sich in anderen Ländern, zum Beispiel in Island, wo die Nutzung der Geothermie für Wärme und Strom weit fortgeschritten ist. Dort sind keine tiefen Bohrungen nötig, weil das Wasser direkt unter der Erdoberfläche so heiß ist, dass man es zur Stromerzeugung nutzen kann. Die deutsche Industrie ist in diesem Technologiefeld als technologieführend und international wettbewerbsfähig einzustufen.

Nur die oberflächennahe Geothermie ist dezentral. Die Tiefengeothermie mit angeschlossenem Fernwärmenetz wird in manchen Städten mit einem Anschluss- und Benutzungszwang versehen. Damit dürfen sich die Anwohner nicht mehr selbst versorgen oder gemeinsam mit Nachbarn Strom- und Wärmemodelle organisieren. Eine günstigere dezentrale Selbstversorgung wird so von der Stadtverwaltung unterbunden, um den – stadteigenen – Stadtwerken auch zukünftig Einnahmen aus dem Verkauf ihrer Fernwärme zu garantieren.

Was ist zu tun?

Das Wachstum der oberflächennahen Geothermie ließe sich deutlich beschleunigen, wenn der Strom für den Betrieb von Wärmepumpen von der EEG-Umlage befreit würde. Nur Nahwärmenetze für Stadtteile oder Industriegebiete, die gemeinsam mit Sonnenkollektoren, Abwärme oder Heizstäben für Pufferspeicher hocheffizient und erneuerbar betrieben werden, können eine Anschlusspflicht rechtfertigen und sollten gefördert werden.

Biomasse – Tank gegen Trog gegen Teller

Energie aus Biomasse in Form von Strom, Wärme und Sprit für Autos ist in Verruf geraten. Erst galt die Nutzung von Pflanzen zur Energiegewinnung als Königsweg zu einer regenerativen und nachhaltigen Energieversorgung. Nun scheint sie das Schlimmste zu sein, was angesichts von Nahrungsmittelknappheit, Klimawandel und zivilisatorischem Anspruch der Umwelt und den Menschen angetan werden kann. Beide Thesen sind falsch. Grundsätzlich hat die energetische Nutzung von Biomasse den Vorteil, dass das von ihr emittierte CO_2 vorher von den Pflanzen aus der Atmosphäre gebunden wurde. Das bedeutet im Prinzip ein Nullsummenspiel – also CO_2-Neutralität. Allerdings nur, wenn der Anbau nachhaltig stattfindet, was heute kaum der Fall ist. Die Nutzung von fossilen Brennstoffen hingegen setzt CO_2 frei, welches vor Millionen Jahren gebunden wurde und nun abrupt zusätzlich in die Atmosphäre abgegeben wird. Dies führt zu einer unnatürlich beschleunigten CO_2-Konzentration in der Atmosphäre und damit zu einer deutlichen Beschleunigung des Treibhauseffekts. Die Nutzung einheimischer Pflanzen oder biogener Abfallstoffe erweitert die Palette der verfügbaren Brennstoffe. Dies hat zur Folge, dass die Importabhängigkeit von Erdöl zumindest ein wenig sinkt. Dies ist auch unter sicherheitspolitischen Aspekten eine wichtige Funktion, so wie bei allen erneuerbaren Energien. Der ökonomische Effekt durch heimische Wertschöpfung für die Herstellung von Biogas, Bioethanol und Biodiesel kommt verstärkend hinzu. Die Nutzung von Bioenergie ist ein wichtiger und richtiger Schritt. Es gibt aber einige Aspekte, die unbedingt beachtet werden müssen.

Die Energieeffizienz von Biomasse bezogen auf das eingestrahlte Sonnenlicht ist wesentlich kleiner als von handelsüblichen Photovoltaikzellen. Während der Elektroenergie-Jahresertrag eines Quadratmeters Photovoltaik bis zu 1.200 kWh beträgt, sind es nach Zahlen der Fachagentur für Nachwachsende Rohstoffe bei Mais nur 1,5 bis 5 kWh. Die Stromgestehungskosten aus Biomasse betragen je nach Anlagengröße 15 bis 30 Cent/kWh und liegen damit über dem Zehnfachen eines fossilen Wärmekraftwerks.[66]

Mais, Soja & PV

Für etwa 900 Millionen Menschen, vor allem in Afrika und Lateinamerika, ist Mais das wichtigste Grundnahrungsmittel. Und doch werden nur 5 Prozent der globalen Maisernte als Lebensmittel verwendet. Über 60 Prozent des globalen Mais wird an Nutztiere verfüttert. Als Energiemais wird Mais bezeichnet, der zur Energiegewinnung in Biogasanlagen genutzt wird. Da Mais als C_4-Pflanze einen geringen Wasserbedarf hat und nur mäßige Ansprüche an den Boden stellt, ist er eine verbreitete Kulturpflanze mit hohen Erträgen an Trockenmasse pro Flächeneinheit. Maissilage gilt, gemessen am Vergleich der Erzeugungskosten mit dem Energieertrag, als das wirtschaftlichste Biogassubstrat.

Soja landet zu 80 Prozent in den Futtertrögen[67]. Biodiesel aus Sojaöl liefert etwa 200 Prozent der in seiner Produktion eingesetzten Energie und reduziert Treibhausgasemissionen gegenüber Treibstoffen aus Erdöl um 40 Prozent.[68]

5 Prozent der Weltgetreidenutzung wird für Kraftstoffe genutzt, 95 Prozent werden als Nahrungs- oder Futtermittel verwendet.

Eine der Voraussetzungen für eine nachhaltige Nutzung von Biomasse ist es, dass keine Regenwälder abgeholzt, Moore trockengelegt oder auch Menschen vertrieben werden. Landnutzungsänderungen führen häufig zu sozialen und ökologischen Problemen, zu Überdüngung, Wasserverschmutzung und Bodenerosion. Wenn Pflanzen zur Gewinnung von Energie in Plantagen auf ehemaligen Mooren und Regenwäldern entstehen, konterkariert dies die beabsichtigte Wirkung von Bioenergie. Diese soll positiv für die Umwelt sein, nicht zu erhöhtem Ausstoß von CO_2 und zu keiner Verarmung von Menschen führen.

Der Einsatz der Photovoltaik in der Landwirtschaft weist zwei wesentliche Vorteile gegenüber dem Anbau von Biomassepflanzen auf. Erstens müssen nicht zwingend Flächen umgewidmet werden, auf denen bislang Nahrungsmittel angebaut wurden. Photovoltaik funktioniert auch auf brachliegenden Flächen. Zweitens ist der Flächenverbrauch selbst dann deutlich geringer, wenn bisherige landwirtschaftliche Anbauflächen genutzt werden. Weit weniger als 10 Prozent der Fläche werden benötigt, um dieselbe Menge Strom zu produzieren. Die Photovoltaik ermöglicht es landwirtschaftlichen Betrieben, Strom zu produzieren, ohne dabei die Produktion von Nahrungsmitteln einschränken zu müssen.[69] Biomasse, die nicht so günstig Strom erzeugen kann wie Sonne und Landwind, wird ihre Zukunftschancen vor allem im Regelenergiebereich wahren. Das wird nicht einfach, weil auch im Speichermarkt, besonders im Batteriebau, ein technologischer Quantensprung vor der Tür steht. Die Stärke von Blockheizkraftwerken ist, dass sie wie eine Art Biobatterie ihre Stromproduktion sehr schnell steigern können, wenn die Nachfrage im Netz besonders hoch ist, und im Gegenzug ihre Stromerzeugung bei einer hohen Einspeisung durch Solar- und Windenergieanlagen genauso schnell stoppen können. So schnell wie ein Automotor an- und abgestellt wird – oder eben eine Batterie.

Die EU beschloss 2018, die Nutzung von Palmöl zur Beimischung für Benzin vollständig zu beenden. So soll es ab 2030 ein Importverbot für Palmöl geben. Für nicht nachhaltig produziertes Palmöl, zum Beispiel aus Regionen abgeholzten Regenwaldes, ist das richtig. Dass das Importverbot auch für nachhaltig produziertes Palmöl gilt, produziert von Genossenschaften mit sozial gerechten Strukturen und ökologisch vorbildlichen Anbaumethoden, ist ein Fehler. Er führt dazu, dass das klimaschädliche Erdöl weiterhin genutzt wird, für das es kein Importverbot gibt – selbst wenn dafür Urwald abgeholzt wird, wie im Yasuni Nationalpark in Ecuador oder in den Ölsandgebieten in den borealen Wäldern Kanadas oder Nigerias, die durch Abholzungen und Zerstörung der Böden inzwischen Mondlandschaften gleichen.[70] Erdöl kann man niemals ökologisch gewinnen und nutzen, Palmöl unter bestimmten Bedingungen sehr wohl. So wird das Kind mit dem Bade ausgeschüttet. Nachhaltigkeitskriterien sollten nicht nur für Bioenergiepflanzen gelten, sondern ebenfalls für die Landwirtschaft, die Futtermittelproduktion und die Kosmetikindustrie – und vor allem für erdölbasierte Produkte.

Water Footprint

Die Bauern sagen: »Es regnet falsch.« Zur falschen Zeit am falschen Ort in der falschen Menge. Die erratischen Wetterkapriolen mit festsitzenden Dürren, Stürmen und Überschwemmungen werden zunehmen. Die Wassernutzung ist bereits heute nicht nachhaltig. Weltweit wird mehr Wasser verbraucht, als durch den natürlichen Kreislauf von Verdunstung und Regen aufgefüllt wird. Fossiles Grundwasser, das seit Jahrtausenden in unterirdischen Aquiferen lagert, wird durch Brunnen angezapft. Dieses sogenannte nicht erneuerbare Wasser für landwirtschaftliche Bewässerung zu nutzen, ist äußerst problematisch. Der Grundwasserspiegel in ganzen Landschaften kann dadurch fallen.

Der englische Begriff ›Water Footprint‹, übersetzbar mit ›Fußabdruck des Wasserverbrauchs‹, umfasst die Gesamtmenge an Wasser, die für die Produktion von Gütern und Dienstleistungen benötigt wird. Virtuelles beziehungsweise latentes Wasser nennt man die Menge Wasser, die insgesamt für die Herstellung eines Produkts anfällt. In Deutschland werden pro Einwohner und Tag rund 4.000 bis 5.000 Liter Wasser verbraucht; bei der Herstellung eines Mikrochips beispielsweise 32 Liter, bei der Herstellung eines Kilogramms Rindfleisch 15.000 Liter.[71]

Alle Arten der Energieerzeugung verbrauchen Wasser im Produktionsprozess. Die Menge, die gebraucht wird, unterscheidet sich allerdings um Größenordnungen.[72] Um 1 MW Energie zu erzeugen, den ungefähren Bedarf eines Haushalts im Monat, benötigen Photovoltaik oder Windenergie nur die vernachlässigbare Menge von 0,1 Liter, weniger als eine halbe Tasse. Erdgas benötigt bereits 10.000-mal mehr Wasser als Solarenergie. Kernkraft und Kohle noch mal doppelt so viel wie Erdgas. Mit einer weiteren Verdopplung sind wir beim Erdöl, das bei der Produktion bereits 40.000-mal so viel Wasser verbraucht wie solare Energien. Biotreibstoffe benötigen unglaubliche 1,78 Millionen Mal mehr Wasser als Solarenergie, um die gleiche Menge Strom zu erzeugen. Ein einfacher Flug von Frankfurt nach New York mit Biotreibstoff entspräche dem täglichen Wasserverbrauch von fast allen Deutschen. Das ist nicht nachhaltig.

Algen können trotzdem das Klima retten

Für einen wirksamen Klimaschutz müssen in den kommenden Jahrzehnten große CO_2-Mengen aus der Atmosphäre entnommen werden. Die natürlichen Prozesse wie Aufforstung und Humusaufbau sind dazu wichtig, aber zu langsam. Pflanzenversuche zeigen, dass unter Beimischung von Effektiven Mikroorganismen der Pflanzenwuchs mit HTC- oder Biokohle[73] befördert werden kann. Biokohle kann durch ihre Fähigkeit, Stickstoff zu binden, als Bodenverbesserer und Düngerersatz verwendet werden, womit neben der Kohlenstoffdeponierung auch bis zu 75 Prozent höhere landwirtschaftliche Erträge möglich werden. Durch Wiederbegrünungen großer degradierter Landstriche mit dem HTC-Verfahren können große Kohlenstoffmengen der Atmosphäre entzogen werden. Damit gehört die Hydrothermale Carbonisierung (HTC) zu den Schlüsseltechnologien für den Klimaschutz unter gleichzeitiger Beförderung von Gewässerreinhaltung.[74] Neu geschaffene Terra preta ist beliebt, um die Erträge landwirtschaftlich unproduktiver Böden zu steigern, benötigt zur Herstellung aber Unmengen von Biomasse, die Algen liefern könnten.

Meeresalgen haben vermutlich einen sehr wichtigen Einfluss für die Bindung des Kohlendioxids aus der Atmosphäre. Es wird geschätzt, dass jährlich 45 bis 50 Milliarden Tonnen Kohlenstoff aus Kohlendioxid in Phytoplankton-Biomasse gebunden werden. Man nimmt an, dass dieses Phytoplankton nach dem Absterben in die Tiefe des Meeres sinkt und durch den mikrobiellen Abbau entstehendes Kohlendioxid gebunden bleibt, und damit geschätzt etwa 15 Prozent des im Phytoplankton assimilierten Kohlenstoffs. Ohne das Phytoplankton der Meere läge die Kohlendioxidkonzentration in der Atmosphäre vermutlich statt gut 365 ppm bei 565 ppm.[75] Das

Phytoplankton wirkt als Kohlenstoffpumpe, indem es Kohlendioxid aus der Luft bindet und den Kohlenstoff in die Tiefsee verfrachtet. Aus dem abgestorbenen Phytoplankton, das in die Tiefsee abgesunken ist und dort unter hohem Druck steht, entsteht nach vielen Jahrtausenden Erdgas und Erdöl.

Algen sind ein wichtiges Zukunftsfeld der Bioenergie. Gegenüber landwirtschaftlichen Kulturen kann pro Fläche ein Vielfaches an CO_2 gebunden werden. Sie haben eine um den Faktor 10 bis 100 höhere energetische Flächeneffizienz als andere Nutzpflanzen. Aus bestimmten Algen lässt sich auch Biodiesel herstellen. Die Algen können zu Biogas vergoren oder in geeigneten Anlagen thermisch genutzt werden. Das bei der Kultivierung der Algen notwendige CO_2 kann beispielsweise mit den Abgasen von Kraftwerken bereitgestellt werden. Die Algenzucht kann in Aquakulturen, zum Beispiel in offenen Becken in menschenleeren meernahen Wüsten, betrieben werden.

Was ist zu tun?

Biomasse ist erneuerbar, aber nur selten nachhaltig. Aufgrund der geringen Effizienz, verbunden mit umweltverbrauchenden Nebenwirkungen, kann sie nur einen geringen Anteil zur Energiewende liefern. Ihre Förderung ist auf nachhaltige Produktion und Nischen in der Regelenergie oder wenige Treibstoffe zu beschränken.

Allerdings wird der professionelle Algenanbau wichtig werden, wenn der Atmosphäre aus Klimaschutzgründen umgehend CO_2 entzogen werden muss. Hier sollten Forschungsmittel mobilisiert werden.

Kapitel 8

Versorgungssicherheit – kein Blackout mit den Erneuerbaren

Weltweit können sich derzeit sieben Länder komplett oder beinahe ganz mit Elektrizität durch erneuerbare Energien versorgen: Island (100 Prozent), Paraguay (100 Prozent), Costa Rica (99 Prozent), Norwegen (98,5 Prozent), Österreich (80 Prozent), Brasilien (75 Prozent) und Dänemark (69,4 Prozent).

Deutschland liegt bei 40 Prozent. Der Deutsche Wetterdienst hat jedoch bereits 2018 errechnet, dass mit Windkraft und Photovoltaik plus Speicher eine Vollversorgung mit Strom aus erneuerbarer Energie gewährleistet werden könnte.

Die globale Energiewende ist jetzt möglich

Hartnäckig hält sich die Behauptung interessegeleiteter Wissenschaftler, dass Systeme mit 100 Prozent erneuerbarer Energie technisch nicht möglich seien[76]. Empirische oder historische Evidenzen gäbe es nicht und 100-Prozent-Studien seien schöngerechnet und unrealistisch. Dem haben Wissenschaftler, die seit Jahren an der Machbarkeit einer globalen Energiewende forschen, überzeugend widersprochen. Ihr Fazit: Es gibt weder fundamentale technische noch ökonomische Barrieren auf dem Weg zu einem Energiesystem mit 100 Prozent erneuerbaren Energien.[77]

Der Wetterdienst kennt keine kalte Dunkelflaute

Die konventionelle Energiewirtschaft beschwört gern folgende Schimäre: Egal, welchen Anteil der Stromversorgung die Erneuerbaren auch immer übernehmen, es gibt Zeiten, in denen es dunkel ist und kein Wind weht. Ganz schlimm ist es angeblich im Winter, wenn der Strombedarf wegen der Kälte besonders hoch ist. Dann bringen Solaranlagen kaum Leistung und Windräder stehen still. Dann müssen eben wieder Kohle- oder Gaskraftwerke aus dem eigenen oder dem Ausland einspringen, um Blackouts zu vermeiden.

Dieses Argument ist falsch. Gegenwärtig exportiert Deutschland sogar Strom während der Dunkelflauten ins Ausland. Versorgungssicherheit funktioniert auch nur mit PV und Wind – und ein paar Speichern.

Der Deutsche Wetterdienst ermittelte in einer Untersuchung, wie stark im Land die Stromproduktion aus Wind und Sonne wetterbedingt schwankt. Exemplarisch wurde ausgewertet, wie oft in der Vergangenheit zwei Tage lang am Stück die Erneuerbare-Energien-Anlagen Strom unter 10 Prozent ihrer Nennleistung erzeugten. Bei Windkraftanlagen an Land trat dieser Fall 23 Mal im Jahr auf. Nimmt man die Wind-offshore-Kapazitäten hinzu, muss die Energiewirtschaft nur noch mit 13 Ausfällen rechnen. Offshore trägt also aus meteorologischer Sicht einen guten Anteil an der zuverlässigen Stromversorgung. Kombiniert man Wind onshore und offshore mit Photovoltaik, träte das Ereignis zwei Mal auf. Die ausgleichende Wirkung des europäischen Netzes einbezogen verbleiben 0,2 Musterfälle von Dunkelflaute im Jahr. Niemand muss sich also vor Dunkelflauten fürchten – alles reine Gespenstergeschichten.

Entscheidend sind zwei grundlegend veränderte Voraussetzungen:

1.

Im alten zentralen Energiesystem variiert nur der Verbrauch. Atom- oder Braunkohlekraftwerke werden kaum runtergefahren, weil sie nur unter großem Aufwand, der mit hohen Kosten verbunden ist, wieder hochgefahren werden können. Außerdem sind die laufenden Kosten, insbesondere die Brennstoffkosten, so gering, dass der Betreiber ununterbrochen mit Volllast laufen lassen will. Also produzieren sie rund um die Uhr die sogenannte Grundlast. Tagsüber, wenn das Leben und die Industrie viel Strom brauchen, werden zusätzlich Mittel- und Spitzenlast-Kraftwerke aktiviert. Weil jahrzehntelang nachts viel mehr Strom erzeugt als nachgefragt wurde, gab es billige Nachtstromtarife, die Nachtstromheizung wurde erfunden und ganze Autobahnen wurden beleuchtet, so wie in Belgien, das seinen überreichen Atomstrom nachts nicht anders los wurde. Versorgungssicherheit setzt sich in Zukunft aus fluktuierenden und ansteuerbaren Erzeugungskapazitäten sowie aus Lastverschiebung zusammen. Fluktuierende Photovoltaik und Windkraft werden zuerst genutzt, je nachdem, wie viel Strom die Anlagen gerade erzeugen. Soweit möglich, wird der Verbrauch in die Zeiten verschoben, in denen die Sonne kräftig scheint und der Wind weht. So können elektrische Zug- und Busflotten zu einem großen Teil auf PV setzen, weil die Fahrzeuge vor allem tagsüber im Einsatz sind und dann viel Strom brauchen, wenn die Photovoltaik Strom produziert. Die Grundlast ist nachts gering, weil nur wenige Züge und Nachtbusse Strom benötigen. Die tatsächlich benötigte Grundlast für den ständigen Minimumstromverbrauch können Laufwasserkraftwerke, Windmühlen, Biogasanlagen oder Batterien liefern, die tagsüber wieder mit Solarstrom aufgeladen werden. Die Last kann oft reduziert werden, wenn weniger EE-Strom zur Verfügung steht. Wenn der Minimalverbrauch nicht durch Sonne und Wind gedeckt werden kann, müssen eben andere Ressourcen angesteuert werden, um die Versorgungssicherheit zu garantieren. Das ist technisch machbar, kann lokal und dezentral ohne Ausbau der Übertragungsnetze organisiert und auf einem Kapazitätsmarkt ausgeschrieben werden.

2.

Die alte zentrale Energiewirtschaft denkt in Sparten und Sektoren. Mit der Energiewende muss das überwunden werden. Das neue dezentrale Energiesystem muss als Gesamtheit betrachtet werden.[78] Dafür muss jetzt die Konvergenz zwischen den Energiemärkten für Strom, Wärme und Verkehr als zentrale Bedingung einer Neuen Energiemarktordnung geschaffen werden. Wirksam und kostengünstig funktioniert eine solche Energiewende nur im Zusammenspiel aller Energiemärkte. Für lokale und regionale Stromüberschüsse aus erneuerbaren Energien müssen bestehende gesetzliche Barrieren beseitigt werden, dann wird der Überflussstrom für Power-to-Heat, Power-to-Gas und Power-to-Wheel vor Ort eingesetzt werden. Derzeit werden Wind- und Photovoltaikanlagen abgeregelt, wenn das Netz voll ist. In Zukunft soll ihr Strom gar quer durch die Republik über teure Hochspannungs-Gleichstrom-Übertragungs-(HGÜ-)Trassen abgeleitet werden. Aber wohin? Weltweit ist Strom am billigsten vor Ort zu erzeugen. Also finden sich nur Abnehmer des HGÜ-Stroms, wenn bei ihnen zuhause der Ausbau der Erneuerbaren verhindert wird. Der europaweit geplante, heillos überdimensionierte Netzausbau kann mit der Konvergenz der Energiemärkte und mit der lokalen Abstimmung von Erzeugung und Verbrauch vermieden werden.

Gemeinsam Versorgung der Einzelnen sichern

Eine rein nationale Sichtweise ist angesichts des Bestehens europäischer Netze wissenschaftlich umstritten. Einerseits macht es in einem europäischen Verbundnetz keinen Sinn, dass jedes Land eigene kostspielige Reservekapazitäten vorhält. Über Europa verteilt gibt es flexibel ansteuerbare Kraftwerke, die kurzfristig einspringen können. Auch im rein erneuerbaren Bereich. Andererseits halten sich physikalische Flüsse im Netz nicht an Handelsfahrpläne. Führt die bestehende Leitung zum Verbraucher durch ein Engpassgebiet, sucht sich der Strom einen anderen Weg mit geringerem Widerstand und landet zum Beispiel im elektrischen Ausland, wo er gar nicht hin sollte. Die oft gepriesene europäische Kupferplatte funktioniert nicht.

Hierin liegt auch die größte Schwäche eines immer wieder angedachten Supergrids, also einem besonders leistungsfähigen Stromnetz zur Fernübertragung großer Mengen elektrischer Energie in der Nordsee.[79] Dahinter steckt die Idee, ein Offshore-Netz zwischen der Nordsee, der Irischen See und der Ostsee zu bilden. Es soll die nationalen Stromnetze in Nordwesteuropa verbinden und zahlreiche Offshore-Windparks einbeziehen. Irgendwo in diesem riesigen Gebiet weht immer Wind; also kann sich das Netz selbst austarieren und es braucht kaum Speicher zum Regeln des Stroms. Entscheidender Nachteil, der wohl ursächlich dafür ist, dass es noch kein Nordsee-Offshore-Netz gibt, dürfte die Verbrauchsferne sein. Die Netzanschlusskosten und -verluste auf der weiten Reise des Stroms sind zu hoch.

Doch ein europaweites Stromnetz über das Festland gibt es bereits und das kann trotz seiner Schwächen genutzt werden. Ebenso können Großverbraucher ihren Strombezug kurzfristig drosseln. Hochflexible Pumpspeicherwerke oder bestehende Gaskraftwerke können Regelaufgaben übernehmen. Insgesamt sind bei einer europäischen Lösung weniger Reservekapazitäten nötig, als wenn jedes Land eigene Reservekraftwerkparks vorhält. Zu bedenken ist allerdings, dass auch im EU-Ausland dringend konventionelle Kraftwerke abgebaut werden müssen. Die Zeiten hoher Stromnachfragen sind in Mitteleuropa oft deckungsgleich. In solchen Phasen sollte sich ein Land nicht auf nennenswerte Stromimporte verlassen. Die deutschen Exportüberschüsse bei Strom sind beträchtlich. Sie liegen netto bei 60.000 Gigawattstunden im Jahr, das entspricht der Leistung von sechs ständig laufenden AKW, etwa 10 Prozent der deutschen Stromerzeugung.[80] Der Strom aus Deutschland wird im Ausland gekauft, weil er billiger ist als der in heimischen Anlagen selbst erzeugte, das erschwert die Energiewende in den deutschen Nachbarländern.

Das zügige Abschalten von Atom- und Kohlekraftwerken entlastet nicht nur Deutschlands CO_2-Budget, sondern würde – nach Meinung des Bundeswirtschaftsministeriums und der Bundesnetzagentur – die Versorgungssicherheit sogar erhöhen, weil schwer regelbare Kohle- und Atomkraftwerke die Netze besonders belasten. Selbst konservative Studien[81] kommen zu dem Ergebnis, dass in Deutschland bis 2023 zusätzlich zu den heute noch laufenden Atomkraftwerken mit einer Gesamtleistung von rund 10 GW, auch noch Kohlemeiler mit eine Gesamtkapazität von rund 17 GW vom Netz gehen könnten, ohne die Versorgungssicherheit zu gefährden. Selbst wenn der Stromverbrauch durch mehr Elektromobilität merklich ansteigt, entstünde kein Problem, sofern die erneuerbaren Energien zügig ausgebaut werden.

Je mehr Erneuerbare, desto weniger Stromausfälle

Alle Prognosen, wonach ein System mit wachsenden Anteilen an Wind- und Sonnenenergie immer häufiger zu Unterbrechungen der Stromversorgung führen muss und den großen Blackout provoziert, haben sich bisher nicht bestätigt. Im Gegenteil: Der wichtigste Indikator für Versorgungssicherheit mit Strom hat sich sogar stetig verbessert. Je mehr Solar- und Windenergieanlagen ins Stromnetz einspeisten, umso niedriger lag der sogenannte SAIDI. Das Kürzel steht für System Average Interruption Duration Index, also für die Dauer eines ungeplanten Stromausfalls in Minuten, die ein Stromverbraucher durchschnittlich pro Jahr erdulden muss. Im Jahr 2006, als der Anteil erneuerbarer Energien an der Bruttostromerzeugung bei 11 Prozent lag, betrug dieser Wert 21 Minuten. Bis 2017 hatte sich der Anteil der Erneuerbaren an der Bruttostromerzeugung auf 33,3 Prozent verdreifacht, der SAIDI pendelte in den vergangenen Jahren zwischen 12 und 15 Minuten, ist also seit 2006 deutlich gefallen.[82]

Das heißt: je mehr Erneuerbare, desto weniger Stromausfälle. Die erneuerbaren Energien stabilisieren aktiv das Stromsystem, gefährden es also keineswegs, wie so oft behauptet wird. Erklärtes Ziel der Bundesregierung sind 17 Minuten Blackout jährlich, meist landen wir unter 15 Minuten. Das ist Weltrekord. Trotzdem setzte die Große Koalition 2016 einen weiteren Anstieg der gesicherten Reservemarge durch: Die Kapazitätsreserven an deutschen Kohlekraftwerken, die angeblich vorgehalten werden, um sie kurzfristig zu aktivieren und so unvorhergesehene Extremsituationen auszugleichen, steigen dadurch nochmals von bisher 238 Prozent auf inzwischen 292 Prozent. Also werden in Deutschland derzeit dreimal mehr Kohle-Kaltreserven vorgehalten, als die Bundesregierung selbst angestrebt hatte.

Obwohl das dem beschlossenen Kohleausstieg widerspricht und eine Konzentration auf die klimaschädliche und ineffiziente Braunkohle bedeutet, während die deutschen Exportüberschüsse historisch hoch sind, wurden immer mehr Kapazitätsreserven genehmigt. Seit Oktober 2016 bekommt daher zum Beispiel das Braunkohlekraftwerk Buschhaus in NRW vier Jahre lang Geld für ein bereits stillgelegtes Kraftwerk. Der eigene Tagebau ist ausgekohlt und der Braunkohletransport aus der Lausitz rentiert sich nicht. Das ist ein prima Geschäft für die Energetický a průmyslový holding (EPH), den tschechischen Kohlekonzern, der nach der Mitteldeutschen Braunkohlegesellschaft (MIBRAG) auch die Vattenfall-Kohle schluckte. Bekommt der Konzern doch Geld vom Stromverbraucher für eine Ruine. Sieben vergleichbare Kraftwerke folgen. Das kostet die Verbraucher über höhere Netzentgelte jährlich 1,6 Milliarden Euro, mit denen auch die Energiewende beschleunigt werden könnte. Die EU-Wettbewerbskommission hält die unverhältnismäßig hohe deutsche Kapazitätsreserve für eine verbotene Beihilfe und prüft seit 2017 die Erforderlichkeit der Maßnahme.

Freilich gibt es eine klare Korrelation zwischen Versorgungssicherheit und einem anderen Parameter, nämlich der Länge der Stromkabel und wie sie verlegt werden. In Deutschland wurden 80 Prozent aller Leitungen im Boden verlegt, in den USA gerade einmal halb so viele. Auch in Südeuropa sind Freileitungen noch sehr viel häufiger als in Deutschland. Wetterbedingte Stromausfälle nehmen mit den häufigeren und heftigeren Stürmen, Hochwässern und schwerer Schneelast zu, weil die Freileitungen dafür nicht ausgelegt sind. Ein dezentral ausgerichtetes System wird überdies das Risiko des ganz großen Blackouts eher dämpfen als provozieren. Störungen wird es natürlich auch im erneuerbaren System geben, so wie Störungen in jedem System vorkommen. Doch die räumliche und zeitliche Begrenzung solcher Störungen wird mit zunehmendem regionalen Ausgleich von Stromerzeugung und -verbrauch und stärker dezentral organisierten Netzen besser gelingen als bisher.[83]

Was ist zu tun?

Energiepolitisch entscheidend ist, schnell fossile Kraftwerkskapazitäten abzubauen und ausschließlich dezentrale regenerative Kapazitäten aufzubauen. Je entschiedener wir sowohl den Atom- als auch den Kohleausstieg vorantreiben, umso besser ist das für die Energiewende und das Klima – und die Versorgungssicherheit.

Kapitel 9

Verzerrte Märkte und gepäppelte Konzerne – Subventionen, die schaden

Subventionen können die Umwelt vielfältig und in komplexen Wechselwirkungen schädigen, weshalb es schwierig ist, das Ausmaß in Zahlen zu benennen. Es geht um Primäreffekte, die die Umwelt als direkte Folge der Subvention schädigen, und um Sekundäreffekte, die ganze Wirkungsketten auslösen. Beispielsweise provoziert die Befreiung von der Energie- und Stromsteuer für Unternehmen des produzierenden Gewerbes, wie der Aluminium- oder der Zementindustrie und die Landwirtschaft, einen höheren Energie- oder Düngerverbrauch und eine damit einhergehende höhere Umweltbelastung. Überdies verzerren solche Subventionen den Wettbewerb zugunsten umweltschädlicher Energieträger und begünstigen so einen nicht nachhaltigen Energiemix. Dies gilt für Vergünstigungen für die Braunkohlewirtschaft, Steuervergünstigung für Dieselfahrer oder die im- und expliziten Subventionen für die Kernenergie, welche diese Branchen überhaupt erst rentabel machten. Umweltschädliche Subventionen erhöhen auch den Förderbedarf für die erneuerbaren Energien, weil umweltfreundliche Techniken und Produkte sonst überhaupt keine Chance hätten, sich im Wettbewerb in einem verzerrten Markt gegen ihre umweltschädlichen Wettbewerber durchzusetzen.[84]

Am besten wäre es gewesen, keinerlei Energieformen mit Subventionen zu pushen. Dann hätten sich die Erneuerbaren von ganz allein durchgesetzt, weil es nichts Billigeres gibt. Dann hätten wir keine teuren Verbrennungskraftwerke und -motoren mehr, Häuser oder Brücken würden eher aus Stein und Holz denn aus Stahl und Beton gebaut und das warme Leberkäsbrötchen würde vom Metzger in gewachstes Papier statt in Alufolie eingewickelt, weil Aluminium nicht mehr künstlich verbilligt wäre.

Subventionen für Krankmacher

Der Internationale Währungsfonds – mehr Verhinderer als Unterstützer der Energiewende – veröffentlicht gelegentlich Zahlen zu den globalen Subventionen für die Erzeugung fossiler Energien. Die Gesamtsumme für 2015 wird auf knapp 5 Billionen Euro geschätzt[85]. Das entspricht 6,5 Prozent des Weltbruttosozialprodukts und ist mehr, als global für Gesundheit ausgegeben wird. Im Umkehrschluss vermutet der IWF, dass ein Stopp dieser Subventionen den Ausstoß von Kohlendioxid um 20 Prozent reduzieren würde. Dadurch könnten wiederum Todesfälle, die in Verbindung mit Verschmutzungen stehen, um 50 Prozent verringert werden. Das betrifft jährlich rund 1,6 Millionen Menschen weltweit.

In Deutschland geht man jährlich von über 800.00 Menschen aus, die vorzeitig durch Luftverschmutzung sterben. Das sind mehr als 25-mal so viele Menschen, wie vorzeitig bei Verkehrsunfällen sterben. Bemerkenswert dabei ist, wie sehr sich die Politik um eine exzellente Notfallmedizin mit einem funktionierenden Gesundheitswesen mit Krankenkassen für Prävention, Heilung und Rehabilitation kümmert oder darum, mit TÜV, Radar- und Alkoholkontrollen, Flensburger Strafpunktekonto und vielem mehr, die Zahl der Verkehrstoten zu verringern. Die Zahl der Feinstaubtoten zu reduzieren, würde hingegen nicht mal Geld kosten, sondern sogar Subventionen sparen. Durch einen Stopp der Subventionen würde der Preis der fossilen Energieträger ansteigen. So wäre alternative Energiegewinnung wirtschaftlich attraktiver. Die dafür notwendigen Investitionen würden Wachstum und bessere Luft generieren und Gesundheitskosten verringern.

Umweltschädliche Subventionen belasten die öffentlichen Haushalte direkt durch Mehrausgaben und Mindereinnahmen des Staats. Im Jahr 2012 beliefen sich die direkten umweltschädlichen Subventionen in Deutschland auf 57 Milliarden Euro.[86] Da es nur einen Überblick über die wichtigsten umweltschädlichen Subventionen des Bundes und keine aktuellen Zahlen gibt und Förderprogramme auf Landes- und kommunaler Ebene schwer zu eruieren sind, liegt das tatsächliche Volumen umweltschädlicher Subventionen in Deutschland mit Sicherheit wesentlich höher. Zudem ist es in vielen Fällen nicht möglich, den umweltschädlichen Anteil der Subventionen zu quantifizieren, sodass die hier angegebenen Zahlen auch aus diesem Grund nur eine Untergrenze beziffern können. Betrachtet man die Verteilung der analysierten umweltschädlichen Subventionen auf einzelne Sektoren, stand im Jahr 2012 der Verkehr – insbesondere wegen der Steuerbefreiungen für den Luftverkehr – mit gut 28 Milliarden Euro an der Spitze, gefolgt vom Bereich Energie mit 20 Milliarden Euro. Dann folgen mit deutlichem Abstand die Land- und Forstwirtschaft, Fischerei mit knapp 6 Milliarden Euro sowie das Bau- und Wohnungswesen mit gut 2 Milliarden Euro.

Umweltschädliche Subventionen belasten die öffentlichen Haushalte zusätzlich indirekt, denn es entstehen Folgekosten für den Staat durch Umwelt- und Gesundheitsschäden, etwa durch geringere Ernteerträge und teure Anpassungsmaßnahmen an das sich verändernde Klima. Der Abbau umweltschädlicher Subventionen entlastet somit die öffentlichen Kassen gleich in mehrfacher Hinsicht.

Nichts ist günstiger als erneuerbare Energie

Das Forum Ökologisch-Soziale Marktwirtschaft (FÖS) hat in einer Kostenstudie vom Oktober 2018 untersucht, warum 2016 die privaten Verbraucher 6,88 Cent EEG-Umlage je Kilowattstunde bezahlten. Bereits durch die Begrifflichkeit einer Erneuerbaren-Energien-Umlage entsteht in der Bürgerschaft oft der Eindruck, dass erneuerbare Energien nun mal diejenigen Energieträger sind, die ohne Förderung im freien Wettbewerb mit den kostengünstigeren konventionellen Energieträgern nicht wettbewerbsfähig wären. Doch wie gesehen profitieren die konventionellen Energieträger zulasten der Allmende seit Jahrzehnten in erheblichem Umfang von staatlichen Förderungen in Form verschiedenster Finanzhilfen oder Steuervergünstigungen und werden sogar davor verschont, einen Beitrag zur gerade durch sie so dringend gewordenen Energiewende zu leisten. Der Unterschied zu den Erneuerbaren besteht vor allem darin, dass der Großteil der Kosten nicht transparent über den Strompreis ausgewiesen und bezahlt wird, sondern zulasten des Staatshaushalts geht.

Die FÖS-Studie verglich nun systematisch direkte und indirekte Förderungen von erneuerbaren und konventionellen Energien seit 1970. Das Ergebnis ist eindrucksvoll und korrigiert weit verbreitete Irrtümer:

Den Verbraucher – und damit praktisch alle Privathaushalte und kleine Unternehmen in Deutschland – kostete im Jahr 2016 eine Kilowattstunde Windstrom umgerechnet 9,0 Cent und Wasserstrom 8,9 Cent. Die Gesamtkosten für Strom aus Braun- und Steinkohlekraftwerken summierten sich hingegen auf 14,3 bzw. 13,4 Cent und für Atomenergie auf mindestens 15,1 Cent je Kilowattstunde. Da müsste jedem Menschen, ob Klimawandelleugner oder nicht, einleuchten, dass es nichts Günstigeres als erneuerbare Energien gibt.

Die Abschätzung des zukünftigen Investitionsbedarfs zur sektorübergreifenden Dekarbonisierung, also einer umfassenden Umstellung auf eine kohlenstofffreie deutsche Kreislaufwirtschaft mit erneuerbaren Energien, steht methodisch bislang auf wackeligen Beinen. Problematisch ist einerseits die geringe Anzahl verfügbarer Studien, die sich überhaupt mit dem Thema beschäftigen. Andererseits sind die unterschiedlichen Ergebnisse aus verschiedenen Gründen nur schwer miteinander vergleichbar. Dennoch lässt sich als grober Schätzwert ein Gesamtinvestitionsbedarf von rund 1,1 Billion Euro für den Zeitraum von 2017 bis 2050 ausmachen. Der sich daraus ergebende jährliche Investitionsbedarf läge dann bei rund 1 Prozent des heutigen BIP, das sind über 30 Milliarden Euro. Je früher die Investitionen von staatlicher und privater Seite angegangen werden, desto geringer ist der verbleibende jährliche Investitionsbedarf und desto größer ist der Beitrag zum Erreichen der Klimaziele.

Allein die Ziele der Bundesregierung zum Klimaschutz, die bis 2050 eine Reduzierung der Treibhausgase um 80 bis 95 Prozent gegenüber 1990 vorschreiben, erfordern umfangreiche Investitionen in allen Wirtschaftsbereichen. Wenn der Weltklimarat (IPCC) nur ansatzweise Recht haben sollte, wirkt es geradezu kafkaesk, dass 2050 noch 5 bis 20 Prozent der deutschen Emissionen von 1990 durch die Verbrennung von fossilen Stoffen entstehen sollen. Während diese Einschätzung von weiten Teilen der Gesellschaft geteilt wird, sind weder Höhe noch Zeitpunkt der jeweils nötigen Investitionen klar. Allerdings: Selbst im ungünstigsten, das heißt teuersten Fall sind die Investitionen gesamtwirtschaftlich immer noch gut verkraftbar – umso leichter, je frühzeitiger sie angestoßen werden.[87] Jedenfalls ist es höchste Zeit und eine ökonomisch, ökologisch und sozial sinnvolle No-regret-Maßnahme, umweltschädliches Verhalten nicht länger zu subventionieren und die dadurch frei werdenden finanziellen Mittel in eine schnelle Energiewende zu stecken.

Was ist zu tun?

Sofortmaßnahme: der unverzügliche Abbau von jährlich mindestens 10 Milliarden Euro umweltschädlicher Subventionen in Deutschland bis zu ihrer vollständigen Beendigung im Jahr 2025.

Manche Subventionen wie die Kohlesubventionen, die Pendlerpauschale oder die Dienstwagenbesteuerung lassen sich sehr schnell reduzieren, ohne dass Regressforderungen der betroffenen Unternehmen fällig werden. Andere müssen längerfristig und für die Verbraucher absehbar erfolgen. Als Ausgleich für den kurzfristig als nachteilig und ungerecht empfundenen Subventionsentzug sind die eingesparten Gelder transparent in Projekte der Energiewende zu investieren (»Diese autofreie und renaturierte Verkehrsfläche wurde ermöglicht durch die Beendigung der Steuerermäßigung für Dieselkraftstoff.«). Sie können auch direkt – in Form von Geld – an die Bürgerinnen und Bürger zurückfließen. Eine solche Lenkungsabgabe kann nebenher eine sozial erwünschte Zurückverteilung von reich zu arm unterstützen. Der Unterhalt großer Häuser und Autos oder weite Reisen würden spürbar teurer. Für kleine Wohnungen und ÖPNV-Benutzer blieben die Ausgaben gleich, doch könnten sich alle Menschen persönlich über jährliche Rückerstattungen in Höhe vieler Hundert Euros freuen (»Mit Dank überreicht im Namen der Energiewende«).

Kapitel 10

Instrumente und Gesetze – solarer Siegeszug und seine Feinde

Das Gesetz für den Vorrang Erneuerbarer Energien (EEG) ist ein emanzipatorisches Gesetz, das die Macht der Energiekonzerne bricht und – in Deutschland – einem von den großen Vier (so wird das Oligopol der vier umsatzstärksten Elektrizitätsunternehmen E.ON, RWE, EnBW und Vattenfall bezeichnet, die bis 2009 das Übertragungsnetz und etwa 80 Prozent der Stromerzeugung innehatten) beherrschten Verkäufermarkt die Grundlagen entzieht. Es hat zur Jahrtausendwende den Grundstein für das größte Umbauprojekt in der Geschichte der deutschen Energieversorgung gelegt: weg von einer zentralisierten Energieerzeugung in den Händen einiger weniger Großkonzerne hin zu einer Vielzahl von Akteuren, die alle regenerativen Strom bereitstellen. Inzwischen ist das EEG von rund 100 Ländern weltweit, mit Anpassungen an nationale Besonderheiten, übernommen worden.

Dieses Gesetz basiert auf zwei zentralen Erkenntnissen, die spätestens Ende des 20. Jahrhunderts nicht mehr ignoriert werden konnten:

- der Endlichkeit der fossilen Energieträger,
- dem Klimawandel und der Erderwärmung durch umweltschädliche Energieerzeugung.

Das ursprüngliche EEG aus dem Jahr 2000 hatte gerade mal zwölf Paragrafen. Es war schlank, unbürokratisch und leicht zu verstehen. Drei Dinge waren entscheidend, warum das EEG zum entscheidenden Vehikel der Energiewende werden sollte:

- Wer eine Erneuerbare-Energien-Anlage erbaut und betreibt, bekommt 20 Jahre lang einen garantierten Einspeisepreis ausbezahlt. Die Höhe der Vergütung ist technologiespezifisch angepasst und kostendeckend. Die wirtschaftliche Planbarkeit ist somit nicht von einem volatilen Börsenpreis, der Marktlage oder der Inflation abhängig, sondern lediglich von der Anzahl der ins Netz eingespeisten Kilowattstunden.

- Der Netzbetreiber ist verpflichtet, die neue Anlage anzuschließen und den Strom vorrangig abzunehmen und nach EEG zu vergüten. Er kann nicht mehr sagen: Tut mir leid, aber das Netz ist schon voll mit Atomstrom. Ist es das trotzdem, muss der Netzbetreiber den EE-Anlagenbetreiber entschädigen. Der Differenzbetrag wird als EEG-Umlage sichtbar als Teil des Strompreises grundsätzlich auf alle Stromverbraucher umgelegt und ist damit haushaltsunabhängig.

- Die EEG-Vergütungssätze werden regelmäßig degressiv und an den technologischen Fortschritt der einzelnen Technologien angepasst. Das macht Tempo. Der Anlagenbetreiber weiß, dass die Einspeisevergütung je Kilowattstunde geringer wird, je später er seine Anlage ans Netz anschließt. Die Anlagenhersteller sind nicht nur im Wettbewerb untereinander, sondern einem permanenten Kostendruck ausgesetzt, weil sie schon wegen der Degression billiger und besser werden müssen. Die Degression hat noch zwei weitere bedeutende Vorteile: Durch die ständig sinkenden Vergütungssätze entsteht keine Subventionsmentalität, also die Gewöhnung an ständige Subventionen, von der man kaum wieder weg kommt. Wir kennen das von der Kohle und der Landwirtschaft. Überdies arbeitet das Gesetz durch die Degression daran, selbst irgendwann überflüssig zu werden; wenn die Einspeisevergütung gegen null geht und die Vorrangregelung nicht mehr notwendig ist, weil kein atomar und fossil erzeugter Strom mehr im Netz ist.

Die garantierte Einspeisevergütung ist keine Subvention, sondern eher ein Umweltbonus oder ein notwendiger Beitrag für sauberen Strom. Sie wird auch dann nicht überflüssig, wenn Strom aus Erneuerbaren beim Preisniveau konventioneller Energien ankommt, sondern erst, wenn alle fossilen Energien substituiert sind. Es geht nicht nur darum, die sogenannte Grid parity (Netzparität) zu erreichen, also den Moment, in dem die Erzeugung erneuerbaren Stroms nicht teurer ist als der konventionelle Strom. Die Grid parity wurde in Deutschland bereits 2012 erreicht, in Ländern mit günstigeren Wetterbedingungen auch früher. Es geht darum, dass für die Gesellschaft schädliche Energie mehr kosten soll als sozial nützliche. Solange fossile Energien noch eine Rolle spielen, muss es einen politisch gesicherten Preisvorteil für schadstofffreie Energien geben. Erst dann kommen wir zu einer sozialen Marktordnung.

Zum Vergleich: Niemand bezeichnet gesetzlich vorgeschriebene Haftpflichtversicherungen, Abfallgebühren oder Anschnallgurte als Subventionen für Versicherer, Müllentsorger oder Gurthersteller. Stets geht es um das öffentliche Gut Gesundheit, das für alle wichtig ist und nicht der Bereitschaft des Einzelnen überlassen wird.

Das Gesetz entschärft die größte Schwachstelle der deutschen Wirtschaft: die Abhängigkeit von immer knapperen, teureren und umweltschädlicheren Energieträgern – dies hat auch weitreichende soziale Konsequenzen, insbesondere für die Strompreisentwicklung (siehe Kasten). Das EEG hat die Abhängigkeiten im Stromsektor inzwischen um über ein Drittel reduziert. Das deutsche EEG ist das wirkmächtigste wirtschafts- und industriepolitische Gesetz der Geschichte der Bundesrepublik und das erfolgreichste Klimaschutzinstrument der Welt. Es hat wie kein anderes Gesetz dafür gesorgt, dass der Anteil der Erneuerbaren am deutschen Stromverbrauch von 6 Prozent im Jahr 2000 auf inzwischen rund 40 Prozent gestiegen ist, und hat damit den Umbau des Kraftwerkparks vorangetrieben. An wolkenlosen und windigen Tagen haben wir seit 2016 immer wieder

100 Prozent erneuerbaren Strom im deutschen Stromnetz. Diese Entwicklung sorgte für Investitionen, Wertschöpfung, zukunftsfähige Jobs, unglaubliche Innovationssprünge und die Reduktion von Energieimporten.

Spitzenstrompreise in Deutschland

Teuer war der Strom bei uns schon immer. 2017 kostete der Haushaltstrom 30,5 Cent und ist damit der teuerste der EU. Der EU-weite Durchschnitt liegt bei 20,5 Cent, in Bulgarien gibt es die Kilowattstunde schon für 9,8 Cent.

Der Vergleich hinkt, weil die staatlichen Subventionen in den verschiedenen Ländern unterschiedlich hoch sind und sich die jeweiligen Steuerzahler entsprechend mehr oder weniger am Strompreis beteiligen. Eurostat hat das Strompreisniveau der EU-Mitgliedstaaten in sogenannte Kaufkraftstandards umgerechnet. Das ist eine Fantasiewährung, die die Preisunterschiede zwischen verschiedenen Ländern ausgleicht, indem sie in Relation zu den nationalen Kosten anderer Waren und Dienstleistungen gesetzt werden. Nach dieser Berechnung ist Strom in ärmeren Ländern wie Portugal, Polen und Rumänien am teuersten und am billigsten in eher reichen Staaten wie Finnland, Luxemburg und den Niederlanden. Nur die Deutschen zahlen auch in Kaufkraftstandards am meisten.[88]

Zum Vergleich: Der Börsenstrompreis in Deutschland lag 2017 durchschnittlich bei 3,5 Cent pro Kilowattstunde, das ist etwas mehr als ein Zehntel des Verkaufspreises an Haushalte.

Energiewende in Gefahr

Doch seit geraumer Zeit droht Gefahr. Das Imperium schlägt zurück und mobilisiert einen Rollback. Die großen Energieversorgungsunternehmen mit ihren Lobbyorganisationen, allen voran die Initiative Neue Soziale Marktwirtschaft und die FDP, erfanden seit dem Jahr 2000 etliche Maßnahmen, um die so erfolgreichen erneuerbaren Energien einzudämmen:

Nach Protesten der Großindustrie über zu hohe Kosten wurde 2004 das erste EEG-Änderungsgesetz verabschiedet, das die sogenannte Besondere Ausgleichsregelung für stromintensive Industrien einführte (Ausgleichsmechanismus-Verordnung; BesAR), die bis zu 100 Prozent Rabatte auf die EEG-Umlage gewährt. Diese sorgte dafür, dass die Börsenstrompreise stark sanken und die EEG-Umlage stark stieg, weil der eingespeiste EEG-Strom nicht mehr wie bisher von den Versorgungsunternehmen abgenommen und an Endverbraucher geliefert wurde, sondern über die Ebene der Übertragungsnetzbetreiber an der Börse verramscht werden musste. Das drückte die Großhandelspreise auf das Niveau der Grenzkosten von längst abgeschriebenen Braunkohlekraftwerken. Negativer Effekt ist eine stetige Erhöhung der EEG-Umlage auf rund 8 Milliarden Euro für private Haushalte im Jahr 2018.

Mit der weitgehenden Befreiung für Großenergieverbraucher sollte eine erhebliche und nicht nur vorübergehende Beeinträchtigung der internationalen Wettbewerbsfähigkeit der betroffenen Unternehmen vermieden werden. Einen Nachweis dieser Gefährdung der internationalen Wettbewerbsfähigkeit musste aber niemand erbringen – bis heute nicht.

Im Gegenteil, die meisten Begünstigten befanden sich nie in einem starken internationalen Wettbewerb. Inzwischen sind über 2.000 Unternehmen teilweise befreit und damit ungefähr die Hälfte des deutschen Industriestroms. Diese privilegierten Verbraucher sind Großabnehmer aus der Industrie – Aluminium, Mineralölverarbeitung, Industriegase, Stahl, aber auch etliche kleine Betriebe bis hin zum Golfclub, die die komplizierte Gesetzgebung geschickt nutzen.

Die Regelung war stets an Grenzwerte gekoppelt und damit ein Anreiz für Unternehmen, die knapp unterhalb des Grenzwerts liegen, ihren Stromverbrauch zu erhöhen, um in den Genuss der Befreiung zu kommen. Produktionsketten in Fabriken laufen seitdem nachts, am Wochenende und in den Weihnachtsferien leer, nur um den Stromverbrauch zu erhöhen.

Die BesAR ist eine wettbewerbswidrige und umweltschädliche Begünstigung großverbrauchender Konzerne. Zu bezahlen ist diese Vergünstigung von den nicht privilegierten Unternehmen und Haushalten. Nicht privilegiert ist ein energiewirtschaftlicher Fachbegriff für private Haushalte und kleine Gewerbebetriebe, also im Prinzip diejenigen, die die Energiewende tragen. Die Besondere Ausgleichsregelung führt dazu, dass die EEG-Umlage für die vier Fünftel der nicht privilegierten Stromverbraucher um rund 1,5 Cent je kWh steigt.[89]

Eine einzige Aluminiumhütte mit 1.000 Mitarbeitern bekommt über 400 Millionen Euro Stromvergünstigung jährlich. Das ist eine Subvention von über 400.000 Euro je Arbeitsplatz. Dass das nicht auf dem Gehaltszettel des Arbeiters auftaucht, ist klar. Es geht nur um Profite. Das ist unsozial und verfassungswidrig. Die meisten Verbraucher bezahlen eine höhere EEG-Umlage, aber nicht um die Energiewende zu beschleunigen, sondern damit die Konzerne mit umweltschädlichen Geschäften weiter Gewinne machen und weniger erneuerbare Energien ausgebaut werden. Die Arbeiterpartei SPD unterstützt das von Anfang an bis heute, CDU/ CSU sowieso.

Ein weiteres Wachstumshemmnis für den Ausbau der erneuerbaren Energien ist die Projektvergabe durch Ausschreibungen. Erfahrungen aus anderen Ländern haben gezeigt, dass das Instrument der Ausschreibungen zu Kostensteigerungen und Fehlallokationen führt und dass Projekte nach Zuschlagserteilung häufig nicht realisiert werden. Ausschreibungen sind eine Einladung an große Anbieter, mit Dumpingpreisen zu manipulieren und so mittelständische Konkurrenz auszubremsen. 2017 kam Hals über Kopf der grundsätzliche Wechsel von festen Vergütungen hin zu Ausschreibungsverfahren.

Seit dem ersten EEG 2000 hatte sich die Funktion staatlich organisierter Vergütung für EE-Strom gewandelt: von einer Förderung zum Ausgleich der Differenz zwischen höheren EE-Erzeugungskosten und dem niedrigeren allgemeinen Strompreisniveau, hin zu einer Gewährleistung langfristiger Stromabnahmeverträge, die im Wesentlichen eine Finanzierbarkeit mit Fremdkapital, eine Bankability von Projekten ermöglichen sollen.[90] Seit 2017 befinden sich die Erneuerbaren auf einem Preisniveau, das Investitionen in neue konventionelle Kraftwerke deutlich unterschreitet. Daraufhin führte Deutschland ebenso wie 33 andere Länder Ausschreibungen ein, die vorgaukelten, Markt und Wettbewerb zu schaffen und dadurch die Kosten zu senken.

Ausschreibungen können sehr kosteneffizient wirken, man kennt das von Großprojekten wie Flughäfen oder Bahnhöfen, erfordern aber eine ausreichende Anzahl geeigneter Anbieter und geeignete Zugangsbedingungen für kleinere Anbieter, damit ein Wettbewerb zustande kommt. Daran fehlte es und in der Folge wurde die Ausbaugeschwindigkeit massiv gedrosselt und die Akteursvielfalt, insbesondere von KMU, Bürgergenossenschaften und Privatinvestoren, verringert. Die Kosten wiederum sind nicht schneller gesunken als es im degressiv angelegten EEG bereits vorgesehen war.

2017 wurde auch der 52-GW-Deckel eingeführt. Das bedeutet: Ist in Deutschland eine Photovoltaikleistung von 52 Gigawatt verbaut, wird die Einspeisevergütung für Neuanlagen beendet. Das wird vermutlich 2020 der Fall sein. Es gibt auch jährliche Ausbaudeckel für fast alle erneuerbare Energien, nach deren Erreichen die Förderung gestoppt wird. So wechselte Deutschland zu einem Quotensystem.

Quoten mögen auf anderen Gebieten einen Sinn ergeben, wenn es um den Schutz einer Minderheit vor Diskriminierung geht. Wenn es aber – wie bei der Energiewende – darum geht, so schnell wie möglich 100 Prozent zu erreichen, sind Ausbaudeckel jeglicher Art und garantierte Mindestquoten für Erneuerbare in Wirklichkeit vor allem eine Garantie für die konventionellen Energieversorger. Ihr überholtes Geschäft erstreckt sich auf alles, was eben nicht der Quote unterliegt. Die Erneuerbaren bleiben auf die jeweils politisch festgelegte Quote beschränkt und dürfen darüber hinaus den Konzernen keine weiteren Marktanteile abnehmen – selbst wenn die Erneuerbaren billiger und umweltfreundlicher sind. Quoten verteuern und verlangsamen die Energiewende, beschränken sich auf die momentan günstigste Form der Energieerzeugung und schwächen die Akteursvielfalt.

Um den zunehmenden Eigenverbrauch zu bremsen, müssen seit 2014 grundsätzlich alle Betreiber von Photovoltaikanlagen für selbst erzeugten und selbst verbrauchten Strom eine – wenn auch in der Höhe reduzierte – EEG-Umlage bezahlen. Ausgenommen sind nur ganz kleine Anlagen bis 10 kW Leistung und Inselanlagen, die keinen Anschluss ans öffentliche Stromnetz haben. Die Eigenstromregelung ist besonders widersinnig, weil die Eigenverbraucher gar keinen EEG-vergüteten Strom verbrauchen, sondern sogar das Netz entlasten, weil sie weder ihren produzierten Strom einspeisen noch Strom in dieser Höhe aus dem Netz beziehen. Der damalige Bundesumweltminister Peter Altmaier (CDU) sagte ganz offen, dass der Eigenverbrauch zunehme, weil immer mehr die Kostenvorteile erkennen, und erblickte in dieser ›Entsolidarisierung bestimmter Stromverbraucher‹ Risiken für die Zukunft, die es zu verhindern galt. Die SPD sprang ihm mit der wirkungsvollen Hypothese bei, dass der Arbeiter aus der Mietskaserne über seine Stromrechnung die PV-Anlage auf der Starnberger Zahnarztvilla finanziere. Solidarität der Mietskasernenbewohner wird hingegen gegenüber den Stromerzeugern mit ihren exorbitanten Gewinnen verordnet. Kraftwerke brauchen einigen Strom, um in Gang gehalten werden zu können, den sie, ist die Anlage einmal hochgefahren, in der Regel selbst erzeugen. Gas verbraucht 3,4 Prozent seiner Stromproduktion selbst, Kernkraft 5,5; Braunkohle 7,1; Steinkohle 8,3 Prozent.[91] Der Eigenverbrauch aller Kraftwerke der konventionellen Stromwirtschaft wurde von der Zahlung der EEG-Umlage befreit, um die Gewinne der alten Konzerne zu schonen. Über 5 Milliarden Euro werden so von den größten Stromverbrauchern auf die Gemeinschaft der Kleinverbraucher umgelegt – jährlich und überhaupt nicht solidarisch.

2015 plante Energieminister Sigmar Gabriel (SPD) eine Kohleabgabe, die vor allem ältere Braunkohlekraftwerke unwirtschaftlich machen sollte. Auf Druck durch Gewerkschaften und Versorger wurde fast das Gegenteil beschlossen: die sogenannte Sicherheitsbereitschaft. 2.700 Megawatt Braunkohle wurden stillgelegt und als sogenannte Kapazitätsreserve vorgehalten. Die EU-Wettbewerbskommission prüft seit 2017 die Erforderlichkeit der Maßnahme, weil sie die Kapazitätsreserve für eine verbotene Beihilfe hält.

Doch damit nicht genug. Die stromintensiven Unternehmen bekommen noch weitere Ausnahmeregelungen wie den sogenannten Spitzenausgleich, bei dem Strom- und Energiesteuern an stromintensive Unternehmen der produzierenden Gewerbe in hohen Teilen rückerstattet wird. Hinzu kommen geringere Konzessionsabgaben, Befreiung von den Netznutzungsentgelten[92], die KWK-Umlage, die Offshore-Haftungsumlage und Vergünstigungen beim Emissionshandel.

Das 2005 eingeführte Europäische Emissionshandelssystem (ETS) leuchtet nur in der Theorie ein: Die Treibhausgasemissionen sollen dadurch gesenkt werden, dass immer weniger Emissionsrechte ausgegeben und auf dem Markt gehandelt werden können – Cap & Trade. Den Emittenten wurden jedoch zu viele Verschmutzungszertifikate zugeteilt. Der Zertifikatspreis lag teilweise bei unter 5 Euro je Tonne CO_2 und ist 2019 immerhin auf 20 Euro gestiegen. Die Emission einer Tonne CO_2 verursacht aber Schäden von über 180 Euro[93]. So wirkt der ETS in der Praxis als Unterstützung der Kohleindustrie und ist deshalb eine kontraproduktive Malaise. Außerdem lädt er zum Missbrauch ein. Seit seinem Bestehen sind internationale Karussellgeschäfte, gehackte Zertifikate und Betrügereien an der Tagesordnung.

FÖS hat ausgerechnet, dass die stromintensiven Konzerne im Jahr 2016 in Höhe von 17 Milliarden Euro entlastet wurden, davon entfielen 6,5 Milliarden auf die Ausnahme bei der EEG-Umlage. Kohlekraftwerke eignen sich nicht als »Partner der Erneuerbaren«, wie es die Bundesregierung sieht.

Das EEG ist eines der besten Gesetze, die wir je hatten, doch es wurde zum Auslaufmodell.[94] Der Vorrang für erneuerbare Energien, der im Jahr 2000 so wichtig war, dass er sogar Eingang in den Namen des EEG fand, wurde im EEG 2017 auch dort kassiert. Es heißt nun zurückhaltender: Gesetz für den Ausbau erneuerbarer Energien. Nicht der Ausbau der erneuerbaren Energien ist Treiber der Strompreise; sinkende Börsenpreise und Ausnahmen für bestimmte Industrien treiben die EEG-Umlage in die Höhe.[95] Angeblich zu hohe Kosten oder auch der Mega-Netzausbau sind im Rahmen des hereinbrechenden Rollback vorgeschobene Argumente, um den Umbau des Energiesystems, der längst im Gang ist, doch noch zu stoppen. Gegner der Erneuerbaren erkennt man nicht mehr an ihrer offenen Gegnerschaft, sondern daran, dass sie Gründe für den Aufschub suchen. Wir erkennen sie daran, dass sie die Kosten systematisch hochtreiben, um genau dies wenig später als Argument gegen die erneuerbaren Energien zu verwenden. Die Gespensterdebatte um angeblich zu hohe Kosten erneuerbarer Energien ist kaum zu stoppen. Die ganze Kostendiskussion hat vor allem eines erreicht: eine massive Verunsicherung der Investoren. Die Energiewende wird gebremst, obwohl Deutschland noch in vielen Erneuerbaren-Technologien an der Spitze liegt, also auf einem der prosperierendsten Märkte der Zukunft, weil die Welt die Erneuerbaren braucht. Durch die vielen Deformationen ist das EEG-System in wesentlichen Teilen erodiert. Doch haben die erneuerbaren Energien mit der Netzparität einen Meilenstein der Energiewende erreicht: Nachhaltiger Solarstrom greift die atomar-fossile Stromerzeugung auch ohne staatliche Förderung an. Denn der weltweite Boom von Photovoltaik-Neuinstallationen hat zu stark verringerten Kosten für die benötigten Anlagenkomponenten geführt.

Greenwashing

Ein Ärgernis für Ökostromproduzenten und ihre Kunden ist der Greenwashing-Trick mit der 2012 eingeführten Stromkennzeichnungspflicht. Der Gedanke hört sich erst mal gut an: Alle Verbraucher in der EU haben das Recht zu erfahren, woher ihr Strom kommt. Daher findet jeder deutsche Stromkunde die Zusammensetzung seines Stroms auf der Stromrechnung – aber nur ungefähr. Denn bei der Stromkennzeichnung handelt es sich um ein rein bilanzielles Konstrukt, das die physikalische Eigenschaft der Einspeisung unberücksichtigt lässt. Zwischen den verschiedenen Energieformen wird nur grob differenziert: Erneuerbare Energien gelten als homogene Einheit, unabhängig davon, ob der Strom aus einem 100 Jahre alten Wasserkraftwerk kommt oder von einer neuen Windkraftanlage. Ebenso werden moderne, effiziente KWK-Anlagen mit veralteten Anlagen gleichgestellt. Die landschaftszerstörenden Folgen des Braunkohleabbaus finden keine Erwähnung; eine Transparenz über den Umweltnutzen besteht nicht. Um reine Grünstromprodukte zu verkaufen, können Stromanbieter Herkunftsnachweise von in- oder ausländischen, uralten oder neuen Anlagen ankaufen, um ihn danach in ihrem Portfolio ganz oder teilweise als Grünstrom auszuweisen. Stromanbieter können mit Graustrom sogar ihr Portfolio verschleiern, da die Herkunftseigenschaft an der Börse verloren geht. Hat beispielsweise ein Stromlieferant viel Atomstrom in seinem Portfolio, verkauft er diesen an der Börse und kauft den Strom gleich darauf zurück. Damit ist dieser ›gewaschen‹ und kann als normaler Graustrom mit hohem Grünanteil deklariert und verkauft werden. Für den Verbraucher ist so nicht ersichtlich, aus welchen Anlagentypen der Strom tatsächlich stammt und welche Kraftwerke der Energieversorger tatsächlich in seinem eigenen Portfolio betreibt. Um den Verbrauchern dennoch Orientierungshilfe zu geben, haben sich eine Reihe von Qualitätssiegeln etabliert. Besonders sorgfältig und empfehlenswert ist das Grüner-Strom-Label (GSL).

Demokratisierung der Energieversorgung

Letztlich geht es bei alldem um die Kontrolle über das Energiesystem der Zukunft. Das Erneuerbare-Energien-Gesetz hat den Grundstein für das größte Umbauprojekt in der Geschichte der deutschen Energieversorgung gelegt: weg von einer zentralisierten Energieerzeugung in den Händen einiger weniger Großkonzerne hin zu einer Vielzahl von Akteuren, die alle regenerativen Strom bereitstellen.

Energieversorger kommen gut mit kapitalintensiven Kohle- und Atomkraftwerken und deren steigenden Brennstoffkosten zurecht. So werden Umsätze und Einnahmen jedes Jahr sogar noch erhöht.

Solare Energien zerstören dieses Geschäftsmodell. Die Verkaufspreise gehen nach unten, nicht nach oben. Solaranlagen können ohne Hilfe des Versorgers auf dem Dach installiert werden – ohne Brennstoff, der gefördert, verarbeitet, transportiert, verbrannt und

Absehbare Geschäftsmodelle

Das EEG bremst die Sektorenkopplung, insbesondere die Nutzung überschüssigen Grünstroms bei zu viel Wind- oder Solarstromerzeugung für Elektromobilität im Verkehrssektor oder für Tauchsieder im Wärmesektor. Denn jede mit EEG-Tarif geförderte Kilowattstunde muss zur Vermarktung an die Strombörse fließen. Bei Stromabnahmeverträgen aber lassen sich Stromerzeugung und Sektorenkopplungsmodelle direkt kombinieren. Stromerzeuger können so Produkte schaffen, die sich auch mit etwas Aufpreis vermarkten lassen.

Ein Power Purchase Agreement (PPA) ist ein langfristiger Stromliefervertrag. Er wird direkt zwischen Stromerzeugern und Stromverbrauchern abgeschlossen und der Strom wird direkt entweder über eine Direktleitung oder über das allgemeine Netz geliefert. PPA-Direktvermarktungen bieten Stromverbrauchern den Vorteil einer langfristigen Preissicherheit, sie wirken wie eine Versicherung. Der Verkäufer hingegen erhält einen langfristig abgesicherten Abnahmepreis für seine Investitionen in Anlagen zur Stromerzeugung.

Gerade Erneuerbare-Energien-Anlagen mit hohen Anfangskosten bei geringen Betriebskosten sind prädestiniert für dieses Vertragsmodell. Softwareunternehmen wie Google oder Facebook haben in Europa PPAs mit Erneuerbare-Energien-Anlagenbetreibern vereinbart. In Irland hat Microsoft ein PPA für den Strom aus einem Windpark mit integrierter Batterie abgeschlossen. Demnach bezieht Microsoft über eine Laufzeit von 15 Jahren sowohl den kompletten Windstrom als auch den zwischengespeicherten Strom aus der Batterie.

Neben einigen deutschen PPAs, die industrielle Strom-Großabnehmer abgeschlossen haben, gibt es nur Marktprämienmodelle und Einspeisevergütungen. Im Jahr 2021 werden die ersten 5.000-MW-Erneuerbare-Energien-Anlagen aus der EEG-Förderung herausfallen. Sie können mit PPAs neue Verdienstmöglichkeiten generieren. Aus heutiger Sicht werden die Vorreiter des PPAs innovative Stadtwerke, industrielle Großverbraucher und Rechenzentren sein. Diese haben ein Interesse, einen Teil ihrer Stromnachfrage langfristig abzusichern. Durch Ausnutzung der sonstigen Direktvermarktung im EEG und Nutzung der Herkunftsnachweise können regional Anlagen ohne finanzielle Förderung zugebaut werden oder Altanlagen weiterbetrieben werden.[96]

Virtuelle Kraftwerke schalten verschiedene dezentrale Stromerzeugungseinheiten wie PV und Biogasanlagen zusammen. Will man ohne Inanspruchnahme des EEG vermarkten, müssen die Erneuerbare-Energien-Anlagen von der Volllastfahrweise auf eine gebietsorientierte Steuerung umgestellt werden. Ein virtuelles Kraftwerk funktioniert umso besser, je mehr Einheiten zusammengeschaltet sind. Dadurch steigt auch die Informationsflut. Die flexible Einsatzsteuerung, die automatisiert immer den optimalen Vermarktungsweg wählt, stellt die IT virtueller Kraftwerke vor große Herausforderungen. Die EnBW beispielsweise hat sich 2019 mit der Solare Datensysteme GmbH zusammengetan, um in das Geschäft der Direktvermarktung einzusteigen. Die Peer-to-Peer-Vermarktung über Blockchain wird kommen.[97]

Digitales Lastmanagement kann den Energieverbrauch zeitlich und mengenmäßig verschieben – eine wichtige Flexibilitätsoption für den Stromsektor. In der Industrie ist Lastmanagement eine bereits etablierte Methode, um Energiekosten zu sparen. Die Digitalisierung eröffnet nun die Möglichkeit, auch die kleinteiligere Stromnachfrage in Privathaushalten und im Sektor Gewerbe, Handel, Dienstleistungen an die Energieerzeugung anzupassen. Zukunftsszenarien rechnen mit einem breiten Ausbau von Wärmepumpen, die das Potenzial im Wärmebereich erhöhen, von Elektrofahrzeugen, stationären Batteriespeichern und – wegen der ineffizienten Technik abnehmend – elektrischen Speicherheizungen.[98]

in die Luft geblasen wird. Die Kohlepreise haben sich zwischen 1970 und 2010 versechsfacht. Solarstrom ist bereits billiger und wird weiter billiger. Die Kosten für solare Energien werden weiter sinken, während die Qualität der Module und Batterien steigt.[99]

Einspeisegesetze sind umwälzende Gesetze, die Teilhabe von vielen Akteuren – mittelständischen Unternehmen, Kommunen und Bürgern – ermöglichen. Eine zentralistische Zuteilung von Erneuerbarenanlagen über Quoten, Ausschreibungen oder Auktionierungen konserviert hingegen die Marktmacht der etablierten Energiekonzerne.

Energiewende ohne EEG – der zweite Schritt

Wir bewegen uns auf ein neues Energiezeitalter zu: Die Erneuerbaren werden schon in naher Zukunft ohne EEG-Vergütung auskommen und ohne Vorrangregelung im Netz. Der erste Teil der Energiewende ist Wirklichkeit geworden. Jetzt geht es darum, die Erfolgsgeschichte weiterzudenken und die Potenziale auszuschöpfen. Dafür ist ein ganzheitlicher, integrativer Ansatz notwendig. Es wird nicht mehr nur darum gehen, möglichst schnell möglichst viele Erneuerbare-Energien-Anlagen zu bauen – das große Potenzial wird in den Vermarktungskonzepten liegen.[100] Stark sinkende Kosten erlauben es, den noch ziemlich verzerrten Markt auf weitgehend selbsttragende solare Geschäftsmodelle vorzubereiten. Dafür sind drei Voraussetzungen nötig:

- Diese Geschäftsmodelle müssen durch den Abbau von Hemmnissen erleichtert werden.
- Faire Marktbedingungen können durch eine angemessene Schadstoffbepreisung geschaffen werden.
- Auf dem Weg zu diesen selbsttragenden solaren Geschäftsmodellen darf es keinen Fadenriss für die am Markt tätigen Unternehmen und andere Akteure geben.

Mit anderen Worten: Eine Welt, in der Solarenergie auch außerhalb des EEG finanziert wird, ist möglich, hängt aber von der Gestaltung des Übergangsprozesses ab. Der solare Eigenverbrauch und die solare Direktversorgung der Nachbarn sind zentrale Bausteine für eine vom EEG unabhängige Finanzierung von Solaranlagen. Im ersten Schritt müssen Hemmnisse und Barrieren beseitigt werden. Dazu zählt besonders die Abschaffung der EEG-Umlage für selbst produzierten Ökostrom, der despektierlich sogenannten Sonnensteuer, die ein erhebliches Investitionshindernis darstellt.

Solarstrom, der das öffentliche Netz überhaupt nicht oder nur in der nahen Umgebung nutzt, ist vollständig von der EEG-Umlage zu befreien. Eine Photovoltaikanlage wird zu normaler Haustechnik, ist aber immer noch zu betreiben wie ein eigener Wirtschaftsbetrieb. Gemeinkosten zur Finanzierung der Netzinfrastruktur können künftig über eine pauschale und für den Investor einfach zu berechnende Abgabe abgedeckt werden, die die Vorteile des Eigenverbrauchs berücksichtigt. Eine besondere Netzdienlichkeit von Speichern sollte bei der Preisstaffelung gewürdigt werden. Dezentrale Quartierslösungen zur Energieversorgung leisten dabei entscheidende Beiträge.

Was ist zu tun?

Um die Energiewende in zehn Jahren zu schaffen, bedarf es eines schnellen Kohleausstiegs. Konsequent durchdacht muss die Emission von Schadstoffen absehbar verboten werden. Verbote sind als ordnungsrechtliches Grundprinzip unserer gesellschaftlichen Ordnung anerkannt – vom Ordnungswidrigkeitenkatalog über das Strafgesetzbuch bis zum BImSchG. So wie einige Länder ordnungsrechtlich beschlossen haben, ab wann sie keine Verbrennungsmotoren mehr in der Stadt sehen wollen, so ist es angesichts der Bedrohung nur folgerichtig, ein nach klimawissenschaftlichen Kriterien bestimmtes Enddatum für die Verbrennung fossiler Energieträger festzulegen.

Außerdem ist ein Ausstieg aus dem Ausstieg beim erneuerbaren Strom erforderlich. Die Erneuerbaren müssen entfesselt werden. 85 Prozent der Dekarbonisierung der insgesamt in Deutschland verfeuerten Energien liegen noch vor uns. Der Ordnungsrahmen muss entrümpelt werden, um mehr Platz für dezentrale Initiativen zu schaffen. Wir brauchen ein Flexibilitäts- und Speichergesetz, um einen Flexibilitätsmarkt zu schaffen.

Steuern und Umlagen machen über zwei Drittel des Strompreises aus. Um diese Abgaben sollte Strom aus erneuerbaren Energien ab sofort befreit werden und diese sollten auf Öl, Kohle und Gas umgelegt werden. Ferner müssen die fossilen Kraftwerke mit ihren tatsächlichen Kosten belastet werden. Die Steuersätze sind so festzusetzen, dass sie die Mengen an Treibhausgasemissionen widerspiegeln, die bei der Verbrennung jeweils freigesetzt werden. Eine so angelegte Steuerreform ist aufkommens- und preisneutral, verändert aber den zu Lasten der Energiewende verzerrten Markt. Brennstoffkosten werden auf die Art quer durch die Strombeschaffung verteuert, das Preisniveau der Börse steigt. Die EEG-Umlage sinkt dadurch, was schließlich eine effiziente Brennstoffnutzung erzwingt.[101]

Als Retter des Klimas und unserer Gesundheit folgen die erneuerbaren Energien der gleichen Logik der öffentlichen Güter, die den kollektiven Zugang zu Trinkwasser, Atemluft, den Zugang zum Wald, Bildung oder Kultur ohne oder gegen geringe Gebühr gewährleistet. Elektrisches Fahren und Heizen mit Wärmepumpen würde billiger, fossiles Heizen auf der Autobahn und im Heizungskeller würde teurer. Deshalb ist den erneuerbaren Energien ein allgemeiner rechtssystematischer Vorrang einzuräumen. Eine Ergänzung des Grundgesetzes könnte dies bewirken, weil jedes neue Gesetz routinemäßig vom Justizministerium auf seine Verfassungstauglichkeit überprüft wird.

Kapitel 11

Großprojekte und anachronistischer Zentralismus – die Netze

Übertragungstrassen sind überregionale und auf Dauer angelegte zentrale Systeme in den Händen einiger weniger und mit zentraler Steuerung. Sie sind sehr teuer, nur für die Betreiber lukrativ und erfordern jahrelange Genehmigungsprozesse. Dies gilt für Hochspannungsstromleitungen ebenso wie für internationale Öl- und Gaspipelines. Um ein Stranded Investment in erst mal gebaute milliardenschwere Netze zu verhindern, helfen Regierungen bei der Auslastung und Refinanzierung der Trassen, indem sie den Ausbau erneuerbarer Energien außerhalb der Anschlussmöglichkeiten kleinhalten. Der auch von vielen Naturschützern für notwendig erachtete Ausbau von Übertragungsnetzen fördert die Energiewende nicht, sondern zwingt die Erneuerbaren für Jahrzehnte in das Funktionssystem der etablierten Stromversorgung[102].

Der Systemwechsel hin zu einer dezentralen Energiewirtschaft setzt auf lokale Versorgungskonzepte mit der Verstärkung vorhandener Verteilnetze im Niederspannungsbereich, über die Lastenausgleich, virtuelle Kraftwerke, Speicher und Sektorenkopplung betrieben werden. Die Potenziale, um so die Energieversorgung ausschließlich mit heimischen Solarenergien zu organisieren, sind im Überfluss vorhanden. Neue Übertragungsnetze sind, bis auf wenige Ausnahmen, nicht nur überflüssig, sondern für die Energiewende kontraproduktiv.

Im Mai 2019 trat das Gesetz zur Beschleunigung des Energieleitungsausbaus (NABEG) in Kraft. Gleichzeitig konstatierte die Bundesnetzagentur einen weiterhin zu langsamen Ausbau der erneuerbaren Energien aufgrund fehlender Leitungsnetze. Dieser angeblich fehlende Übertragungsnetzausbau wird seit Jahren von der fossilen und atomaren Energiewirtschaft als Argument vorgebracht, um die Drosselung des Ausbaus der erneuerbaren Energien zu rechtfertigen.

Die Bundesregierung sieht eine Lücke von Hochspannungsübertragungsleitungen (HGÜ) in einer Länge von 3.600 Kilometern. 2009 war bereits mit dem Energieleitungsausbaugesetz (ENLAG) der Bau neuer Stromleitungen von 1.800 Kilometern beschlossen worden. Davon waren 2018 rund 1.150 Kilometer genehmigt und davon wiederum 800 Kilometer auch realisiert worden. Das flankierende, Ende 2015 novellierte Bundesbedarfsplan-Gesetz besagt sogar, dass neue Leitungen auf einer Länge von 7.700 Kilometer gebraucht werden, die von Bund und Ländern geplant werden müssten. Anfang 2019 haben die vier Übertragungsnetzbetreiber (ÜNB) Tennet, Amprion, 50Herz und TransnetBW eine aktualisierte Fassung des Netzentwicklungsplans (NEP) 2030 vorgelegt, der Kosten in Höhe von 61 Milliarden Euro prognostiziert, die auf die Verbraucher umgeschlagen werden.

Die von den Übertragungsnetzbetreibern der Bundesnetzagentur vorgelegten Pläne entsprechen ihrem betriebswirtschaftlichen Interesse, auch künftig möglichst viel Strom zu transportieren. Die ÜNB sind nach dem Energiewirtschafts-Gesetz sogar zur Ausbauplanung verpflichtet. So macht die Regierung den Bock zum Gärtner. Wo sie schon mal die Planungsgrundsätze festlegen dürfen, machen die ÜNB Vorgaben, die sich nicht auf die Versorgungssicherheit beschränken oder gar zukünftig notwendige Entwicklungen hin zu Smart Grids im Auge haben; stattdessen planen sie einen überdimensionierten Netzausbau und ihre dabei spielerisch zu erzielenden Gewinne. Für neue Investitionen in Kabel, Umspannwerke oder Pipelines hat die Netzagentur ›im Interesse der Verbraucher‹ 2018 beschlossen, die staatlich garantierte Verzinsung auf eingesetztes Eigenkapital von bisher 9,05 auf 6,91 Prozent zu reduzieren.

Zum Vergleich: Bankzinsen sind faktisch abgeschafft. Daimler erzielte 2018 als erfolgreichstes aller Dax-30-Unternehmen eine Dividendenrendite von 6,4 Prozent; freilich mit unternehmerischem

Risiko und sogar verbotenen Abgaslügen und nicht staatlich angeordnet und garantiert.

Der im schwarz-roten Koalitionsvertrag festgelegte Zubau von erneuerbarem Strom auf 65 Prozent bis 2030 soll ›netzsynchron‹ erfolgen. Das heißt: Erst wenn das neue Netz gebaut ist und der Strom abtransportiert werden kann, darf zugebaut und eingespeist werden. Wie viele EE-Anlagen nach wie vielen Kilometern Netzzubau erlaubt sein sollen, ist nicht objektivierbar. In sogenannten Netzausbaugebieten wird seit 2017 der Ausbau von erneuerbaren Energien erheblich reduziert, damit vorhandene Netzengpässe nicht zusätzlich erhöht werden.

Das Netz als natürliches Monopol dient inzwischen nicht mehr allen, die es nutzen wollen, um mit Strom zu handeln, sondern blockiert den Zugang für neue Wettbewerber. Die ursprüngliche Vorrangstellung erneuerbaren Stroms des EEG 2000 wird so in sein Gegenteil verkehrt.

Die Großen kriegen die Geschenke

Mit dem NABEG wurde politisch die Grundlage für den weiteren Ausbau des Übertragungsnetzes geschaffen. Damit einher geht eine drastische Einschränkung der Mitbestimmung von Bürgern. Kommunen werden dazu verpflichtet, »im Interesse des Gemeinwohls« gegen einen einmaligen finanziellen Ausgleich einen Leitungsbau über ihre Gemarkung hinzunehmen. Das ist eindeutig ein Geschenk an die Energiekonzerne, denen die Offshore-Windenergie schmackhaft gemacht werden soll, während gleichzeitig die erneuerbaren Energien insgesamt in das Modell der fossil-atomaren Energieversorgung eingepasst werden sollen. Zwei von drei neuen Trassen dienen dabei dem Transport von Kohlestrom.[103]

Verteilnetze werden in Deutschland überwiegend als Erdverkabelung ausgeführt und sind nur in den Ortsnetzstationen und Umspannwerken sichtbar. Auch in der 110-kV-Ebene werden inzwischen viele Verbindungen unterirdisch ausgeführt, im Übertragungsnetz überwiegen jedoch noch Freileitungen. Der verzögerte Netzausbau sowie lange Planungs- und Genehmigungsverfahren sind vielerorts auch auf Widerstände aus der Bevölkerung und von Interessenvereinigungen zurückzuführen. Insbesondere neue Stromtrassen und lange, leistungsfähige Verbindungen in der Nord-Süd-Achse werden skeptisch betrachtet, was dazu geführt hat, dass eine zumindest teilweise Erdverkabelung für diese Trassen angestrebt wird. Ein dezentraler Ausbau der erneuerbaren Erzeugungskapazitäten und der Einsatz eines intelligenten Stromnetzes minimieren dagegen den Ausbau von Übertragungsstrecken drastisch.

Es ist bezeichnend für ihre Eloquenz und Chuzpe, dass viele Gegner eines Ausbaus der Onshore-Windenergie keine Probleme damit haben, neue gewaltige Stromtrassen durch das Land zu ziehen. Im Gegensatz dazu hatten sie vorher immer auf Aspekte wie Landschaftsschutz und den Schutz der Bevölkerung vor einer angeblichen Verspargelung durch Windenergieanlagen verwiesen.

Gerade in Hessen, Baden-Württemberg und Bayern hinkt der Ausbau der Windenergie weit hinter anderen Bundesländern her. Das liegt nicht daran, dass es hier an geeigneten Standorten für den Ausbau der Windenergie mangelt, sondern an einer politischen Blockadehaltung. Man schützt die Energiekonzerne, indem die neuen regenerativen und zumeist mittelständischen Energieproduzenten bewusst ausgebremst werden. Würden die südlichen Bundesländer nur 1 bis 2 Prozent ihrer Landesfläche für den Ausbau der Windenergie offen halten, könnten bis zu 100 Prozent der benötigten Leistung in den nächsten zehn Jahren allein mit für Binnenstandorte optimierten Windenergieanlagen schnell ausgebaut werden. Durch den späten Einstieg würden hier nur modernste Anlagen aufgestellt, was deren Anzahl auf ein vertretbares Maß begrenzt.

Auf diese Weise würde die Notwendigkeit entfallen, große Strommengen von der Nordsee bis in den Süden Deutschlands zu transportieren. Hinzu kommt: Die angeblichen Stromüberschüsse im Norden Deutschlands beziehen sich nur auf die bisherige Stromnachfrage im Norden. Würde man damit beginnen, vor Ort auch die erneuerbare Wärmeversorgung und die erneuerbare Verkehrswende anzugehen, gäbe es keine Überschüsse mehr.

Gute Planung muss selbstverständlich die örtliche Bevölkerung einbinden. Hier gilt es deutlich zu machen, dass eine Kommune, die von einer neuen Stromtrasse durchquert wird, davon ökonomisch kaum profitiert. Sie ist weiterhin lediglich Hinterland der Transportinfrastruktur der Energiekonzerne, von denen sie abhängig bleibt. Statt Zigtausender neuer Strommasten, die zu errichten wären, würde bei einem Ausbau der Windenergie vor allem im Süden Deutschlands und einem Repowering bestehender Windparks in anderen Bundesländern die Streckenlänge neuer Stromtrassen fundamental reduziert. Wenn erst mal in zehn Jahren kein Kohlestrom mehr im Netz ist und immer mehr Photovoltaik in den Städten zu einem Angebotsüberschuss führt, können die meisten Windenergieanlagen in Deutschland peu à peu wieder zurückgebaut und recycelt werden.

Kommunen sollten eine auskömmliche Abgabe von vielleicht 0,5 Cent für jede auf ihrer Gemarkung produzierte Kilowattstunde erneuerbaren Stroms erheben oder ihren Haushaltsstrom umsonst bekommen, damit sich nicht nur der Verpächter der Fläche, sondern auch die Bürgerschaft über die neue Anlage freut. Das wäre keine bremsende Sonnensteuer; die Bürger an den Gewinnen zu beteiligen, beschleunigt die örtliche Akzeptanz und damit die Ausbaugeschwindigkeit.

Mindestens 45.000 Kilometer neue, kostentreibende Hochspannungsleitungen sollen für den großräumigen Transport zentral erzeugter erneuerbarer Energien quer durch Europa errichtet werden. So sieht es die Europäische Kommission vor. Das ist zentralistischer Unsinn. Es kann keine Lösung sein, mit viel Geld riesige Stromtrassen zum weiträumigen örtlichen Verschieben von Strom zu legen, wenn dies nur dazu dient, möglichst lange den Systemkonflikt zwischen dezentraler und zentraler Energieerzeugung hinauszuschieben, um die Gewinninteressen der Energiekonzerne zu wahren. Die Einnahmen aus der Energieerzeugung fließen auf diese Weise also weiter in die Taschen der etablierten Player und die Bürger sollen dafür zahlen, dass den Konzernen auch noch die passende Netzinfrastruktur bereitgestellt wird. Netzentgelte machen inzwischen circa 25 Prozent vom durchschnittlichen Strompreis eines Haushalts aus – Tendenz steigend.

Eine rasche Energiewende, an der möglichst viele Menschen ökonomisch partizipieren und die verhindert, dass die Machtstrukturen, die wir heute im Energiesektor vorfinden, dauerhaft fortbestehen, erfordert andere, systemische Weichenstellungen, die über einen rein quantitativen Ausbau der erneuerbaren Energien hinausgehen und die Schaffung eines dezentralen Energiesystems ermöglichen. Dies ebnet den Weg zu 100 Prozent erneuerbaren Energien und nutzt die Investitionsbereitschaft der regenerativen Energiewirtschaft.

Das Desertec-Projekt, das Saharastrom per Supergrid (ein besonders leistungsfähiges Stromnetz zur Fernübertragung großer Mengen elektrischer Energie) nach Deutschland bringen will, steht einer dezentralen Stromversorgung ebenso im Weg wie Seatec, also Offshore-Windparks nördlich des europäischen Kontinents; beide sind weit entfernt vom Verbraucher.

Im Übertragungsbereich gibt es nur wenige konstruktive Netzprojekte: So soll das 600 Kilometer lange Unterseekabel NordLink 2020 das regenerativ versorgte Norwegen mit Norddeutschland verbinden. Hier entsteht die Möglichkeit, in Partnerschaft mit regionalen Windkraftbetreibern eigene Bilanzkreise außerhalb des EEG-Rahmens aufzubauen. Wenn kein lokaler Wind weht, kommt der erneuerbare Strom aus norwegischen Wasserkraftturbinen. Weitere Verbindungen, etwa zwischen Holland, Schweden und Dänemark, sind in Planung. Das ist sinnvoll.

Leute mit schmalem Portemonnaie zahlen am meisten

Das Netzentgelt als Teil des Strompreises ist eine Gebühr, die private Haushalte an ihren Energieversorger zahlen. Dieses Entgelt setzt sich aus einem monatlichen Grundpreis und einem Arbeitspreis zusammen. Während der Grundpreis verbrauchsunabhängig und damit fix pro Wohnfläche ist, wird der Arbeitspreis pro verbrauchter Kilowattstunde berechnet. Ein steigender Grundpreis ohne Kompensation beim Arbeitspreis führt zu steigenden Netzentgelten und Strompreisen, Verbraucher mit niedrigem Stromverbrauch sind am heftigsten davon betroffen. Denn neben einer sparsamen Lebensweise geht ein geringer Stromverbrauch oft mit einem geringen Einkommen, Armut oder weiteren soziokulturellen Unsicherheiten einher. Geringverbraucher zahlen somit spezifisch höhere Netzentgelte durch den fixen Grundpreisanteil im Vergleich zu Privathaushalten mit einem hohen individuellen Stromverbrauch oder gar Unternehmen.[104]

Die Preispolitik der Netzbetreiber ist perfide. Begründet wird der Anstieg des Grundpreises in der Regel mit einer angeblich verursachergerechten Wälzung der netzbezogenen Grundkosten. Gemeint ist, dass sie die Mindereinnahmen wegen der erneuerbaren Eigenerzeuger auffangen wollen, die ihren Strom selbst verbrauchen und deshalb weniger Strom aus dem öffentlichen Netz beziehen und entsprechend weniger an die Netzbetreiber bezahlen. Obwohl dies mit der vom Eigenerzeuger für den Eigenverbrauch zu zahlenden EEG-Umlage, der sogenannten Sonnensteuer, mehr als abgegolten ist, regen die Verteilnetzbetreiber so einen ineffizienten Strombezug an und wirken den Klimaschutzzielen entgegen, denn mit einem relativ höheren Grundpreisanteil am Netzentgelt haben Verbraucher weniger Anreize, Strom sparsam zu nutzen.

Den Eigenstromverbrauchern wiederum wird die Schuld für höhere Netzentgelte und den höheren Gesamtverbrauch aus dem Netz in die Schuhe geschoben.

Wie Entscheidungen über die Höhe von Netzentgelten zustande kommen, ist eine Blackbox. Dritte, jenseits der jeweiligen Netzbetreiber und der Regulierungsbehörden, erhalten kaum Einblick, und wenn, dann sind die herausgegebenen Bescheide an vielen Stellen geschwärzt, weil doch Betriebsgeheimnisse zu wahren sind. Die Entgeltgenehmigungen des natürlichen Monopolisten entziehen sich praktisch jeglicher Überprüfung und Kontrolle. Dies ärgert in rechtlicher Hinsicht sowohl diejenigen, die die Entgelte zu zahlen haben, also Energiehändler und Letztverbraucher, als auch in politischer Hinsicht diejenigen, die die Betroffenen vertreten, also Verbraucherschutzverbände, die interessierte Öffentlichkeit und ihre gewählten Repräsentanten in den jeweiligen Netzgebieten.[105]

Gravierende Fehlentwicklungen machen die bestehenden Netzregelungen zu einem Blindflug durch das Entgeltsystem[106]. Die Netzkosten werden allein 2019 um vermutlich 2 Milliarden steigen. Aufgrund der intransparenten Daten lässt sich die Höhe nur schätzen.

Ohne Wissen über die Ausgaben lässt sich nicht nachvollziehen, was genau mit den jährlich rund 24 Milliarden Euro Netzentgelten geschieht. Es ist nicht einmal bekannt, welchem Ziel die Netzentgelte prioritär dienen: einem effizienten Stromsystem, einer gerechten Verteilung der Netzkosten auf die Nutzer oder einer Belastung der Verursacher neuer Netzausbaumaßnahmen.

Im Gegenzug summierten sich die Entlastungen bei den Netzentgelten für atypische Stromnutzung und die stromintensive Industrie zwischen 2014 und 2018 auf 2,46 Milliarden Euro. Die jährlichen Entlastungen in Höhe von circa 650 Millionen Euro müssen von den übrigen Netznutzern zusätzlich gegenfinanziert werden.[107]

Ein regeneratives Energiesystem der Vielen

Eine Gesamtstrategie für den Ausbau der erneuerbaren Energien muss unter anderen Vorzeichen stehen. Bisher war die Stromverteilung eine Einbahnstraße vom Erzeuger zum Verbraucher (unidirektional). Entsprechend ist das Geschäftsmodell: Der Strom fließt in die eine Richtung und das Geld fließt in die andere Richtung vom Verbraucher zum Energieversorger. Mit der dezentralen Erzeugung kommt die Einspeisung aus der früheren Empfängerrichtung hinzu. Die Stromleitung wird von Prosumern zusätzlich in die andere Richtung (bidirektional) für Einspeisungen genutzt, vergleichbar den Autobahnen, die nicht nur von einer bestimmten Automarke befahren werden dürfen, sondern als natürliches Monopol allen Autofahrern offensteht.

Die Zukunft gehört partizipativen Geschäftsmodellen für Erzeugung, Speicherung und Verbrauch, bei denen Einzelne, Familien oder Quartiere direkt mitmachen. Das ist eine große Herausforderung für die Verteilnetzbetreiber. Die Netzinfrastruktur muss an die Anforderungen einer dezentralen, im Wesentlichen auf erneuerbaren Energien basierenden Stromerzeugung angepasst werden. Dies bedeutet viel mehr als nur den Bau neuer Leitungskilometer.

Neue Stromleitungen sind Eingriffe in Natur und Landschaft. Insbesondere Freileitungen zerschneiden Naturräume, Anwohner fürchten Gesundheitsgefährdungen durch elektromagnetische Felder.

Das erzeugt Widerstand, vor allem in touristisch attraktiven Regionen. Auch aus diesem Grund ist der Bau neuer Leitungen gegen Alternativen abzuwägen, die den Neubau minimieren können. Dazu zählen neue Speichertechnologien und -kapazitäten, intelligente Verteilnetze und Erzeugungsmanagement, optimierte und verstärkte Transportkapazitäten und neue Übertragungstechnologien.

Veränderungen der bisherigen Erzeugungsstruktur werden auf jeden Fall notwendig, denn Leitungen verschieben Strom nur örtlich, aber nicht zeitlich. Der Kraftwerkspark muss insgesamt flexibler werden, damit die steigenden Mengen fluktuierender erneuerbarer Energien dauerhaft integriert werden können. Netzbetreiber müssen interaktiv Daten in Echtzeit bereithalten und auf deren Basis mit künstlicher Intelligenz Vorhersagen treffen. Wenn beispielsweise 30.000 Elektroautos zur selben Zeit dieselbe Sportarena ansteuern, müssen die Verkehrsströme gelenkt und zusätzliche Energiemengen an den stark belasteten Stationen in der Nähe des Stadions bereitgestellt oder Fahrzeuge zu alternativen Ladestationen umgeleitet werden.

Photovoltaik vom Dach zusammen mit Speichern ist billiger als der Transport von Strom, Öl, Gas, Holz oder von was auch immer. Die Milliardeninvestitionen in die über und unter Deutschland geplanten HGÜ dürften sich ebenso als Fehlinvestitionen erweisen wie neu gebaute Kohle- oder Gaskraftwerke oder Gaspipelines. Wer behauptet, die für eine dezentrale Energiewende nötigen Speicher seien zu teuer, irrt. Erstens legen die Preise für Batteriespeicher gerade eine ähnliche Talfahrt hin wie die Preise für Solarmodule. Zweitens darf man bei einem direkten Kostenvergleich zwischen Netzausbau und Speichern einige volkswirtschaftliche Aspekte nicht außer Acht lassen. Durch Speicher werden etwa Kosten für Netzausbau eingespart und Netzregelkosten reduziert, lokale Netzkapazitäten freigesetzt und die Übertragungsnetze durch mehr Eigenverbrauch entlastet. Zusätzlich können Importe fossiler Brennstoffe reduziert werden.

Wo Wind- und Sonnenkraft genug Strom erzeugen und ausgleichende Biogasspeicher oder Batterien nachhaltige Strom- und Wärmekreisläufe ermöglichen, werden viele Hausbesitzer oder Gemeinden in Deutschland und der EU bald die Frage stellen: Ist es nicht wirtschaftlicher und umweltfreundlicher, uns ganz vom Übertragungsnetz zu trennen und autark zu versorgen? Je höher die Netzkosten durch den übertriebenen Ausbau für die Verbraucher steigen, desto mehr Menschen werden darüber nachdenken, sich vollständig selbst zu versorgen. Das erhöht wiederum den Netzkostenanteil der Übriggebliebenen, was die dann auch ins Nachdenken bringt und den Trend zur Autarkie verstärken dürfte. Beim Neubau rechnen sich energieautarke Häuser bereits jetzt und Hausbaufirmen haben sie im Angebot. Innerhalb von nur zehn Jahren könnte sich die kolossale Privilegierung der Energiekonzerne als kolossaler Fehlgriff erweisen. Die heute noch vom jahrzehntelangen Geldregen träumenden Konzerne treiben mit wegbrechender Kundschaft in den Konkurs und werden dem Land eine gut sichtbare Industrieruine hinterlassen, bestehend aus Tausenden Leitungskilometern und Zehntausenden Hochspannungsmasten, die dann kein Mensch mehr braucht.

Was ist zu tun?

Der Ausbau des HGÜ-Übertragungsnetzes ebenso wie von Gaspipelines schadet der Dezentralität, blockiert damit die Energiewende und ist grundsätzlich sofort zu stoppen und auf minimale Reparaturmaßnahmen zu beschränken. Die Refinanzierung der HGÜ-Leitungen ist auf den Stromtransport zu beschränken, der auch tatsächlich über diese Trassen befördert wird.

Stattdessen sind die Verteilnetzebene zu stärken, Speicherkapazitäten auszubauen und ist auf die Flexibilisierung des Verbrauchs zu setzen, damit der kommende Ausbau von Photovoltaik- und Windkraftanlagen im großen Maßstab seinen Weg zum ortsnahen Verbraucher findet. Hierfür ist eine Staffelung von Netzentgelten nach real in Anspruch genommener Netzleitungslänge zwischen Erzeuger und Verbraucher einzuführen; das unterstützt Quartierslösungen. Um vorhandene Flexibilitätsoptionen des Netzes zu nutzen, müssen stark netzbelastende Braunkohle- und Atomkraftwerke vom Netz genommen werden.[108]

Die Bezahlung der Netzentgelte muss umkrempelt werden, so dass kleine Haushalte mit geringem Verbrauch relativ weniger und nicht, wie jetzt, mehr pro verbrauchter Kilowattstunde bezahlen müssen als Großabnehmer.

Kapitel 12

Komfortabel, flexibel, innovativ – erneuerbare Wärme

Wer Energiewende sagt, meint oft die Stromwende. Rund 60 Prozent des gesamten deutschen Energiebedarfs geht jedoch in die Versorgung von Gebäuden mit Raumwärme und Warmwasser und in Prozesswärme und -kälte für die Industrie. Bisher wird der Wärmebedarf in Deutschland zu 90 Prozent aus den fossilen Energieträgern Erdöl, Erdgas und Kohle gedeckt. Ein grundlegender Strukturwandel im Wärmemarkt ist erforderlich und möglich.[109] Es ist also höchste Zeit für die Wärmewende.

Für eine klimafreundliche Wärmeversorgung ist es notwendig, einen wesentlich geringeren Wärmebedarf ausschließlich mit erneuerbaren Energien abzudecken. Das zugegebenermaßen ehrgeizige Ziel sind 100 Prozent Wärme aus erneuerbaren Energien in den kommenden zehn Jahren. An drei Schrauben muss dafür gedreht werden:

- der zügigen Steigerung der Energieeffizienz,
- der konsequenten Erschließung der Potenziale erneuerbarer Wärmetechnologien,
- der intelligenten Kopplung mit dem Stromsektor.

Über drei Viertel der deutschen Gebäude sind nicht energetisch saniert. Die Sanierungsquote liegt bei 1 Prozent des Bestands pro Jahr.[110] Bei dem Tempo sind wir bis zum Jahr 2119 mit der Sanierung durch. Das ist eine lächerliche Perspektive. Der deutsche Fortschritt bei der Einsparung fossiler Energieträger zur Wärmeversorgung müsste sich schlagartig verzehnfachen, um in zehn Jahren ein Zielszenario von 100 Prozent erneuerbare Wärmeversorgung zu erreichen. Das ist zwar sportlich, aber mit großen Anstrengungen nicht unmöglich.

Wichtige Stellschrauben wären Steueranreize für Sanierungen und den Einbau neuer Technologien, eine Vereinfachung der komplizierten Gesetzeslage sowie ein Mindestpreis für Emissionen. Der Staat allerdings fördert den Austausch von Gas- und Ölbrennern, anstatt fossile Neuinstallationen, wie in Dänemark, zu verbieten.

Veraltete Heizungsanlagen müssen schneller ausgetauscht und die Vorgaben der Energieeinsparverordnung verschärft und auch wirklich umgesetzt und kontrolliert werden. Kommunale Wärmeversorgungspläne, Gebäude- und Quartierssanierungsfahrpläne sind dabei wichtige Planungsgrundlagen. Ihre Erstellung sollte verbindlich sein.[111]

Die Senkung des Energieverbrauchs und die Umstellung der Wärmeversorgung auf erneuerbare Energien müssen Hand in Hand gehen. Wird eines von beiden vernachlässigt, bleibt entweder die Abhängigkeit von fossilen Energieträgern bestehen oder zusätzliche Mengen grüner Energie müssen für die Wärmeversorgung erzeugt werden.

Die Preise zur Installation thermischer Solarkollektoren und auch von oberflächennaher Geothermie sind in den letzten Jahren deutlich gesunken. Die im gleichen Zeitraum noch deutlich stärker gesunkenen Öl- und Gaspreise verhindern jedoch bislang den erforderlichen Systemwechsel der Raum-, Nah-, Fern- und Prozesswärme. Die Klimafolgekosten bei fossilen Energieträgern müssen ausreichend eingepreist werden, dann wird der Ausbau von Solarenergie im Wärmesektor vorangetrieben.

In Stadtvierteln oder Gewerbegebieten können Wärmenetze, in die eine Vielzahl von kleinen und größeren Anlagen einspeisen, eine wichtige Rolle für die effiziente und erneuerbare Deckung des Wärmebedarfs übernehmen. Die Anteile erneuerbarer Energien in den bestehenden Wärmenetzen müssen stark erhöht und die Anteile von Öl, Kohle und Gas radikal gesenkt werden. Dazu müssen die vorhandenen Potenziale der Solarthermie sowie der Oberflächengeothermie und auch der Wärmeerzeugung mit Photovoltaik sehr viel dynamischer erschlossen werden, als das bislang der Fall ist. Größere Speicher können integriert werden und ein optimales Zusammenspiel mit erneuerbaren Kraft-Wärme-Kopplungs-Anlagen, die gleichzeitig Strom und Wärme erzeugen, kann erreicht werden. So machen größere Anlagen, die in Nahwärmenetze eingebunden werden, das Quartiersnetz rentabler.

Laut Erneuerbare-Energien-Wärme-Gesetz (EEWärmeG) entbindet der Anschluss an ein Wärmenetz von der Pflicht, erneuerbare Energien wie Solarthermie im Neubau einzusetzen. Somit ist eine Konkurrenzsituation zwischen Bürgerengagement und Fernwärme geschaffen worden. Diese gilt es zugunsten einer Eigenversorgung, zum Beispiel über eine Mieterstrom- und Wärmeversorgung vom eigenen oder Nachbardach, aufzulösen.

Solar an Gebäuden muss in den kommenden zehn Jahren mit besseren Produkten vorangetrieben werden, dazu gehört die Gebäudeintegration, aber auch die Bereitstellung von ultraleichten Solarmodulen für die vielen Dächer, die statisch sonst nur mit hohem Aufwand oder gar nicht als Fläche für Photovoltaik nutzbar sind. Berechtigte ästhetische Bedenken gegenüber rechteckigen PV-Modulen in Alukästen auf roten Ziegeldächern sind inzwischen ausgeräumt. Es gibt Dachziegel in vielen Farben, in die bereits Module eingearbeitet sind, angepasste PV-Dächer, die die Kosten für das Hausdach mit anschließender Anlagenmontage entfallen lassen, oder weiße Module, die sich kaum sichtbar in weiße Fassaden einfügen. Die Grenzkosten für erneuerbaren Strom gehen gegen null und dieser Billigstrom kann nach dem Prinzip Tauchsieder zum Beispiel einen Wasser- oder Salzspeicher aufwärmen, der nicht viel größer ist als der alte Heizkessel im Keller. So ein Salzspeicher lässt sich ohne nennenswerte Verluste Tausende Male be- und entladen und hält Wärme über Monate bereit. Diese gespeicherte und gut isolierte Hitze kann dann jederzeit zum Heizen genutzt oder mithilfe von Wärmetauschern wieder in Strom rückverwandelt werden.

Politisch muss rund um die Gebäude vor allem ein Ende der dauernden Diskriminierung erreicht werden, sei es durch willkürlichen Denkmalschutz oder durch das Baurecht. Rund um die Weiterentwicklung der Energieeinsparverordnung ist aufgrund der erreichten

Wirtschaftlichkeit auch eine umfangreiche Baupflicht einzuführen, so wie es sie in Kalifornien oder lokal in Tübingen bereits gibt. Neue und für Verbraucher günstige Geschäftsmodelle wie FinTechs und andere Finanzkonstrukte, die ohne Banklizenz und die damit einhergehende Bankenregulierung neue Peer-to-Peer-Geschäftsmodelle entwickeln, sind zu ermöglichen.[112]

Dabei ist zu beachten, dass die Wärmeversorgung viele unterschiedliche Akteure betrifft – vom Stadtwerk über Gebäudeeigentümer bis hin zu Mietern. Zudem ist die Wärmeversorgung stark regional und vor allem lokal strukturiert, denn Wärme lässt sich nicht ohne große Verluste über weite Strecken transportieren.

Genug für alle da – Umweltwärme nutzen

Als Umweltwärme wird Wärme oder auch Kälte bezeichnet, die überall frei zur Verfügung steht und zur Versorgung von Gebäuden oder industriellen Prozessen genutzt wird. Neben den natürlichen Wärmequellen Erdreich, Gewässer und Luft wird auch die Abwärme aus Abwasser oder industriellen Prozessen als Umweltwärme bezeichnet.

Je nach Medium werden unterschiedliche Techniken genutzt, um die Wärmequellen zu erschließen. Im Falle der Luft kommen vor allem Wärmepumpen und Rückkühlwerke zum Einsatz. Bei der oberflächennahen Geothermie arbeitet man mit Erdsonden und Erdkollektoren sowie Saug- und Schluckbrunnen. Die Nutzung von Wärme aus Gewässern erfolgt mittels Wärmetauschern.[113] Die Technologien sind zum größten Teil seit Jahrzehnten bekannt, auf dem Stand der Technik und im Markt eingeführt.

Der Marktanteil der inländischen Hersteller am Wärmepumpenmarkt liegt bei 90 Prozent. Über die inländische Wertschöpfung hinaus lassen sich zudem für die deutsche Industrie, die hinsichtlich der Umweltenergienutzung international wettbewerbsfähig ist, weitreichende Exportpotenziale erschließen. Ihre Technologien sind weltweit anwendbar.

Die bisherigen regulatorischen Vorschriften, Informations- und Förderinstrumente reichen für eine erfolgreiche Energiewende in der Wärmeversorgung bei Weitem nicht aus. Die politischen Zielvorstellungen sind zu langfristig und unverbindlich formuliert, um die für umfangreiche Investitionen in Energieeffizienz und erneuerbare Energien notwendige Planungssicherheit zu geben. Die Bundesregierung muss zusätzliche, effektive Maßnahmen umsetzen und verbindliche Fahrpläne für den Ausstieg aus den fossilen Energieträgern auch im Wärmemarkt entwickeln.

Obwohl sich der Kampf gegen den Klimawandel maßgeblich auf dem Wärmeterrain entscheidet, hat die Politik keine Strategie. Schlimmer noch, es fehlt der politische Mut: Den Strommarkt mit lediglich vier großen Kraftwerks- und Netzbetreibern zu liberalisieren, ist schon abenteuerlich genug. Wie um Himmels Willen soll das bei Millionen Hauseigentümern funktionieren?

Der Handlungsbedarf ist riesig, doch die technischen Möglichkeiten sind vorhanden. Das größte Problem ist der investive Aufwand bei gleichzeitig mangelnder Investitionsbereitschaft.

Klimafreundlich und bezahlbar – gelungene Vorbilder innovativen Energiemanagements

Komfortabel und umweltfreundlich wohnen in bezahlbaren Häusern oder Wohnungen, das halten viele Menschen für nicht machbar. Dabei werden seit einigen Jahren immer mehr energieautonome Sonnenhäuser umgesetzt, als Ein- oder Mehrfamilienhäuser, als Neubauten oder als Bestandsbauten. Private Haushalte sind für die Energiewende besonders wichtig: Schließlich handelt es sich bei gut 15 Millionen von insgesamt 20 Millionen Gebäuden in Deutschland um Ein- und Zweifamilienhäuser, bei denen der Nutzer meist auch der Eigentümer ist.

Bereits 1994 baute der Solararchitekt Rolf Disch den Heliotrop, das weltweit erste Plusenergiehaus, das mehr Energie produziert als es selbst verbraucht. Er wohnt seit 25 Jahren fast nebenkostenfrei in dem Gebäude, das sich mit der Sonne dreht, und verdient damit sogar Geld. Prof. Timo Leukefeld, Handwerker, Wissenschaftler und

Solarunternehmer, hat ein Haus entwickelt, das 2011 als das erste tatsächlich energieautarke Haus Europas Marktreife erlangte und dafür im gleichen Jahr den Deutschen Solarpreis erhielt.

Die Naturstrom AG oder die Polarstern GmbH bieten unter anderem urbane Quartierskonzepte als Wärmecontracting an. Der Contractor etwa übernimmt im Auftrag der Mieter deren Belieferung mit Wärme und kümmert sich um alles. Als Gegenleistung erhält er von den Mietern, den Contractingnehmern, einen Teil der eingesparten Energiekosten oder eine Vergütung. Die ganzheitlichen und dezentralen Versorgungskonzepte basieren auf Sektorenkopplung und verknüpfen dabei intelligent Eigenstrom, Wärme und Mobilität.

Der »Juri Energiemanager« der Firma Parabel ist eine standardisierte Hydraulikstation, die, ähnlich wie Hausanschluss-Stationen im Fernwärmebereich, für das gesamte Management der Wärmeenergie von Mehrfamilienhäusern zwischen 20 und 220 Wohneinheiten, von Hotels, Pflegeeinrichtungen oder in der verarbeitenden Industrie eingesetzt wird. Das System verbindet jede beliebige Energiequelle zu einer einheitlichen Heizungsanlage und ist Solar-, Hausanschluss- und Regelungsstation in einem. Gesteuert wird nach dem Prinzip »Verbrauch geht vor Speicherung«, wobei die Solarwärme konsequent Vorrang gegenüber fossilen Alternativen hat.

Die Wärmewende in den Häusern

Gut 40 Prozent der Energie verbrauchen Wohn- und Gewerbebauten. In den Heizungskellern Deutschlands schlummern 15 Millionen Kessel, die älter als 20 Jahre sind. Studien zeigen, dass rund 75 Prozent der deutschen Heizungen nicht dem Stand der Technik entsprechen. Selbst Neubauten hängen überwiegend am Gas. Nur 7 Prozent der 2016 bis 2018 neugebauten Häuser besitzen eine PV-Anlage[114]. Fast alle Bauherren legen zwar Wert auf niedrige Betriebskosten, doch scheuen sie die anfangs beachtliche Investition.

Die Widerstände aus der Bauwirtschaft sind groß. Meist baut man gerade so energieeffizient, wie man unbedingt nach gesetzlichen Vorschriften muss. Oft heißt es selbst bei kommunalen Wohnungsgesellschaften: Wenn wir bezahlbaren Wohnraum wollen, müssen

> ### *Die Wärmewende in Gewerbe und Industrie*
>
> Ein erheblicher Handlungsbedarf besteht bei der Senkung des Wärmebedarfs sowie beim Ausbau der erneuerbaren Energien zur Wärmeversorgung im gewerblichen Bereich. Die Wärmeversorgung im verarbeitenden Gewerbe, vulgo Prozesswärme, die Heizungsanlagen und der für Wärmezwecke genutzte Strom sind für ungefähr die Hälfte der energiebedingten Treibhausgasemissionen Deutschlands verantwortlich. Der hohe Treibhausgasausstoß im Bereich der Stromerzeugung beruht vor allem auf der klimaschädlichen Braun- und Steinkohle, während Heizöl und Erdgas die Hauptquellen von Treibhausgasen im Bereich der Wärmeversorgung sind. Erneuerbare Energien decken 2018 mit knapp 6 Prozent nur marginal den Energiebedarf an Prozesswärme und -kälte. Hier gibt es erhebliche Potenziale in allen Industriezweigen.
>
> Wärmequellen sind insbesondere Abwärmeströme oder Wärmesenken aus eigenen Prozessen. Im Bereich der Hochtemperatur sowie zur gezielten Einbindung von zeitweiligen Stromüberschüssen in Wärmenetze kommt der direkten elektrischen Wärmeerzeugung (Power-to-Heat) durch Elektrodenkessel und Heizstäbe eine hohe Bedeutung zu. Der Einsatz von Wasserstoff und Gas, das mithilfe von Strom aus erneuerbaren Energien gewonnen wird (Power-to-Gas, EE-Gas, Windgas), ist recht aufwendig und mit den hochsubventionierten fossilen Energien bislang nicht wettbewerbsfähig.

wir mit den Standards runter. So wird aus zu kurzfristig gedachter Sparsamkeit das Soziale gegen das Ökonomische ausgespielt, weil steigende Nebenkosten gerade Haushalte mit niedrigem Einkommen jahrelang überproportional belasten. Die Ausgaben eines Haushalts für Raumwärme und Warmwasser sind im Durchschnitt doppelt so hoch wie die Stromkosten.

Die Zusatzinvestitionen für ein Passiv- oder Plusenergie-Haus liegen, bezogen auf die Gesamtkosten nach gesetzlichem EnEV-Standard, bei 2 bis 10 Prozent; je nach Hausgröße, Lage und Zuschüssen. Der Kostenunterschied fällt also kaum ins Gewicht und amortisiert sich in wenigen Jahren. Wenn also tatsächlich Kosten gespart und bezahlbares Wohnen ermöglicht werden sollen, muss dicht, flächensparend, energieeffizient und mit erneuerbaren Energien gebaut werden. So einfach ist das.[115]

Was ist zu tun?

Umfassende Steuervergünstigungen, Marktanreizprogramme sowie günstige KfW-Kredite für Sanierungen und neue erneuerbare Wärmesysteme können kurzfristig umgesetzt werden. Baurechtliche Hindernisse zur Verbreitung solarer Nahwärmesysteme müssen beseitigt werden. Sofort beginnend können nach einer abgestimmten Reihenfolge bis in zehn Jahren praktisch alle baulichen Einrichtungen bis auf Denkmäler mit solaren Anlagen versehen oder energetisch versorgt werden.

Neue Wärme-Großkraftwerke und Fernwärmenetze dürfen nicht mehr genehmigt werden, um neue Pfadabhängigkeiten zu verhindern. Schadstoffe im Hausbrand sind steil ansteigend zu bepreisen und der Einbau fossiler Heizsysteme darf nicht mehr zugelassen werden.

Viele unübersichtliche Regelungen können dann entfallen.

Der Systemwechsel ist aufkommensneutral zu gestalten, um keine sozialen Spannungen aufkommen zu lassen. Flankierend ist das Mietrecht so zu ändern, dass eine faire Kosten-Nutzen-Aufteilung zwischen Vermieter und Mieter stattfindet und soziale Härten abgefedert werden.

Kapitel 13

Mobilität wird neu gedacht – die Verkehrswende

Der Verkehr insgesamt ist für ein Viertel des weltweiten CO_2-Ausstoßes verantwortlich. Den Löwenanteil steuern Autos bei. Der Autobestand steigt ständig. Auch in Deutschland ist das Auto das gängigste Verkehrsmittel. Öffentliche Nahverkehrsmittel benutzt jeder Zehnte täglich; meist den Linienbus, also eigentlich auch ein Auto. Die Emissionen aus dem Verkehr nehmen weiter zu.[116] In Deutschland geht der Güterverkehr auf der Schiene jedes Jahr um rund 3 Prozent zurück, während er genau um diese Größenordnung auf der Straße wächst. Alle sehen das, keiner macht was und dann kollabiert das Ganze irgendwann.[117]

Freude, Dekadenz, Betrug – Verbrenner sind am Ende

Die Autokonzerne betrügen in organisierter Kriminalität Millionen von Autokäufern und vergiften wissentlich noch viel mehr Menschen in unseren Großstädten. 2015 wurde bekannt, dass Volkswagen bei über 10 Millionen Diesel-Pkw eine illegale Software einsetzte, die eine Reduzierung des Schadstoffausstoßes simulierte. Allmählich stellte sich heraus, dass fast alle Hersteller beim Clean Diesel geschummelt haben. Doch das hat seitens der für die Einhaltung von Gesetzen zuständigen Exekutive keine großen Konsequenzen und kostet kaum Bußgeld. Alle deutschen Kanzler waren Autokanzler und alle ihre Verkehrsminister konspirierten mit der Autoindustrie. Die Autohersteller machten 2017 einen neuen Rekordgewinn von über 40 Milliarden Euro. Dennoch lehnte die Bundesregierung ab, auf deren Kosten eine technische Nachrüstung oder einen Austausch zu verlangen. 2018 wurde ein deutsches Ordnungswidrigkeitsverfahren gegen Audi gegen ein Bußgeld von 800 Millionen Euro eingestellt. Die Deutsche Umwelthilfe startete ein Rechtsverfahren, um das Kraftfahrtbundesamt zu zwingen, die gesetzlich vorgeschriebene Strafe von 5.000 Euro pro Fahrzeug einzufordern, weil die Konzerne ihre Kunden und die Umwelt geschädigt haben. Die USA hingegen veranlassten Schadensersatzzahlungen in Höhe von weit über 20 Milliarden Euro und Frankreich forderte von Renault, Peugeot, Citroën und Fiat über 18 Milliarden Euro wegen Abgasbetrug.

Kurz vor Ablauf der Verjährungsfristen wurde Volkswagen 2018 als erster Hersteller vom Bundesverband der Verbraucherzentralen und vom ADAC wegen sittenwidriger Schädigung und Betrug verklagt. Der Musterklage haben sich bis Mitte 2019 bereits 420.000 deutsche Dieselhalter angeschlossen. Bis zu einer siebenstelligen Zahl betroffene Fahrzeughalter – auch aus anderen EU-Ländern – könnten sich noch anschließen. Die EU-Kommission vermutet außerdem die kartellrechtliche Verschwörung eines Syndikats aus BMW, Daimler, VW und den Töchtern Audi und Porsche. In geheimen Absprachen soll der Fünferkreis vereinbart haben, Systeme zur Verringerung von Emissionen bei Benzin- und Diesel-Pkw zurückzuhalten. Die Strafen können bis zu 10 Prozent eines Jahresumsatzes betragen. Es geht um Milliarden Euro.

Angesichts von dramatischen Szenarien zum Zustand der Erde und der Gesundheit durch Luftbelastung ist es für Unternehmen von enormer Bedeutung, eine langfristige und vor allem glaubwürdige Nachhaltigkeitsstrategie zu verfolgen, Corporate Responsibility im Unternehmen auf allen Ebenen zu leben und dies nach innen und nach außen wirksam zu kommunizieren. Durch den Abgasskandal fühlen sich die Autofahrer getäuscht. Der entstandene Vertrauensverlust kann auch am Nachhaltigkeits-Markenranking abgelesen werden. Während Volkswagen 2015 noch auf Rang 16 lag, rutschte der Konzern 2016 auf Rang 88 ab und 2017 auf Rang 103.[118]

Autofahrer – veränderungsunwillige Minderheit

Verkehrswissenschaftler aus Dresden haben jährliche externe Kosten von rund 90 Milliarden Euro berechnet, die durch den Betrieb der – angenommenen 65 Millionen – Fahrzeuge auf Deutschlands Straßen entstehen. Das System selbst finanziert davon durch Steuern – im Wesentlichen die Kfz-Steuer und die Energiesteuer (die frühere Mineralölsteuer) – nur rund 50 Milliarden Euro. Das liegt auch daran, weil der Staat viel dafür tut, dass Autofahren besonders billig ist. Man kann die Fahrt zur Arbeit steuerlich mit 30 Cent pro Kilometer absetzen, und damit der Diesel günstig bleibt, erlässt der Staat diesem Treibstoff jährlich rund 8 Milliarden Euro an Steuern.

Der Staat kümmert sich aber nicht nur darum, dass die Autos fahren können. Er hat auch Vorsorge dafür getroffen, dass diese genug Platz zum Abstellen haben. Im öffentlichen Raum dürfen Anwohner beim Abstellen ihres privaten Autos, wenn der Parkraum überhaupt bewirtschaftet wird, mit nicht mehr als 30 Euro pro Jahr belastet werden. In Berlin kostet es sogar nur 10 Euro, das sind gerade einmal gut 3 Cent am Tag. Die Reichsgaragenordnung – die heute Stellplatzverordnung heißt und in Landesbauordnungen eingeflossen ist – schreibt in fast allen Bundesländern immer noch bei praktisch allen Neubauten vor, dass eine bestimmte Zahl von Stellflächen für Autos nachgewiesen werden muss. In Japan ist das Gegenteil üblich: Wer eine Zulassung haben will, muss zuerst beweisen, dass er über einen privaten Parkplatz verfügt; Parken am Straßenrand ist grundsätzlich verboten und selbst gebührenpflichtige Stellflächen müssen nachts freigemacht werden.

Die Anzahl der in Deutschland gemeldeten Pkw ist von 4,5 Millionen im Jahr 1960 auf 47 Millionen angestiegen[119]. Bei Lkw stieg die Entwicklung von knapp 700.000 im Jahr 1960 auf heute gut 3 Millionen Lkw an. 40 Millionen Menschen besitzen einen Führerschein, davon 18 Millionen den für Pkw. Das heißt: Die meisten Einwohner Deutschlands fahren nie selbst mit dem eigenen Auto. Von den übrigen besitzt jeder durchschnittlich mehr als zwei Autos. Mehr als 200 Millionen Sitzplätze fahren durch die Gegend oder stehen den größten Teil des Tages ungenutzt herum. Da reicht auch die beste Infrastruktur nicht mehr aus. Und rund 99 Prozent der Fahrzeuge fahren mit Verbrennern, ausländische Autos auf deutschen Straßen nicht mit eingerechnet.

Wer sich auf Fahrzeuge mit Verbrennungsmotor als strategisches Zukunftsfeld konzentriert, und das taten die deutschen Unternehmen bis 2018, muss sich die Frage gefallen lassen, wo diese Zukunft liegen könnte. Sicherlich nicht in Kalifornien und sicherlich auch nicht in China. Beide haben die eindeutige Ansage gemacht, so schnell wie möglich aus der Verbrennungstechnologie mit Diesel- und Ottomotor auszusteigen. Damit sind zwei wichtige Märkte zukünftig versperrt: der Markt mit der höchsten Strahlkraft (Kalifornien) und der mit dem größten Volumen (China). Die konventionellen Autohersteller werden somit, gemessen am Absatz von 2017, allein in diesen beiden Märkten demnächst auf die Hälfte ihres bisherigen Marktvolumens verzichten müssen. Helsinki, Oslo, aber auch London und Paris und viele weitere Großstädte haben angekündigt, dass ab spätestens 2030 Fahrzeuge mit Verbrennungsmotor nicht mehr in die Stadt dürfen. In der Londoner City sollen wegen der hohen Abgasbelastung ab 2019 erste Straßen für Fahrzeuge gesperrt werden, die nicht mit Elektro- oder Hybridantrieb ausgestattet sind. Zugleich erheben viele Städte City-Mautgebühren, die für einen alten Wagen bei 30 Euro am Tag liegen können. Norwegen und die Niederlande wollen ab 2025 landesweit keine neuen Verbrenner mehr zulassen; in Amsterdam darf ab 2030 keine Straße oder Gracht mehr mit Verbrennungsmotor befahren werden. Ähnlich läuft es in Indien, Schweden, Dänemark, Island, Irland, Slowenien und Israel. Costa Rica macht schon 2021 Schluss mit dem fossilbetriebenen Verkehr. Bereits heute erzeugt das Land 99 Prozent seines Stroms mit erneuerbaren Energien. In Taiwan dürfen ab 2035 nur noch Elektrofahrzeuge verkauft werden. Sogar Frankreich und Großbritannien haben ein Verbot für spätestens 2040 angekündigt.[120] Im Autoland Deutschland gibt es nicht einmal eine Debatte über ein Ausstiegsdatum für Verbrenner.

Auch der Bahnverkehr muss sich ändern. Von den rund 40.000 Eisenbahnkilometern in Deutschland sind gerade mal 23.000 Kilometer mit Oberleitungen ausgestattet. Die Züge auf Nebenstrecken werden von Dieselloks gezogen, von denen die meisten über 20 Jahre alt sind. Sie lärmen und stoßen manchmal noch die Rauchschwaden aus, wie es sie früher auch bei Dieselautos gab. Auflagen für Schadstoffemissionen gibt es keine. Ein Dieselzug hat mit 12 Cent pro Personenkilometer die höchsten Umweltkosten aller Fahrzeugtypen und ist damit sogar 20 Prozent umweltschädlicher als der gesellschaftlich geächtete Kurzstreckenflug.[121]

Die Zukunft gehört dem Wasserstoff und vor allem Batterien. Seit 2018 verkehrt in Norddeutschland der weltweit erste wasserstoffgetriebene Linienzug im Linienbetrieb. Er transportiert 300 Personen und hat eine Reichweite von 1.000 Kilometern. Die Österreichische Bundesbahn und Siemens Mobility arbeiten an der Serienreife für Batteriezüge. Der nötige Strom kann zum Beispiel ohne Platzverbrauch ganz einfach durch kleine Photovoltaikmodule gewonnen werden, die sich auf Bahnschwellen aufstecken lassen.

Die Mutation vom Automobil zum Dieselrennreisekombi – schreiend ineffizient

Das Auto im Kopf, das ›Freie Fahrt für freie Bürger‹ in unsere Jugendträume, Raumplanung und Atemluft brachte, gibt es erst seit den 1960er-Jahren. Es wurde mit einem für heutige Verhältnisse unvorstellbaren politischen Willen propagiert: dem Bau von Straßen ohne Autos seit den 1920ern, der Abschaffung der Straßenbahn und Halbierung der Zebrastreifen im damaligen Westberlin 1953, ja sogar der Abschaffung sämtlicher Geschwindigkeitsbegrenzungen auf Orts- und Fernstraßen. 1957 konnten die doppelten Kosten eines Automobils von der Steuer abgesetzt werden. Trotzdem war NSU im Land der Zweiräder bis 1957 Weltmarktführer in der Produktion von Fahrrädern und Mopeds. Im Jahr 1938 war die Reichsbahn mit mehr als einer Million Beschäftigten noch das größte Unternehmen der Welt. Die Deutschen brauchten lange Jahre, bis sie sich so an ihr Auto gewöhnten.

Der Verkehrssektor war die letzten Jahrzehnte nicht gerade für seine Dynamik und für disruptive Innovationen bekannt. Im Prinzip werden vorhandene Anbieter geschützt. Eine dominante Automobilindustrie wird politisch gedeckt. Die umweltschädlichen Subventionen alleine im deutschen Verkehrssektor gehen laut Umweltbundesamt inzwischen auf 30 Milliarden Euro zu, pro Jahr. Innovationen gab es fast nur pfadabhängig Richtung dieselbetriebenem ›Renn-Reise-Kombi‹.

Mit dieser Stabilität ist es nun vorbei. Die alte Verkehrsordnung wird von allen Seiten einem Innovationsdruck ausgesetzt, der eine disruptive Transformation auslösen wird. Der individuelle Massenautoverkehr mit seinen Staus, den Emissionen und dem Parkplatzmangel wird zunehmend als Belastung der Lebensqualität gesehen. Man denke an den permanenten Verkehrskollaps in Stuttgart, was noch ein Säuseln ist verglichen mit indischen oder kolumbianischen Metropolen.

Das seit 100 Jahren gültige Leitbild der autogerechten Stadt hat ausgedient. Unternehmen sollten sich auf strategische Überraschungen vorbereiten. Allein die neue Autowelt scheint wegen der Größe der Aufgaben förmlich nach neuen, flexiblen Strukturen zu gieren. Dabei geht es nicht nur um Innovationen und Produktentwicklung. Es geht auch um Verkäufe von Unternehmensteilen, Zukäufe von Start-ups und Geldbeschaffung, zum Beispiel durch einen Börsengang.[122] Die Internetgiganten tummeln sich auf dem angestammten Markt der Autohersteller. Der Druck auf die Branche ist gewaltig. Elektroautos (Electric Vehicles/EVs) wirken disruptiv.

Ein herkömmliches Auto ist schreiend ineffizient: Der Verbrennungsmotor als Herz des Automobils wurde von Carl Benz, der Selbstzünder von Rudolf Diesel erfunden. Die Motoren wurden von der deutschen Automobilindustrie perfektioniert und bestehen aus bis zu 3.000 beweglichen Teilen. Bis zur Hälfte der über ein gesamtes Autoleben anfallenden Gesamtenergiebilanz wird bei der Herstellung und dem dafür notwendigen Aluminium und Stahl verheizt. Die zweite Hälfte ist der Sprit, der verfahren wird. Die Hälfte des Energiegehalts von Sprit wiederum wird beim Suchen, Fördern, Raffinieren, Transportieren und Verteilen verbraucht. Ist dann glücklich getankt, hat der Verbrennungsmotor beim Fahren einen Wirkungsgrad von theoretisch 50, realistisch vielleicht 20 Prozent. Also fährt im Durchschnitt der Autofahrer mit über einer Tonne Gewicht mit einem Gesamteffizienzgrad von vielleicht 5 Prozent durchs Land. 95 Prozent des ursprünglichen Energiegehalts der Kohle für die Herstellungsprozesse und des Rohöls zum Fahren heizen die Umwelt.

Elektroautos – effizient, lässig, schnell

Ein Elektromotor besteht aus nicht einmal 30 beweglichen Teilen, ist einfach zusammenzubauen, hält etliche Jahre ohne Wartung und Reparaturen (Tesla macht den ersten Kundendienst nach acht Jahren) und wandelt Strom zu 90 Prozent in Bewegungsenergie um. Elektroautos sind bereits heute fünf Mal effizienter als Benziner und Benzin ist pro Energieeinheit mindestens dreimal teurer als Elektrizität. Freilich variieren die Preise für Benzin und Strom überall stark. Schön für die Verbraucher ist: Elektrisches Autofahren wird in jedem Fall sehr viel billiger als heute – vor 2018 gekaufte Teslas dürfen sogar lebenslang gratis an den Superchargern laden. Sprich: Das Elektroauto hat kaum mehr laufende Kosten – außer Reifen und Versicherung. Die Lebensdauer von Elektromotoren ist länger und wenn doch mal einer ausfällt, stehen die Motoren an den anderen drei Rädern des Wagens immer noch zur Verfügung; Pannen wegen Motorschaden gibt es dann nicht mehr. Schön für die Jugend: Auto- und Motorradfahren wird pfeilschnell – Drehstrommotoren haben ein viel höheres Anfahrmoment als Verbrenner. Das Herz eines EV ist mit fast 50 Prozent Wertschöpfungsanteil die Batterie.

Wenn jetzt noch der Strom dezentral und erneuerbar erzeugt wird und die Grenzkosten dieser Stromerzeugung – und damit die Betriebskosten – gegen null gehen, wird keiner mehr einen teuren, Gifte emittierenden und lauten Verbrenner wollen.

Das Jahr 2016 markiert den mentalen Tipping Point für die Durchsetzung der Elektromobilität, sagt das Center of Automotive Management in Bergisch Gladbach. Deutschland haben die nicht gemeint. Das Kraftfahrtbundesamt meldete für 2016 mit gerade mal 11.000 reinen Elektroautos ein Minus von 7,7 Prozent im Vergleich zum Vorjahr. Die von der Bundesregierung erfundene ›Plattform E-Mobilität‹ wird vom Verband der Automobilindustrie (VDA) organisiert, die bis 2018 mit dem früheren Bundesverkehrsminister Matthias Wissmann (CDU) an der Spitze für die ganzen Verfehlungen der Verbrennerhersteller steht bis hin zur Verhinderung von schärferen Emissionsgrenzwerten oder zum Dieselskandal. Mit dem Beelzebub lässt sich der Teufel nicht austreiben.

Global gesehen allerdings geht es seit 2018 voran. Wachsende Märkte finden sich überall. Allein Ford investiert 10 Milliarden Euro in die Elektromobilität. General Motors will bis 2021 eine modulare Plattform für 20 neue Batterie- und Brennstoffmodelle aufbauen. 2018 wurden Investitionsentscheidungen von über 70 Milliarden Euro ausgelöst, die in die Elektromobilität fließen sollen.[123] Und die Summe wächst unaufhörlich weiter. PSA/Renault, Nissan, Mitsubishi und Enel beschlossen im März 2017 das Parker-Projekt, eine gemeinsame Plattform, die mit Autobatteriestrom das Netz regelt (V2G/Vehicle-to-Grid). Infineon plant Smart-City-Straßenleuchten mit integrierter Ladestation; das funktioniert auch ohne Netzanbindung. Tesla ist seit 2013 in den USA der meistverkaufte Luxuswagen.

Anfang 2019 ist der Bestand an Elektroautos weltweit auf 5,6 Millionen gestiegen, ein Plus von 64 Prozent im Vergleich zum Vorjahr. Das Wachstum hat sich damit zum zweiten Mal in Folge beschleunigt. Markttreiber sind vor allem China und die USA. Tesla führt die Pkw-Neuzulassungen an. Dann folgen BYD (Build Your Dreams) und BAIC (Beijing Automotive Industry Holding).

Nach China sind die USA zweitgrößter Elektroautomarkt der Welt, wo 2018 gut 360.000 Autos mit Elektro- oder Plug-in-Hybridantrieb verkauft wurden. In Europa fährt Norwegen einsam vorneweg. Dort gibt es keine einheimischen Automobilhersteller, die geschützt werden müssten; dafür jede Menge regenerativen Strom.

Betrachtet man die Marktanteile von Elektroautos in den einzelnen Ländern, ergibt sich das Bild eines zwar schnell wachsenden, aber doch noch sehr kleinen Marktsegments. Ausnahme ist eben Norwegen, wo Elektro- und Hybridfahrzeuge einen Neuwagenmarktanteil von über 50 Prozent erreichen. Dem nationalen Transportplan nach sollen Fahrzeuge mit traditionellen Verbrennungsmotoren bis 2025 nicht mehr zugelassen werden. Damit sind die Norweger den anderen Industriestaaten um fünf bis zehn Jahre voraus.

Ab ungefähr 2020 wird der technische Tipping Point erreicht sein. Dann gibt es günstige Elektroautos global für rund 15.000 Euro – mit der Leistung eines Sportwagens, aber bei Anschaffung und Betriebskosten bis zu 90 Prozent billiger. Der Kauf und bald darauf selbst der Besitz eines Autos mit Verbrennungsmotor ergeben dann, unabhängig von den ganzen Subventionen für Verbrenner, finanziell keinen Sinn mehr. Das bedeutet, dass vielleicht schon ab 2021 praktisch alle neu gekauften Autos elektrisch sein dürften. Der Markt dürfte dafür sorgen, dass alle politischen Ziele weit übererfüllt werden. Es könnte ähnlich laufen wie bei den ersten erschwinglichen Farbfernsehern, die innerhalb von 10 bis 15 Jahren flächendeckend die Schwarz-Weiß-Fernseher ablösten, die heute nur noch im Museum zu finden sind. Elektroautos sind verknüpfte, vernetzte und mobile Geräte. Sie ermöglichen neue Geschäftsmodelle, die die Verkäufer von Benzinautos nicht kopieren können.[124]

China macht Zukunft I – beim Elektroauto

Berkeley Earth ermittelte, dass es in China täglich 4.000 Tote durch Luftverschmutzung gibt[125]. Das zwingt zum Handeln. Chinas Strategie beruht auf vier Pfeilern: der immensen Größe des Automarkts, dem Durchbruch des Elektroautos, dem Mut chinesischer Internetkonzerne zum Roboterauto und der Dynamik von Mobilitätskonzernen à la Didi Chuxing – 2012 gegründet, deckt DiDi (so die Eigenschreibweise) seit 2015 über 90 Prozent des chinesischen Markts für Taxivermittlung ab. Das Fundament dafür schafft die Zentralregierung in Beijing mit gewaltigen Investitionen in die Infrastruktur und technikaffinen Gesetzen.

China entwickelt sich in enormem Tempo zum Industrieführer. China hat Zugang zu wichtigen Rohstoffen für Batterien, verfügt über die weltweit größten Produktionskapazitäten für Zellen und steckt massiv Gelder in die Batterieforschung. Damit besitzt Beijing den Schlüssel zum Elektroauto und verschafft sich gleichzeitig das Lösungsmonopol für das Klimaproblem im Verkehrssektor.

Die Chinesen entwickeln sich vom Kopisten zum Trendsetter, was Batterien, Elektroautos oder auch riesige Investitionen in den Aufbau von EE-Anlagen angeht. China will den CO_2-freien Verkehr bis 2030. Von 2017 bis 2018 wurden neue Solaranlagen mit einer Leistung von fast 100 Gigawatt gebaut. Die 15-Millionen-Stadt Shenzen hat den kompletten ÖPNV – 13.000 E-Taxis und 16.000 E-Busse – mit Autos des einheimischen Herstellers BYD elektrifiziert und den Feinstaub um die Hälfte reduziert. Freilich gilt das erst einmal nur in der Stadt, während draußen noch die Kohlekraftwerke brummen. Aber es entwickelt sich etwas – derweil wir in Deutschland mit einem folgenschweren Staatsversagen bei den Dieselbetrügereien konfrontiert sind, die Deckelungen beim Ausbau der erneuerbaren Energien und sogar die Einführung der Sonnensteuer erleben müssen.

2016 wurden in China erstmals mehr als eine halbe Million Elektrofahrzeuge verkauft, meist aus heimischer Produktion. Im Jahr 2018 waren es schon 1,3 Millionen, reine Elektroautos ebenso wie Plug-in-Hybridmodelle, Pkw ebenso wie Nutzfahrzeuge. Unter Letzteren dominierten rein elektrisch angetriebene Busse, denn immer mehr chinesische Städte stellen den öffentlichen Nahverkehr auf lokal emissionsfreie Fahrzeuge um. Der BYD e6 beispielsweise ist ein rein elektrisch angetriebener Crossover-Wagen mit einer Reichweite von etwa 400 Kilometern. Taxiflotten mit dem e6 sind bereits in China, Singapur, Kolumbien, Belgien, den Niederlanden, Großbritannien oder in den USA im Einsatz.

Die chinesische BYD Auto Co., seit 2016 vor Tesla weltweit größter Hersteller von E-Fahrzeugen, lieferte 2018 rund 200.000 Elektrobusse aus, deren Batterien mit dem Stromnetz kommunizieren, um Schwankungen von Solar- und Windstrom auszugleichen. Autos werden mit Häusern vernetzt.

Im Herbst 2016 kündigte die chinesische Staatsführung eine Quote für Elektroautos an, und zwar schon ab 2018. Der Plan: Ab dann muss ein gewisser Anteil aller in China produzierten Wagen einen reinen Elektro- oder einen Plug-in-Hybrid-Antrieb haben.

Davon betroffen waren auch Daimler, Volkswagen und BMW, die beim Thema E-Mobilität noch nicht viel anzubieten hatten. Die deutschen Autokonzerne hat die Quotenankündigung deshalb kalt erwischt. Die drei großen deutschen Hersteller produzieren und verkaufen in China bisher fast ausschließlich herkömmliche Benziner. Und das, obwohl die Regierung in Beijing seit Jahren die E-Mobilität vorantreibt. Die Chinesen ließen sich von der persönlichen Intervention der Bundeskanzlerin bei Präsident Xi Jingpin erweichen und beschlossen, die 10-Prozent-Quote erst 2019 einzuführen; 12 Prozent ab 2020. Das entspricht dann bei angenommenen 27 Millionen Neuwagenverkäufen 3,3 Millionen sogenannten New Energy Vehicles. Allein der Absatz von Elektrofahrzeugen hat die Größe des gesamten deutschen Automarkts. Bis zum Jahr 2025 wird eine Verdopplung auf gut 7 Millionen Elektroautos allein in China erwartet.[126]

Die chinesische Führung pusht die eigenen Hochtechnologien. Tatsächlich gehören sowohl Elektroautohersteller (37 Prozent Weltmarktanteil bei Elektromotoren, 13 Prozent aller EVs) als auch Akkuproduzenten (25 Prozent) aus China inzwischen zur Weltspitze.[127]

Deutschland holt auf

Ungewohntes geschieht hier und da auch in Deutschland: Die Deutsche Post wollte im Jahr 2012 etwa 1.000 kleine Elektrolieferwagen für die sogenannte letzte Meile im Nahverkehr. Keine der Perlen der deutschen Autohersteller wollte so etwas bauen, also baute die Post die Flotte selbst – in einem Start-up zusammen mit der RWTH Aachen. Inzwischen sausen bereits 5.000 dieser Streetscooter in deutschen Städten herum. Der Postvorstand erkannte die Nische der grünen Logistik, die auch für Handwerker und lokale Auslieferer wie Amazon spannend ist – die Zahl verschickter Pakete im Onlinehandel wächst jährlich um 9 Prozent –, und baute eine Fabrik. Seit 2019 werden 20.000 Stück jährlich produziert. So fix geht das, wenn man keinen Verbrennungsmotor mehr braucht. Wer hätte gedacht, dass die Deutsche Post neben Paketen auch mal Autos ausliefern wird?

Manche Start-ups denken bereits weiter. Sono-Motors hat ein Auto entwickelt, dessen Haut aus Photovoltaik besteht und so selbst genug Strom für 30 Kilometer am Tag erzeugt – übrigens mit pflegefreiem Islandmoos als Feinstaub- und Lärmfilter. Daimler arbeitet an einem besseren Image und stellte im Juni 2018 in den USA zwei neue vollelektrische Trucks mit einer Reichweite von 400 Kilometern vor. Tesla kündigte zwar schon 2017 einen 40-Tonner-Elektrolastwagen mit 800 Kilometer Reichweite an. Doch in der Präsentation der Weltneuheit lagen erst mal die Schwaben vorn. Und die Reichweite spielt mittelfristig keine große Rolle mehr, weil autonome E-Trucks selbstständig zu Ladestationen fahren und induktiv laden, also ohne Kabel. E-Trucks können mit ihren Riesenbatterien einen enormen Beitrag zur Netzstabilität leisten und werden ihren Eigentümern auch während der Standzeiten zu Einnahmen verhelfen. Die Elektrifizierung des Autos ist ein weltweiter irreversibler Trend.

Das Netz mit Ladesäulen für Elektroautos wächst. Für 2016 registrierte die Informationsplattform EAFO insgesamt 25.000 öffentliche Ladesäulen in Europa, darunter 1.800 Schnelllademöglichkeiten. 2018 gab es bereits 140.000 Charger und 25.000 Schnelllader. Die Strompreise an den Ladesäulen unterscheiden sich erheblich. Deutsche Spitzenreiter 2018 waren die EnBW mit 54,5 Cent und die Münchener Stadtwerke mit 47 Cent pro Kilowattstunde. Bei der Rhein Energie und anderen Anbietern war das Aufladen kostenlos.[128] Zum Vergleich: Der deutsche Haushaltspreis liegt bei 30 Cent.

2018 kam die Wende. Der operative Gewinn brach bei Volkswagen, BMW und Daimler um 10 Prozent ein, bei den US-Herstellern General Motors, Ford und Chrysler gar um 30 Prozent, während die Japaner Toyota, Mitsubishi, Mazda, Honda, Nissan und Suzuki 5 Prozent Gewinne vermeldeten.[129] Seitdem ändert die deutsche Automobilindustrie ihren Kurs. Insgesamt fährt die deutsche

Autobranche aber gemächlich hinterher und gehört bei der Elektromobilität gerade noch zu den führenden Industrienationen[130].

Jetzt wäre es an der Zeit, öffentliche Schaufenster zu dekorieren, zum Beispiel eine in der Kommune gut sichtbare Umstellung des Behördenfuhrparks. Neue Unternehmen mit neuen Geschäftsmodellen sollen sich in Zentren vernetzt bündeln, um Synergien zu nutzen. Im Mittelstand stehen viele neue Player und Start-ups mit guten Ideen in den Startlöchern. Solche Ansätze gehören jetzt staatlicherseits gefördert. An finanziellen Mitteln fehlt es nicht. Subventionen fließen jährlich in zweistelliger Milliardenhöhe, nur in die falschen Kanäle der Old Diesel Industry.

Die Schifffahrtwende

Nach den Autos werden die Binnen- und Seeschiffe elektrifiziert.

Laut EU-Kommission sterben jährlich etwa 50.000 Europäer vorzeitig auf Grund von Schiffsabgasen. Der Schwefelgehalt von Schiffstreibstoff, einem Gemisch aus Schweröl und Diesel, liegt beim 3.500-Fachen des Schwefelgehalts im Straßenverkehr. Selbst sogenanntes Marinedieselöl, das inzwischen in vielen Häfen und Emissionskontrollgebieten vorgeschrieben ist, ist noch über 100-mal schmutziger als Straßendiesel. Das liegt am sauren Regen, der vor 30 Jahren große Waldschäden anrichtete und wenigstens an Land zur Umstellung auf bleifreies Benzin führte.

Gesetzliche Grenzwerte für die See werden von der International Maritime Organisation (IMO) festgelegt. Deren Mühlen mahlen dank Mitglieder wie Liberia, Panama oder den Marshallinseln, die die Interessen vieler Reeder vertreten, sagenhaft langsam. 2018 beschloss die IMO, dass doch wenigstens die CO_2-Emissionen bis 2050 gegenüber 2008 um die Hälfte zu reduzieren sind. Eine schnelle Dekarbonisierung kann so nicht erreicht werden. Doch ist auch hier der Preis der entscheidende Hebel. Über 120 Reeder haben 2019 dafür geworben, ein Tempolimit einzuführen, was neben den Transportkosten auch die Emissionen bis zu einem Drittel senken kann. Das entspricht etwa dem Abschalten von 80 Kohlekraftwerken. Doch der IMO fehlt jeglicher Ehrgeiz und erst recht der Mut zum Paradigmenwechsel auf andere Schiffsantriebe. Die Welthandelsflotte besteht aus 50.000 Schiffen, die im Durchschnitt 14 Jahre alt sind. Fast alle werden fossil betrieben und sollen nach dem Willen ihrer Eigner noch ein Jahrzehnt so weiterfahren. Erdöl ist immer noch viel zu billig.

Die weltweit erste mit flüssigem Wasserstoff betriebene Brennstoffzellenfähre soll 2021 in Norwegen den Betrieb aufnehmen. Viele Fähren und Großschiffe fahren mit verflüssigtem Erdgas (LNG), meist weil in vielen Küstengewässern die Abgasvorschriften streng sind oder weil LNG-Tanker die Ladung als Treibstoff nutzen, da ein geringer Teil stets verdampft (Boil Off). Die Verflüssigung von Biomethan (Bio-LNG) wird bereits großtechnisch angewandt. Biomethan hat die gleichen Verbrennungseigenschaften, ist jedoch erneuerbar.[131] Aufgrund der hohen Energiedichte eignet sich Bio-LNG auch für Schwerlastverkehr, Flugzeuge oder Züge. Batterien und erneuerbarer Wasserstoff sind technisch in der Lage, mit Schweröl betriebene Schiffe abzulösen.

Schiffe mit Batterien

Schon seit über 100 Jahren gibt es batteriebetriebene U-Boote, die rein elektrisch fahren. In Norwegen wurde 2015 die weltweit erste elektrische Auto- und Passagierfähre in Betrieb genommen. Die vollständig elektrische Fähre fährt in jeweils etwa 20 Minuten 34-mal am Tag die 6 Kilometer über den Fjord. Sie verbraucht pro Strecke etwa 150 Kilowattstunden. Der Strom wird aus Wasserkraft gewonnen. Da das Stromnetz in der Region ziemlich schwach ist, werden drei Akkupakete eingesetzt: eines an Bord und jeweils eines als Zwischenspeicher in jedem Hafen.

Die Luftfahrtwende

Der beharrlich wachsende Flugverkehr muss ebenfalls regenerativ werden. Norwegen will ab 2040 nur noch emissionsfreie Inlandsflüge erlauben. EasyJet will ab 2020 im Kurzstreckenverkehr Elektrojets einsetzen. Die israelische Eviation Aircraft will 2022 erste Jets mit elektrischem Antriebssystem ausliefern. Der 2019 angetretene neue Airbus-Chef kündigte größere, rein elektrisch angetriebene Flieger für den kommerziellen Flugverkehr bis in zehn Jahren an. Gemeinsam mit Siemens und Rolls Royce wird parallel ein vierstrahliger Jet namens E-Fan X entwickelt, bei dem die konventionelle durch eine elektrisch angetriebene Turbine ersetzt wird. Es gab im Jahr 2018 über 40 verschiedene batterie- oder hybridelektrisch betriebene Flugzeuge und Helikopter, die bis zu drei Stunden in der Luft bleiben. Bauhaus Luftfahrt rechnet bis 2035 mit elektrisch betriebenen Großraumflugzeugen, die den deutschen Raum abdecken können.

Es geht auch ohne Batterien: Power-to-Liquid-(PtL-)Verfahren synthetisieren alternative Treibstoffe aus grünem Strom, CO_2 und Wasser, die bessere Verbrennungseigenschaften als Kerosin haben. Das funktioniert in Großanlagen, ist aber wegen des viel zu billigen Kerosins in der Luftfahrt derzeit nicht wirtschaftlich.

Autonome Mobilität – zu Wasser, zu Land und in der Luft

Praktisch alle Seeschiffe fahren heutzutage autonom mit GPS-Navi und navigieren nicht mehr mit Seekarten oder Sextanten. Ein Tempomat hält die Geschwindigkeit über Grund – unter Beachtung jeweiliger Strömungen oder Winde. Radargeräte und Schiffserkennungssysteme suchen permanent das Wasser ab und schlagen bei Gefahr automatisch Alarm. Große Schiffe müssen sich sogar nach global standardisierten IMO-Richtlinien identifizieren lassen. Sie werden von einer zentralen Software ohne menschlichen Eingriff umgelenkt, wenn beispielsweise ein vom Frachter gefallener Container, der ebenfalls per GPS lokalisierbar ist, den Weg des Schiffs kreuzt. Technisch braucht man die Mannschaft vor allem zum An- und Ablegen oder weil man der Technik bei hoher Dünung nicht traut. Autonome Geisterschiffe gibt es trotz der enormen Sprit- und Personalersparnis vor allem deshalb noch nicht, weil die Haftungsfragen ungeklärt sind. ›Herrenlose‹ Schiffe sind nicht versicherbar. Piraten jedenfalls, die von der mitgeführten Heuer und vom Lösegeld für die Crew leben, sollten sich mittelfristig nach neuen Einnahmequellen umsehen.

2020 soll mit der Yara Birkeland das weltweit erste autonome und emissionsfrei fahrende Containerschiff in See stechen. Freilich hat es auf dem 80 Meter langen Schiff nur Platz für 120 Container. Zum Vergleich: Die größten Containerschiffe fassen 20.000 Container. Neben Kameras sollen auch Radar, Lidar (Light Direction and Ranging) und ein Automatic Identification System (AIS) vorhanden sein, das es anderen Schiffen ermöglicht, die Birkeland zu erkennen. Das Be- und Entladen erfolgt automatisch. Das Schiff wird auch mit einem automatischen Ankersystem ausgestattet. Das batteriebetriebene Schiff soll vor Südnorwegen pendeln.[132]

Autonome Schiffe mit Photovoltaik auf dem Dach und einer Batterie statt Dieselmotor sind längst Stand der Technik. Sie können in den nächsten zehn Jahren weltweit Millionen von kleinen Dieselmotoren in Fischerbooten ersetzen.

Das Deutsche Zentrum für Luft- und Raumfahrt (DLR) testet kleine, flexible Containerschiffe für Binnengewässer, die miteinander kommunizieren, ihre Routen selbst berechnen, ohne Hilfe durch Schleusen kommen und eigenständig auf- und abladen. Die bisher üblichen langen, breiten und schweren Binnenschiffe dienen dem Transport von Massengütern wie Kohle und Erz. Sie werden durch den Kohleausstieg weitgehend überflüssig. Reeder erhoffen sich von autonomen Schiffen vor allem wirtschaftliche Vorteile: Da die Schiffe weitgehend ohne Besatzung fahren, sinken die Betriebskosten.

Dass wir uns eine Autonutzung erlauben, die skandalös ist, das ist schon fast ein alter Hut. Der aktuelle Besetzungsgrad beträgt 1,05 Personen bei einer Betriebszeit von 8,8 Prozent pro Fahrzeug. Ein Mensch sitzt also sehr selten in seinem Auto. Fahrzeuge werden als Mobilitätsversicherung einfach nur bevorratet. Das geht besser:

nutzen statt besitzen! Mit den digitalen Plattformen würde das prima klappen. Für Städte ließe sich der Fahrzeugbestand beim Verzicht auf das Privateigentum um zwei Drittel reduzieren. Die Menschen hätten wieder viel öffentlichen Raum zur Verfügung und das bei einer Zunahme der Beweglichkeit.[133]

Über Fahrassistenzsysteme vom Abstandhalter bis zur Einparkhilfe verfügen fast alle neuen Modelle. Im Porsche Panamera braucht man nach Eingabe des Fahrtziels und der Wahl zwischen ›Cruisen‹ und ›Sportlich‹ nur noch zu blinken und zu lenken. Der Wagen bremst selbst vor Kreisverkehren ab und beschleunigt bei der Ausfahrt von allein. Teslas können seit 2018 vollautonom fahren. Roboter übernehmen das Steuer im Stau oder überholen selbstständig auf der Autobahn und finden allein den Weg in ihren Tiefgaragenparkplatz, wo sie sensorgesteuert auf den Millimeter genau einparken. Tesla hat beim Börsenwert 2018 nach BMW auch Daimler überholt und liegt, auch wenn dies nur eine Momentaufnahme der Börsenpsychologie ist, im Hinblick auf die Marktkapitalisierung auf Rang 3 aller Autohersteller nach Toyota und Volkswagen.

Googles selbstfahrende Fahrzeuge legen etwa 20.000 Kilometer pro Woche im vollautonomen Testbetrieb vorwiegend im schwierigsten Umfeld, dem Stadtverkehr amerikanischer Städte, zurück.[134] 2019 haben die selbstgesteuerten Testautos – mit Sicherheitsfahrer – bereits 15 Millionen Kilometer zurückgelegt, weitere 10 Milliarden in Computersimulationen[135]. Google ist bei selbstfahrenden Autos Lichtjahre voraus. Ende 2018 startete Googles Selbstfahrtochter Waymo[136] in Phoenix, Arizona den ersten Robotertaxidienst. Die Zusammenarbeit von Uber und Volvo spricht auch dafür, dass der derzeitige Betrieb mit menschlichen Fahrern für Uber nur ein Zwischenschritt hin zum autonomen Taxibetrieb ist. BMW will autonomes Fahren in München bis 2021 zur Serienreife bringen; gemeinsam mit dem US-Konzern Intel, dem weltweit größten Halbleiterproduzenten, der 2017 für 15 Milliarden Dollar Mobileye aus Jerusalem gekauft hat. Mobileye wiederum ist führender Hersteller von Kamera- und Sensorsystemen für autonomes Fahren mit Tiefenerfassung und 3-D-Vermessung von Räumen – viel schneller, als der Mensch es kann. BMW hat die Elektroautoentwicklung

China macht Zukunft II – beim autonomen Fahren

Der chinesische Internet-Konzern Baidu lässt in Beijing bereits Robo-Cars fahren. Regulierung erfolgt in China nicht durch zeitintensive demokratische Prozesse, sie wird auch nicht durch Klagen von Opferanwälten verzögert. Im Fokus steht dabei vielmehr die Rolle als Industrienation. Künstliche Intelligenz gilt als Staatsziel. Mit Apollo, einer eigenen Plattform für autonomes Fahren, setzt Baidu, auch das Waymo Asiens genannt, entscheidende Impulse zur Weiterentwicklung der Technologie. Mehr als 130 Technologiepartner sind an der Plattform beteiligt, darunter chinesische Autobauer wie BAIC, Changan, Chery, Dongfeng, FAW, Great Wall, JAC und NIO, aber auch ausländische Konzerne wie Nvidia, Intel, Volkswagen, Bosch, ZF und Microsoft. Apollo als zentrales Betriebssystem wird von Baidu als Android der autonomen Fahrindustrie bezeichnet. Parallel arbeitet der chinesische E-Commerce-Riese Alibaba an einem ›City Brain‹: Millionen Bewegungsdaten werden ausgewertet, um Verkehre flüssiger zu gestalten[137]. Gleichzeitig wird die digitale Infrastruktur mit großen Plänen ausgerollt. Huawei soll mit Didi und anderen Unternehmen zusammen bereits bis 2025 den Mobilfunkstandard der fünften Generation (5G) auf einem dann weltgrößten chinesischen Markt mit 500 Millionen Nutzern formen.[138] Davon sind Europa und Amerika noch weit entfernt. Huawei hat mit Abstand die leistungsfähigste und preiswerteste 5G-Technik, ist aber auch ein umstrittenes Unternehmen. Die USA verdächtigen den Konzern der Spionage für China und dass Huawei im Konfliktfall per ›Kill switch‹ ein von ihr gebautes Mobilfunknetz außer Kraft setzen kann. Seit 2006 verfolgten US-Spione der NSA in der Geheimoperation ›Shotgiant‹ Huaweis Accounts, stahlen die Quellcodes und suchten vergeblich nach Hintertüren zur Kommunistischen Partei. Dieses Wissen verdanken wir dem Whistleblower Edward Snowden, der seit 2013 auf der Flucht vor der CIA ist.

Auf der Website des obersten Planungsministeriums in Beijing findet man eine Agenda zum Auto der Zukunft mit der Vision, wie selbstfahrende Fahrzeuge im größten Automarkt der Welt entwickelt und hergestellt werden sollen. Ausländische Hersteller spielen dabei nur die Rolle, chinesische Unternehmen zu ermutigen, ausländische Spitzentechnologien zu importieren und zu absorbieren. Bis 2035 soll der chinesische Standard für intelligente Fahrzeuge vor allen anderen Ländern liegen und Weltruhm erlangen. Autonome Fahrzeuge sollen weder vom amerikanischen Satellitensystem GPS noch von Galileo, dem europäischen Standard, geortet werden, sondern vom chinesischen Netzwerk Baidu. Es geht der chinesischen Führung darum, die Standards der Zukunft zu definieren. Deutsche Firmen hoffen darauf, noch mitmachen zu dürfen.

und Intel die von Laptops und Smartphones verschlafen. Jetzt tun sie sich zusammen, um Alphabet[139] und Apple, die zwei wertvollsten Unternehmen der Welt, auf Abstand zu halten. BMW und Daimler kooperieren seit 2019, um Google einzuholen, die bereits Level 5 beherrschen, also komplett computergesteuertes Fahren ohne Lenkrad, Pedal oder Fahrer.

Volkswagen beschloss 2019, in den kommenden vier Jahren 44 Milliarden Euro in die Elektromobilität, das autonome Fahren, Mobilitätsdienste und die Digitalisierung zu stecken. eMove360 erwartet bis 2020 ein Marktpotenzial für die Mobilität 4.0 von 115 Milliarden Euro, das wäre das Vierfache von 2017. Es wird noch größer werden.

Automatisierte Autos erschließen die beachtliche Zielgruppe von über 50 Prozent der Bevölkerung, die nicht Auto fahren können und auch keinen Führerschein haben, auch alte Menschen, Blinde oder Kinder, die heute noch von den Eltern zu ihren Terminen gefahren werden. Autos bauen und verkaufen ist ein auslaufendes Geschäftsmodell. Vergleichbar dem Smartphone-Geschäft wird in Zukunft die Autohardware als Plattform genutzt werden, um den Kunden digitale Angebote und Fahrdienste zu verkaufen. So wie die Erfindung des Internets die Welt mit Anwendungen wie denen von Alphabet, Amazon oder Facebook veränderte, werden autonome Autos die Mobilität revolutionieren. Doch erscheint der Weg noch lang und die Silicon-Valley-Unternehmen haben Vorsprung bei der Software. Das liegt auch an strengen Produkthaftungsregeln und rechtlicher Unsicherheit in Europa.

Sogar fliegende Taxis und Ubers sind bereits im Test; das sind auch nur größere Drohnen mit Real-Sense-Kameras, um Kollisionen zu vermeiden. Airbus ging mit Siemens im Sommer 2017 in Singapur mit einem autonom fliegenden Lastenhelikopter an den Start. 20 Meilen vor Las Vegas entsteht seit 2018 der erste Drohnenflughafen. Ab 2020 will Uber einen Mitflugdienst in Los Angeles und Dallas ausprobieren. Für 2023 wird dann der Start kommerzieller Flugdienste in den beiden amerikanischen Metropolen angepeilt, danach deren globale Verbreitung.[140] Uber will die Zukunft des Ridesharings in der Luft schaffen.[141] Japan will zu einem Vorreiter bei Flugautos werden. Fraport will 2025 als erster europäischer Flughafen auf festgelegten Routen Volocopter-Passagierdrohnen anbieten. Lufttaxis werden sich als Verkehrsmittel wohl nur in Nischen durchsetzen. Helikopterverkehr war schon vor Jahrzehnten ein großes Thema und konnte die Verkehrsprobleme in São Paulo oder New York allenfalls im elitären Einzelfall lösen. Das Transportvolumen ist gering. Das Sicherheitsrisiko ist relativ hoch.

Technisch ist die autonome Fliegerei schon lange ausgereift. Moderne Flugzeuge sind mit modernen Flughäfen so exakt vernetzt, dass bei Schlechtwetteranflügen mit Sichtweiten von unter 300 Metern gar nicht mehr von Hand gelandet werden darf, sondern von den Piloten das autonome Instrumentenlandesystem (ILS) eingesetzt werden muss.

Smarte Mobilität statt Schmutz und Unfälle

Innerhalb eingegrenzter Orte sind automatische Lenksysteme längst im Einsatz. Landmaschinen berechnen den optimalen Fahrweg beim Smart Farming, den sie präzise spurgenau nachfahren. Dadurch wird weniger Boden verpresst, unerwünschte Flora wird von der Lasertechnik erkannt und eliminiert, Dünger wird wurzelgenau abgetropft – während der Bauer zu Hause am Laptop sitzt. Pistenraupen verteilen den immer weniger werdenden Schnee über eine im Sommer eingelesene 3-D-Karte, die dem System im Winter punktgenau sagt, wie viel Schnee noch in dieser Senke liegt, der auf jenem Hügel gebraucht wird. Autonom fahrende Shuttles gibt es seit den 1970ern auf Flughäfen und als U-Bahnen. Die erste autonome Buslinie Deutschlands verkehrt planmäßig seit 2017 in Bad Birnbach. Auf dem Gelände der Berliner Klinik Charité fahren seit 2018 gleich 20 Busse autonom.

Linienbusse bekommen autonom Vorrang an Kreuzungen und werden induktiv über Nacht aufgeladen. Kommen sie autonom an den Haltestellen zum Stehen, sparen die Busunternehmen insbesondere an neuen Reifen, weil der fehlerhafte menschliche Fahrer öfter mal am Bordstein entlangschrammt. Es geht jedoch nicht nur um Reifenschäden, sondern um viel mehr.

In Deutschland sterben bei Autounfällen jedes Jahr über 3.000 Menschen, 300.000 Menschen werden verletzt und 2,5 Millionen Mal kracht es amtlich. Je ärmer die Menschen und die Länder, desto mehr Crashs gibt es. Weltweit 1,25 Millionen Tote. Verkehrsunfälle sind die häufigste Todesursache von jungen Menschen zwischen 15 und 29 Jahren. Rechnet man die Heilungskosten, verlorene Arbeitszeit und materiellen Schäden zusammen, landet man leicht bei 3 Prozent des Bruttosozialprodukts eines Landes.[142] Als Hauptursache für Verkehrsunfälle gilt menschliches Versagen. Es sind weltweit immer die gleichen Auslöser: überhöhte Geschwindigkeit, Fahren unter Alkohol oder psychoaktiven Substanzen, Ablenkung – vor allem durch Mobiltelefone – und Autostraßen ohne abgetrennte Spuren für Fußgänger, Rad- und Motorradfahrer. Automatisierte Autos trinken und essen nicht, schreiben keine SMS nebenher, lesen keine Zeitung im Stau und sind Tag und Nacht ununterbrochen aufmerksam. Sie haben einen Blickwinkel von 360 Grad und erkennen bereits heute 6.500-mal besser Gefahren als der Mensch[143]. Verständlich wird dies durch die Erkenntnis, dass jeder Autofahrer für sich das Autofahren lernen muss. Am Anfang hilft der Fahrlehrer, der Rest ist individuelle, persönliche Erfahrung. Auch autonome Fahrzeuge machen Fehler – wenn die Programmierung nicht ausreichend war. Geschieht nun ein ungewöhnlicher Unfall, weil der nicht ausreichend programmierte Bordcomputer die neue Situation nicht erkannt oder sie falsch eingeschätzt hat, ist dies zwar tragisch, doch eine um diese neue Verkehrssituation erweiterte Programmierung kann binnen kürzester Zeit per Upgrade auf alle autonomen Autos weltweit geladen werden, sodass doch wenigstens sichergestellt werden kann, dass sich so ein Unfall nicht wiederholen wird.

Ciao Stau

Neben den Unfällen kann das automatisierte Auto auch die Staus abschaffen. Im Jahr 2018 wurden rund 750.000 Stauereignisse auf deutschen Autobahnen gemeldet; im Durchschnitt 2.000 am Tag. Die Staulängen summierten sich dabei auf insgesamt etwa 1,5 Millionen Kilometer; eine tägliche Blechlawine von 4.000 Kilometer Länge.[144]

Der Flächenverbrauch eines ruhenden Kfz liegt bei 16 Quadratmetern. Wegen der negativen Bremsverzögerung braucht es bereits bei einer Geschwindigkeit von 30 km/h knapp 70 Quadratmeter Platz, bei 50 km/h sind es 145 Quadratmeter.[145] Fährt man über 130 km/h, sollte man fast 100 Meter Sicherheitsabstand einhalten – also circa alle 100 Meter ein Auto. Dann passen zehn Autos auf einen Autobahnkilometer. Wenn ein Auto fünf Meter lang ist, brauchen zehn Autos direkt hintereinander geparkt 50 laufende Autometer; bei Tempo 130 mit ausreichend Sicherheitsabstand jedoch einen Straßenraum von einem Kilometer Länge. Selbst bei besten Verkehrsverhältnissen bleiben also 95 Prozent der Autobahn für den Sicherheitsabstand frei. Autos mit Abstandsregel-Tempomat[146] messen den Abstand zum vorausfahrenden Fahrzeug und dessen Geschwindigkeit und halten den Abstand ein. Wenn sich die Rechner in den Autos erkennen und koordinieren und alle damit einverstanden sind, gleich schnell zu fahren, ist kein Sicherheitsabstand für verzögerte Reaktionen mehr nötig und die Kolonnen rasen vor sich hin wie ein Zug. Die Kapazität einer Autobahn kann so bis zum Faktor 100 vervielfacht oder noch besser, die Autobahn kann verkleinert werden.

Zeitfressmaschine Stau

Die Entstehung von Staus hat unterschiedliche Gründe. Etwa 50 Prozent der Staus entstehen durch Überlastung des Straßennetzes. Dann gibt es Baustellen, Unfälle und die Elefantenrennen, bei denen ein langsamer Lkw einen noch langsameren überholt. Schnelleres und langsameres Fahren verringert die Kapazität. Vier Arten von menschlichem Fehlerverhalten verursachen diese Straßenüberlastung:

- zu dichtes Auffahren, was ein abruptes Abbremsen des ersten und aller folgenden Autos auslösen kann,
- zu schnelles Aufschließen und dadurch bedingtes ebenso schnelles Abbremsen,
- Konzentrationsprobleme, die dazu führen, dass bei zäh fließendem Verkehr nicht ständig der gleiche Abstand eingehalten wird, und
- Kolonnenspringen, um auf der Nebenspur mit vermeintlich schneller fließendem Verkehr schneller voranzukommen. Der Stau entsteht hinter dem einscherenden Kolonnenspringer, wenn die nachfolgenden Autos abbremsen.

Diese Effekte lassen sich stoppen, wenn alle Fahrzeuge immer mit konstanter und identischer Geschwindigkeit fahren könnten. Da dies aufgrund des Faktors Mensch nicht der Fall ist, werden immer wieder Staus entstehen.

Da die meisten Straßen in Deutschland mautfrei sind, kostet die Nutzung dieser Straßen den Autofahrer nichts, das bedeutet, die Grenzkosten der Infrastrukturnutzung sind null. Er wird daher die Bereitstellung dieser Dienstleistung gerne und oft in Kauf nehmen. Da die ökonomischen Kosten des Straßenbaus, des Unterhalts und anderer externer Kosten wie Lärm und Schadstoffausstoß dem Autofahrer nicht immer präsent sind, wird er auf die Straßennutzung nicht verzichten. Da viele Autofahrer so denken, kommt es zu einer Überlastung des Straßennetzes, die sich im Symptom Stau äußert. Aus diesem Grund bringt der Neubau und Ausbau von Umgehungs- und Entlastungsstraßen oder Tunneln allenfalls den unmittelbaren Anwohnern etwas. In den ersten Monaten läuft es meist flott, allerdings steigt die Nachfrage durch den frei gewordenen Raum und die damit verbundene Angebotssteigerung wieder an. Dadurch wird der durch den Ausbau geschaffene Raum wieder belegt. Die Nachfrage steigt so lange, bis die Opportunitätskosten des Staus wieder erreicht sind.

Die einzige Möglichkeit, Staus effizient zu bekämpfen, ist die Verringerung des Straßenverkehrs und eben nicht die Vermehrung von Straßen. Dies ist auch aus ökonomischen Gründen dringend notwendig.[147] Stau ist eine Zeitfressmaschine. Ein Berliner Autofahrer steckt über 150 Stunden im Jahr im Stau, der deutsche Durchschnitt liegt bei 120 Stunden[148], teures nicht regeneratives und umweltschädliches Benzin wird dabei auch verbrannt[149]. Ökonomen schlagen ein Straßenmautsystem mit dynamischen Preisen vor.[150] Fahrer erhalten per App den momentanen Preis für ihre Wunschstrecke und Angebote für eine andere, kostenlose Uhrzeit, einen anderen Weg oder ein anderes Verkehrsmittel. Mit den Mauteinnahmen werden Fahrradschnellwege oder saubere Züge finanziert.

Erneuerbare Mobilität – Dienstleistung oder Individualkapseln

Die Bundespolitik setzt massiv auf das Auto, des Deutschen liebstes Kind. Nicht mal gerichtlich verhängte Fahrverbote wegen der hohen Luftbelastung, wie sie Hamburg als erste Stadt durchsetzen musste, führen zu ernsthaften Maßnahmen gegen die illegalen Praktiken der Autohersteller. Die Autoindustrie wird geschützt, wenn es irgendwie geht. Sie hat eine Art Wildcard und kann damit machen und produzieren, was sie will, und wird doch stets politisch unterstützt. Bisherige Taxi- und Sharing- oder Pooling-Lösungen ersetzen keine

Privatwagen, sondern führen eher zu einem Reboundeffekt, das Austauschpotenzial wird also nicht realisiert.

Es sind nicht weniger, sondern mehr Autos auf der Straße: Eigentümer von Autos, die zum Flughafen müssen, verzichten auf den teuren Flughafenparkplatz oder das Taxi. Sie lassen ihren eigenen Wagen in der Garage und spielen Carsharing. Leute, die sich kein eigenes Auto leisten wollen oder können, machen statt der Bahnfahrt eine Spritztour mit dem neuen DriveNow-BMW Cabriolet oder lassen sich mal von Uber chauffieren. Die Hersteller machen gern mit den neuesten Modellen mit, in der Hoffnung, der Gelegenheitsfahrer möge Gefallen an dem Wagen finden und ihn kaufen, um ihn ganz für sich selbst zu besitzen. Der Verkehr in amerikanischen Großstädten hat nach ersten Studien durch Uber und Co. noch zugenommen. Verlierer dieser Entwicklung ist der öffentliche Nahverkehr. Und doch ist leicht vorstellbar, dass es den Autoverkehr und die ihn versorgende Industrie, wie wir sie kennen, in zehn Jahren nicht mehr gibt.

Unsere Autos verbringen 96 Prozent ihres Lebens damit, geparkt zu sein oder einen Parkplatz zu suchen – und der öffentliche Parkraum wird für die Verbraucher ständig teurer werden, auch wenn er volkswirtschaftlich immer noch viel zu billig ist. Rund 70 Prozent der Deutschen nutzen zwar das Auto mehrmals in der Woche, doch 80 Prozent wünschen sich eine Stadtentwicklung, die die Alternativen zum Auto stärkt. 90 Prozent der Deutschen sagen, dass das Leben besser werde, wenn der Einzelne nicht mehr auf ein Auto angewiesen ist.[151] Elektroautos als Dienstleister können zu 90 Prozent ihres Daseins genutzt werden, wie Taxis, die ja auch von mehreren Fahrern in Schicht gefahren werden. Jetzt stelle man sich zudem vor, Fahrer werden überflüssig. Die meisten Autos würden permanent genutzt und nur noch selten geparkt, wodurch das Autofahren zehnmal billiger wird. In zehn Jahren könnte das schon Realität sein.

Das Auto wird zur Dienstleistung. So wird die Fahrt mit Uber schon heute günstiger, wenn der Fahrgast zum Ride-sharing bereit ist, also dazu, auf einem Teilstück weitere Leute mitzunehmen. Uber und General Motors, das ebenfalls auf digitale Ride-share-Plattformen setzt, demonstrieren dabei konkret die disruptiven Potenziale der Kombination von Elektroautos, autonomem Fahren und Carsharing. Zum Vergleich: AirBnB und CouchSurfing wurden binnen weniger Jahre zu den größten Übernachtungsanbietern der Welt – ohne eigene Betten, nur durch die Vermittlung leer stehender Betten in Privatwohnungen an Besucher. Internetplattformen wie ein App-Store werden zu einem Marktplatz, der Entwickler mit Nutzern verbindet[152]. SnappCar oder Drivy sind erste Plattformen, die die Vermietung von nutzlos herumstehenden Privatautos in der Nachbarschaft organisieren und diese gleich versichern. Tesla will ab 2020, sofern es politisch erlaubt wird, eine Robotertaxiflotte offerieren. Jeder Tesla-Fahrer, der dafür sein Auto zur Verfügung stellt, soll um die 30.000 Dollar jährlich erwirtschaften, um die Anschaffungskosten wieder hereinzuholen und danach sogar Gewinn zu machen. Unfälle hält man für ausgeschlossen, man werde aber, falls doch, für Schäden aufkommen. Aus dem Stand hätte Tesla die größte Taxiflotte der Welt.

Den deutschen Städtern ist das eigene Auto immer weniger wichtig. In den letzten zehn Jahren hat sich die Anzahl der Fahrradfahrer verdoppelt und die Anzahl an eigenen Autos bei den unter 30-Jährigen halbiert. Meine Generation wuchs noch mit Autoquartett auf. Autoquartette wurden weitgehend disruptiert. Für Höchstgeschwindigkeiten, Hubraum und Zylinderanzahl interessieren sich heute nur noch wenige Kinder. Heute sind Kinder verrückt nach Smartphone und Videospielen. Die Formel E, die eine rein elektrische neue Motorsportserie in der FIA etablierte, hat die erste App herausgebracht, die es ermöglicht, während eines Rennens live und virtuell selbst gegen die Fahrer anzutreten.

Offen ist, ob Autos mobile Individualkapseln bleiben oder ob es autonome Sharingflotten geben wird, die man spontan ruft wie heute das Taxi. Da gilt es bei den Autoliebhabern noch viel Überzeugungsarbeit zu leisten. Die 2018 vorgestellten ersten Elektroautos von Mercedes, Audi oder Jaguar haben das Design eines Sports Utility Vehicle (SUV). Aus dem Trend zum SUV ist mit inzwischen 10 Prozent Anteil am Neuwagenverkauf Normalität geworden. Hier waltet eine neue Raumphilosophie: Früher ließ uns das Auto den Raum überwinden, es brachte uns zum Horizont und man fühlte sich unabhängig, wenn der Tank voll war. Solche Entgrenzungserfahrungen sind aber vielen zu bedenklich geworden. Im Fokus steht weniger die Überwindung des Raums, weil uns da Unerwartetes droht. Deshalb ist für viele das Auto selbst zum Objekt der Entgrenzung geworden. So wird verständlich, dass Geländewagenfahrer nicht im Gelände fahren. Das Auto im SUV-Design wird von einer Maschine zur Raumüberwindung zu einer Maschine der Raumgewinnung. Der breite und hohe SUV vergrößert die Übersicht und die Privatsphäre des Fahrers in den öffentlichen Raum hinein. Dem SUV-Fahrer geht es bisweilen nicht nur um entspanntes Dahingleiten, sondern auch um den Raum: mehr Platz fürs Ich.[153] Autos wirken immer noch identitätsstiftend. Dies kann als moderne Gegenströmung zu einem rein rational-pragmatischen Verhältnis zum Fortbewegungsmittel gesehen werden.

Die Gretchenfrage ist, ob es private Fahrzeuge sein werden, die autonom fahren, oder ob die autonomen Autos mit anderen geteilt und gepoolt werden. Mittlerweile kann man davon ausgehen, dass es in den völlig überlasteten Ballungszentren zur Fahrzeugteilung kommen wird. Autosharing existiert bereits in den meisten Städten – weniger hingegen in den Vororten oder gar auf dem Land. Mit dem sorglosen Autofahren in Einzelfahrzellen kann als Reboundeffekt immenser Mehrverkehr erzeugt werden, weil die Fahrzeit wieder attraktiv wird. Das schlechte Umweltgewissen fällt weg, weil der Treibstoff erneuerbar ist. Die Zeit im Stau ist nicht mehr so nervig, weil man ja im Auto lesen, fernsehen oder schlafen kann. Die Extrazeit, die wir so gewinnen würden, um im Internet zu surfen, dürfte der Hauptgrund dafür sein, warum Apple und Google autonome Autos bauen. Sie wollen den fünften Bildschirm neben Fernseher, Computer, Laptop und Smartphone im Leben der Menschen besetzen, den Bildschirm im Auto. Außerdem verkleinern sich die Staus schnell, je mehr autonom gefahren wird, was den Verkehr flüssiger macht. Entsprechend ausgestattete autonome Fahrzeuge könnten heutige Zug- oder Flugzeugpassagiere über Distanzen von 200 bis 700 Kilometern Entfernung wieder auf die Straße bringen. Diese Gefahr ist da! Sie kann aber – zum Beispiel durch Erhebung von Straßennutzungsgebühren für Individualfahrer – gebannt werden.

Stichwort Flächengerechtigkeit

Berlin ist die Großstadt in Deutschland mit dem geringsten Autoanteil bei der Wahl des Verkehrsmittels. Nur 21 Prozent statt zum Beispiel 55 Prozent in Stuttgart nehmen das Auto. Trotzdem reserviert Berlin 39 Prozent der Stadtfläche für fahrende und 19 Prozent für stehende Autos. Für Fahrradwege sind es nur 3 Prozent, obwohl bereits 15 Prozent aller Wege mit dem Rad zurückgelegt werden. Und das Radfahren wird durch Akkuunterstützung noch erheblich zunehmen. In München sind 2019 150.000 Autos mehr zugelassen als 2009, obwohl es die dafür notwendige Parkfläche von insgesamt zwei Quadratkilometern schon 2009 nicht gab.

Deutschland braucht dringend eine Debatte über mehr Flächengerechtigkeit. Kommunen können Parkraum hoch bepreisen oder ganz umwidmen. In den letzten Jahrzehnten hat sich in der Öffentlichkeit die Überzeugung durchgesetzt, dass die Lebensqualität für alle steigt, wenn Plätze und Straßen eingezogen und zu Fußgängerzonen umgestaltet werden. Weitere Handlungsspielräume müssen die Länder und der Bund schaffen. Bewohnerparkausweise dürfen in Deutschland gesetzlich geregelt nicht teurer als 30,70 Euro sein – pro Jahr. In Amsterdam kostet das Bewohnerparken bereits 535 Euro, in Stockholm 827 Euro. In Deutschland gilt Parken nach allgemeiner Rechtslage als Gemeingebrauch und ist damit überall erlaubt, wo es nicht explizit verboten ist. Bewegen muss man den Wagen erst dann, wenn der TÜV fällig wird. Ein geparktes Carsharing-Auto wiederum wird nicht als Gemeingebrauch betrachtet, sondern als eine genehmigungsbedürftige und kostenpflichtige Sondernutzung. Obendrein sind die Sanktionen für regelwidriges Parken geradezu lächerlich gering verglichen mit den Strafen, die Schwarzfahrern in öffentlichen Verkehrsmitteln drohen.

Das tatsächliche Verkehrsverhalten in Städten ist weit weniger auf den Pkw ausgerichtet, als oft vermutet wird. Der Anteil der mit dem Auto zurückgelegten Wege, inklusive Mitfahrern, schwankt in den Innenstädten zwischen 30 und 50 Prozent. Der andere und meist größere Anteil der Wege wird bereits zu Fuß, mit dem Rad oder mit dem ÖPNV zurückgelegt.[154] Das fällt den Menschen nur nicht auf, weil um sie herum alles voll mit geparkten und fahrenden Autos ist. Für eine Verkehrswende in zehn Jahren ist der Entwicklungspfad zur Flächengerechtigkeit essenziell und sollte bald und politisch entschieden werden.

Menschen, die gern Auto oder Motorrad fahren und vielleicht auch noch sportlich, haben paradiesische Zeiten vor sich – nicht nur, weil Elektroautos jeden Verbrenner hinter sich stehen lassen. Der Tesla Model S mit 800 PS beschleunigt schneller als die Formel 1, weil Rennwagen nur Hinterradantrieb haben und damit nicht so viel Kraft auf die Straße übertragen können wie ein Allrad. Schnelles Fahren wurde in den letzten Jahren mit der zunehmenden Verkehrsdichte immer unattraktiver und gefährlicher. In Johannesburg, wo sich der tägliche Verkehr ebenso hinschleppt wie in den meisten Metropolen, waren Sportwagenfahrer findig. So haben sich große Porsche-Händler eigene Rundkurse zugelegt, wo der Kundschaft am Wochenende Gelegenheit geboten wird, die für den normalen Verkehr völlig übermotorisierten Sportwagen auszufahren. Porsche South Africa kaufte sich gar die Rennstrecke Kyalami Formula One Grand Prix zur privaten Nutzung.

Auf dem Hockenheimring soll noch 2019 eine drei Kilometer lange Handling-Strecke mit herausfordernden Kurven und langen Geraden, Schleuderplatte und Kreisfahrbahnen eröffnet werden, die ›Fahrerlebnis pur‹ vermitteln soll. Für die Offroader soll es anspruchsvolle Hindernisse, Steigungen bis zu 80 Prozent, Schräglagen, Felsbrocken und Gräben geben. Wenn die Mobilität, die man braucht, um schnell von A nach B zu kommen, optimiert wird, werden genug Oasen entstehen, in denen man herumrasen kann, freilich ohne den Benzingeruch und den ohrenbetäubenden Lärm. So wie Pferde, die heute zwar nicht mehr als Fortbewegungsmittel in den Straßen zu sehen sind, aber in eigenen Parcours und in der Natur weiter die Pferdeliebhaber erfreuen.

Gesharte autonome Elektromobilität wird in einem integrierten, intelligenten Energie- und Verkehrssystem organisiert. Die Verknüpfung findet an ›Mobility-Hubs‹ – Mobilitätsstationen statt. Mobilitätsplattformen im Internet sind bei der Bahn, im Luftverkehr und in vielen Städten seit der Einführung des Smartphone 2007 gang und gäbe. In der solarbetriebenen Stadt Masdar im Emirat Abu Dhabi gibt es seit 2010 ein Personal Rapid Transit System. London, Singapur, das chinesische Baidu und etliche andere Metropolen planen so ihren ÖPNV.

Durch Industrie 4.0, erweiterte künstliche Intelligenz, das Internet der Dinge, 3-D-Druck und Green Big Data wird das Nachfrage- und Angebotsmanagement weiter angefacht werden. Die Digitalisierung hat das Potenzial, ein völlig neues öffentlich zugängliches Verkehrssystem entstehen zu lassen, das verschiedene Angebote in einem nahtlosen Gesamtnetz integriert. Digitale Zugänge könnten ein öffentliches Mobilitätsangebot schaffen, das so einfach nutzbar ist wie der private Pkw, aber viel mehr Optionen bietet. Der Verkehrswissenschaftler Andreas Knie sieht den Kern der Innovation in der Kombination der Verkehrsmittel. In Zukunft wird sich der Mensch als Radler, Fußgänger, ÖPNV- oder SwarmCar-Nutzer über Smartphone-Devices in cyber-physische Systeme einbinden, um schneller denn je an sein Ziel zu kommen. Hinzu kommt die Verbindung mit dem Stromnetz: Auf dem Euref-Campus in Berlin lädt ein vom Fahrgast per App gerufener autonomer Bus Strom induktiv aus einer Photovoltaikanlage und kann ihn auch wieder abgeben, wenn er benötigt wird. Bis 2022 kann es Hunderte von autonomen Fahrzeugen in den Straßen Berlins geben, die auf Abruf flexible Mobilität zur Verfügung stellen[155].

Das ist doch was: vom privaten Verbrennerauto hin zum Erlebnis einer vernetzten Mobilität, die vollständig auf erneuerbaren Energien basiert. Dabei steht der Begriff ›erneuerbare Mobilität‹ in erster Linie dafür, dass die Angebote so organisiert sind, dass unnötiger und ineffizienter Verkehr vermieden wird und das Ziel der Erreichbarkeit als übergeordnete Funktion im Mittelpunkt steht. Mobilität wird zu einer Dienstleistung, die es uns ermöglicht, schnell durch lebenswerte Räume zu sausen. Erst in zweiter Linie geht es darum, dass die für das Gesamtsystem notwendige Energie aus erneuerbaren Quellen gewonnen wird.

Alternativen Fahrrad und Gehen – die Energiewende beginnt im Kopf

Die Verkehrswende hin zur erneuerbaren Mobilität ist nicht nur eine technische Herausforderung. Wir müssen uns auch gedanklich von der überkommenen Vorstellung des privaten Autos lösen. Viel weniger Autos sind nötig, wenn alle Verkehrsmittel zu Mobilitätsdienstleistungspaketen geschnürt werden. Das ist für die Automobilwirtschaft eine Revolution und für viele von uns, die wir als Privatautomobilisten sozialisiert wurden, auch. Fast kostenlose Straßen und Parkplätze für individuelle Fahrzeuge werden zwar von der Stadtgemeinschaft, als Eigentümerin des dafür notwendigen Grund und Bodens, denjenigen unter ihnen, die ein eigenes Auto haben, zur Verfügung gestellt, asphaltiert und gereinigt – einen Nutzen für die Gemeinschaft hat dies jedoch nicht. Ganz im Gegenteil: Die Luft wird schlechter, das Risiko, überfahren zu werden, steigt und der für den Individualverkehr reservierte Raum kann nicht für gemeinschaftliche Dinge benutzt werden – etwa das Anlegen einer kleinen Grünfläche, einer Abstellmöglichkeit für Fahrräder, die dann nicht mehr auf dem Gehweg stehen, einer Spielmöglichkeit, Sport, Café oder was auch immer gewollt ist. Öffentliche Parkplätze sind gratis, während der Obsthändler und der Wirt eine Gebühr bezahlen müssen, wenn sie ihre Tische auf den Gehweg stellen, der ebenfalls öffentlicher Grund ist. Genau diese Haltung muss sich umkehren.

Der andauernde Fahrradboom wird sich fortsetzen, bis das Fahrrad wieder zum Massenverkehrsmittel wird. Die Zahl der deutschen Radler hat sich in den letzten zehn Jahren verdoppelt, die Anzahl der Radwege leider nicht. Das Fahrrad kann mehr, es ist auch für mittlere Strecken geeignet, wenn es entsprechende Fahrradwege und Abstellmöglichkeiten gibt. Ein Elektrofahrrad vergrößert die durchschnittliche Reichweite des Radverkehrs von heute 6 bis 7 Kilometer auf 12 bis 20 Kilometer; so kann man viele Pendler in die Stadt bekommen. Kopenhagen, Münster oder viele niederländische Städte zeigen, was bei einem konsequenten Ausbau der Infrastruktur für das Rad möglich ist. Radverkehr kann man so attraktiv, sicher und entspannt gestalten, dass alle Menschen, die das nicht grundsätzlich ablehnen, mehr Fahrrad fahren. In der Nahversorgung ist vieles mit kleinen, elektrisch betriebenen Fahrzeugen zu leisten, elektrisch unterstützte Lastenräder werden mittlerweile von Paketdiensten eingesetzt. 2018 wurden in Deutschland eine Million E-Fahrräder verkauft. Die Bosch-Gruppe – die lange zu den Skeptikern gehörte – ist bei den E-Bike-Systemen inzwischen Weltmarktführer.

Wir brauchen eine Renaissance des Gehens. Im Sinne der autogerechten Stadt wurden die Fußgänger, bis in die 1960er-Jahre die dominierende Verkehrsart, immer mehr in ihren Bewegungsmöglichkeiten eingeschränkt, auf Gehwege verbannt, weil das Automobil als unentbehrliches Verkehrsmittel der wichtigen Oberen angesehen wird. 1953 wurde die Möglichkeit des Gehwegparkens in die StVO aufgenommen, 1970 die Möglichkeit, Rad- und Fußwege zusammenzulegen. 1970 gingen noch 90 Prozent aller Schüler zu Fuß, heute werden zwei Drittel vom Mamataxi in die Schule gebracht und haben entsprechend wenig Ahnung vom Straßenverkehr. Inzwischen gehören Fußgänger zu den Hochrisikogruppen im öffentlichen Verkehr. Der Allgemeine Deutsche Automobilclub hat 20 Millionen Mitglieder und der Bund der Fußgänger ist ein Schatten seiner selbst und wirbt unter dem Motto ›Das muss doch nicht sein‹ für Kennzeichnung von Fahrrädern und hundekotfreie Bürgersteige.

Auch wenn zögerlich zunehmend Raum für Verkehrsberuhigung und Fußgängerzonen umgewidmet wird, so muss die Verkehrsplanung dringend wachgeküsst werden. In den Städten Amerikas, Afrikas und Asiens, die erst im 20. Jahrhundert gebaut wurden, existieren oft gar keine Gehwege. Dafür gibt es dort extrem breite Autostraßen, die mit geringem Aufwand zurückgebaut werden könnten.

Die Menschen sind bereit für Veränderungen. Insbesondere junge Menschen sind offen für Innovationen in der Mobilität. 65 Prozent der 18- bis 29-Jährigen wünschen sich unbemannte Drohnen für kurze Strecken und 60 Prozent autonom fahrende Autos.[156]

Besonders stark wünschen sich die Deutschen den Ausbau für die aktive Mobilität, über 80 Prozent wollen mehr Fahrradwege und Fußwege. Derzeit ist der Besitz eines eigenen Autos für die meisten, die es sich leisten können, der einfachste Weg, Mobilität verfügbar zu haben. Wenn aber in naher Zukunft selbstfahrende Autos an jedem Ort und zu jeder Zeit verfügbar sind, werden die dann günstigeren autonomen Autos für die meisten Fahrten gegenüber dem Autobesitz bevorzugt werden.[157] Erst müssen die Rahmenbedingungen stimmen und für die Käufer und Nutzer tatsächliche Vorteile eingeräumt werden. Dann ändern die Verbraucher ihr Verhalten dem Angebot entsprechend und umso schneller, je mehr mitmachen und dadurch ihr Leben verbessern. In Kopenhagen oder Groningen fahren fast alle Rad, vor allem weil es komfortabler, schneller, problemloser und viel billiger ist als das Auto.

Was ist zu tun?

Für Appelle und freiwillige Anreize ist es zu spät; die Verkehrswende muss gesteuert werden. Es braucht ein Auslaufen der Herstellung und des Verkaufs neuer Verbrennungsmotoren im Automobilbau ebenso wie im Flugzeug- und im Schiffbau bis spätestens in fünf Jahren. In Dänemark beträgt die Steuer bis zu 150 Prozent des Autowerts; in Deutschland hätte das die Stilllegung Hunderttausender Kfz zur Folge.

Viel wichtiger ist jedoch, den öffentlichen Verkehr, das Zufußgehen und das Radfahren zulasten des privaten Autos konsequent zu fördern. Straßen müssen zukünftig von außen nach innen gedacht werden. Eine systematische Parkraumbewirtschaftung muss Parkplätze massiv verteuern und Straßen und Parkflächen rückbauen. Ersatzweise sollte man Fahrradschnellwege und sehr breite Radspuren bauen, auf denen schnelle E-Radler langsamere Radfahrer mit Anhänger ohne Gefahr überholen können. Fußgänger und Anwohner sollen die öffentlichen Räume vor ihrer Haustür autofrei nutzen können.

Kapitel 14

Vom Bauer zum Energie- und Rohstoffwirt – die Landwirtschaftswende

Die Landwirtschafts-, Ernährungs- und Chemiewende muss Teil der Energiewende sein und markiert den Weg vom Landwirt zum Energie- und Rohstoffwirt. Für ihr Gelingen ist eine weitsichtige Raumordnung nötig. Auf dem Spiel stehen die Qualität unseres Essens, eine klimagerechte Landwirtschaft und das Überleben kleiner Bauernhöfe. Eine Agrarwende ist nötig und möglich. Gleichzeitig ist es wichtig, Landwirte aktiv auf den unvermeidbaren Klimawandel vorzubereiten. Ein Strukturwandel in der Landwirtschaft wird gelingen, wenn der Landwirt Energie- und Rohstofflieferant wird. Er sollte darüber hinaus an der Weiterverarbeitung direkt beteiligt sein. So wird die Wertschöpfung aus landwirtschaftlichen Nutzflächen gesteigert und dem Landwirt erschließen sich neue Einkommensquellen. Das Ziel ist eine ökologische und ökonomische Landwirtschaft, die als regionale Kreislaufwirtschaft vor Ort Arbeitsplätze entstehen lässt.

Mit 60 Milliarden Euro im Jahr stellen die Agrarsubventionen 40 Prozent und damit den größten Titel im EU-Haushalt. 20 Prozent aller Betriebe, die Großbetriebe, erhalten 80 Prozent der Direktzahlungen – je nach Fläche. Kleinbauern bekommen am wenigsten. Über 100.000 deutsche Kleinbetriebe mussten in den vergangenen zehn Jahren schließen. Das frei gewordene Land kaufen dann meist Agrarkonzerne oder Investoren. Die fatalen Folgen sind Monokulturen, Glyphosat, Artenschwund, Megaställe und Höfesterben – mit den Höfen stirbt auch altes Wissen. Ein Blick in den Agrar-Atlas der

Böll-Stiftung zeigt deutlich, wie die Mittelvergabe nach Fläche zu weniger, dafür größeren Betrieben führt, weil Größe zum Wettbewerbsvorteil wird. Die existierenden Beschlüsse zur Gemeinsamen Agrarpolitik sind ein fantasieloses ›Weiter so‹ zur bisherigen Politik, die umweltschädlich und ungerecht ist.

Doch erkennen immer mehr Landbesitzer, dass sie von guter Klimapolitik enorm profitieren können. Biomasse, Windräder, Wasserkraft- und PV-Anlagen benötigen Fläche und erhöhen damit die Pachterlöse. Gleichzeitig schädigt der Klimawandel den Wert ihres Eigentums, weil die landwirtschaftlichen Erträge sinken. Die politische Kraft der Landbesitzer könnte daher der Klimapolitik zum Durchbruch verhelfen. Die Städter unterstützen sie dabei: in Bayern hatte 2018 das Volksbegehren zur Rettung der Bienen so großen Zulauf, dass selbst der erzkonservative, doch geschmeidige Ministerpräsident Markus Söder (CSU) plötzlich von Blühstreifen, Arten- und Klimaschutz schwärmt – Themen, welche die dem Bauernverband treu ergebene CSU bisher zu verdrängen wusste. Die Bundesministerin für Ernährung und Landwirtschaft Julia Klöckner (CDU) hat dieses plebiszitäre Erweckungserlebnis noch vor sich. Im Januar 2019 demonstrierten in Berlin schon mal 30.000 Menschen unter dem Motto ›Wir haben es satt‹ für eine andere Landwirtschaftspolitik. Dabei ging es neben Tierwohl, Insektenschutz und den Perspektiven kleinerer Betriebe auch um das Thema Klimaschutz. Die Wachsamkeit der Bevölkerung wächst.

Opfer, Täter, Retter – Bauern und das Klima

Extreme Wetterlagen nehmen zu. Betroffen ist naturgemäß die Landwirtschaft. 2017 war es nass. Frost im April, permanente Unwetter und festsitzende Starkregen. Landwirte konnten mit ihren Geräten nicht auf die Felder fahren. Mähdrescher sind eingesunken und mussten mit schwerem Gerät geborgen werden. Das Korn ist auf den Feldern verschimmelt. 2018 dann Hitze und Trockenheit, Felder gerieten in Brand, die Ernte verdorrte in vielen Regionen. Das führte zu Futtermangel; Viehbestände mussten reduziert werden, was wiederum die Preise drückte. Versicherer wollen keine Ernteausfälle mehr decken. Viele Betriebe erlitten finanzielle Schäden, einige ruinierte das sogar. Da es anderen Ländern Europas ähnlich ging, konnten Importe das nicht ausgleichen. Auch die Wälder leiden unter Trockenheit. Waldschädlinge wie der Borkenkäfer vermehren sich. Fichten, die mit ihrem flachen Wurzelwerk vor allem Wasser aus den oberen Erdschichten aufnehmen, sind besonders von Regen abhängig. Im heißen Juni 2019 kann die mitteleuropäische Forstwirtschaft befallene Fichten nicht so schnell fällen und entfernen, wie neue Opfer entdeckt werden.

Die Landwirte saugen in den trockenen Sommern so viel Beregnungswasser aus den Flüssen und dem Grundwasser, dass die Pumpen an ihre Kapazitätsgrenzen stoßen und die Grundwasserreserven bedrohlich minimiert werden. Konventionelle Kondensationskraftwerke benötigen noch viel mehr Wasser als die Landwirte; deshalb liegen alle an Flüssen oder dem Meer. Atomkraftwerke brauchen besonders viel; die Elektrizitätsgesellschaft EDF beispielsweise benötigt jährlich bis zu 19 Milliarden Kubikmeter Wasser – das entspricht rund der Hälfte des französischen Trinkwasserverbrauchs –, das den Bauern nicht mehr zur Verfügung steht. Inzwischen müssen nicht nur in Italien oder Spanien, sondern auch bei uns Kern- und Kohlekraftwerke gedrosselt werden, weil im überhitzten Niedrigwasser der Flüsse kein Fisch überlebt.

Die Bauern als Teil der Ernährungswirtschaft sind nicht nur Opfer, sondern mitverantwortlich für einen wichtigen Teil der Treibhausgasemissionen. Die Landwirtschaft in Deutschland produziert annähernd so viel klimaschädliche Gase wie der Straßenverkehr, nämlich rund 13 Prozent der Gesamtmenge. Sowohl konventionelle als auch ökologische Landwirtschaft tragen dabei erheblich zum Treibhauseffekt bei. Der klimaschädliche Konsum von Fleisch, insbesondere Rindfleisch, und Tierprodukten ist hoch; für die Landwirte fehlen die Anreize, möglichst klimafreundlich zu arbeiten. EU-weit rechnen Klimaforscher rund 10 Prozent der gesamten Treibhausgasemissionen der Landwirtschaft zu, die vor allem in der Tierhaltung, bei der Lagerung von Hofdüngern und bei der Düngung der Böden entweichen. Weitere Emissionen, die der Ernährung zuzurechnen sind, entstehen bei der Futtermittelproduktion außerhalb der EU, bei der Produktion von Agrochemikalien, bei Verpackung, Transport und Lagerung von Lebensmitteln sowie durch Lebensmittelabfälle. So entfallen auf den gesamten Ernährungssektor wesentlich mehr Emissionen als nur auf die Landwirtschaft. Je nach Modell gehen Wissenschaftler von einem Anteil von mindestens 33 bis 50 Prozent der globalen Treibhausgasemissionen aus.[158]

Um die Folgen des Klimawandels zu begrenzen und die Ernährungssicherheit langfristig zu sichern, muss auch die Landwirtschaft Treibhausgase reduzieren. In Deutschland ist überwiegend die Landwirtschaft für die Emissionen von Lachgas verantwortlich. Lachgas oder Distickstoffmonoxid (N_2O) ist ein farbloses, süßlich riechendes Gas. Die durchschnittliche Verweildauer in der Atmosphäre beträgt 114 Jahre. Es ist etwa 300-mal so klimaschädlich wie Kohlendioxid. Es gelangt vor allem durch den intensiven Einsatz von Stickstoffdünger und die Massentierhaltung in die Atmosphäre, denn es entsteht immer dann, wenn Mikroorganismen stickstoffhaltige Verbindungen im Boden abbauen. In der Industrie entsteht es vor allem bei chemischen Prozessen, unter anderem der Düngemittelproduktion und der Kunststoffindustrie. Lachgas gehört mit Kohlendioxid und Methan zu den bedeutendsten Treibhausgasen. Nach der Nachhaltigkeitsstrategie der Bundesregierung sollte ab dem Jahr 2010 die jährliche Gesamtbilanz auf 80 Kilogramm Stickstoff pro Hektar landwirtschaftliche Fläche gesenkt werden. Dieses Ziel wurde nicht erreicht. Die Stickstoffüberschüsse nehmen zwar gemächlich ab, liegen aber mit über 100 Kilogramm pro Hektar immer noch deutlich über dem Zielwert.[159] Das Umweltbundesamt empfiehlt als Langfristziel die Einhaltung von 50 Kilogramm (Hoftorbilanz)[160], also eine Reduktion um die Hälfte.

Deutschlands Landwirte verbrauchen rund 1,6 Millionen Tonnen subventionierten Dieselkraftstoff pro Jahr. Das schlägt mit 450 Millionen Euro an Steuerrückerstattungen zu Buche. Ein Landwirt in Deutschland zahlt 26 Cent Mineralölsteuer auf den Liter Diesel, Nichtlandwirte zahlen 47 Cent. Laut Regierungsbericht braucht es diese Subvention, weil die Bauern in den anderen EU-Mitgliedsländern noch weniger, zum Teil fast keine Steuern für Diesel bezahlen müssen und das Ziel einer unabhängigen Versorgung der deutschen Bevölkerung sonst nicht gewährleistet sei. Das ist typisch für das fossile Denkmodell. Das Gegenteil ist richtig: Nur erneuerbare Energien können für Unabhängigkeit sorgen. Technisch ist der Einsatz von nachhaltig erzeugten Biokraftstoffen etwa in zahlreichen absatzstarken Traktorenmodellen problemlos möglich, wie Freigaben namhafter Hersteller für den klimafreundlichen Kraftstoff vom Acker zeigen. Mit Biokraftstoff aus heimischem Raps könnte die Landwirtschaft ihren Kraftstoffbedarf komplett decken. So wie früher auf einem Teil der Felder Hopfen für die Zugpferde angebaut wurde; damit hat der Bauer die Treibstoffe für seine Produktionsmittel selbst erzeugt. Wegen der falschen Anreize für fossilen Kraftstoff setzen bisher nur wenige, idealistische Landwirte auf nachhaltige Traktoren. Denn deren Einsatz rechnet sich zwar für das Klima, bislang aber aus Kostengründen nicht für den Betrieb.

In zehn Jahren kann sich viel ändern. Dann fahren Traktoren, Hoflader und Agrarfahrzeuge mit Elektromotoren effektiver, kraftvoller und wartungsärmer als mit Verbrennungsmotoren. Strom erzeugen Landwirte mit Biogas-, Wind- und Photovoltaikanlagen direkt am Hof. In der Erntezeit liefern Photovoltaikanlagen auf den Dächern von Agrargebäuden den Treibstoff für den landwirtschaftlichen Fuhrpark. Während die Fahrzeuge bei gutem Wetter die Ernte einfahren, wird der Photovoltaikstrom vom Acker gleich verkauft oder in leistungsfähige, robuste und sichere Stromspeicher eingelagert. Dank intelligenter Batterietechnik mit hoher Be- und Entladeleistung können sie bei gutem Wetter in kurzer Zeit viel Strom speichern und bei Bedarf schnell an Fahrzeuge und Maschinen abgeben. Eine Vision, die zum Teil schon heute Realität ist: Erste elektrische Traktoren, wie der Fendt e100 Vario, arbeiten bereits im Feldtest, selbst erzeugter Solarstrom kostet bereits heute weniger als ein Drittel von Netzstrom und die leistungsstarken Stromspeicher sind seit Jahren auf dem Markt. Weitere Hersteller wollen in den nächsten Jahren vollelektrische Traktoren vorstellen. Die Landwirtschaft hat ein großes Potenzial zur Energieautonomie. Die Landmaschinenhersteller haben das erkannt und arbeiten mit Hochdruck an der E-Mobilität.

Photovoltaik und Windkraft passen mit Landwirtschaft gut zusammen. Die mit PV-Modulen belegten Scheunendächer und an Windparkbetreiber verpachtete Grundstücke sind bereits Alltag der Bauern. PV-Freiflächenanlagen werden nicht auf Dächern oder an Gebäudefassaden angebracht, sondern auf der freien Fläche aufgestellt. Mit einem auf einer Unterkonstruktion fest montierten System, das starr ist oder der Sonne nachgeführt wird oder schwimmt. Problemlos ist die Installation auf bereits versiegelten und Konversionsflächen. Umstrittener hingegen ist die Agro-Photovoltaik. Die Module, fünf Meter hoch über dem Boden montiert, erlauben die Bodenbearbeitung und Ernte mit üblichen landwirtschaftlichen Maschinen. In Deutschland lehnen Bauernverband und Landwirtschaftspolitik die Agro-PV weitgehend ab, mit dem Argument, die PV-Anlagen würden wertvolle Ackerfläche verringern. Ein visionsloses und falsches Argument, denn es ist genau andersherum: Agrar-PV ermöglicht einen Doppelnutzen vom Acker: Solarstrom und Feldfrüchte. Die Flächeneffizienz von Solarparks ist vergleichsweise hoch: So liefern Solarparks pro Flächeneinheit etwa 25- bis 65-mal so viel Strom wie Energiepflanzen. Das Fraunhofer ISE schätzte bereits 2015 das technisch erschließbare Agro-PV-Potenzial in Deutschland auf 25 bis 50 Gigawatt. Das entspricht der Leistung von 25 bis 50 Kernreaktoren, obwohl mit lediglich 10 Prozent der technisch möglichen Projekte gerechnet wurde. Zum Vergleich: Ende 2014 waren in Deutschland rund 38 Gigawatt Photovoltaikleistung installiert, davon etwa 9 Gigawatt auf Acker- und Konversionsflächen.

Zahlreiche Pflanzen wie Kartoffeln, Hopfen oder Salat gedeihen unter Photovoltaikanlagen sogar besser als in der prallen Sonne. Andere Sorten wie etwa Gerste, Raps oder Kohl lassen sich von der mäßigen Beschattung kaum beeinflussen.[161] Am Bodensee wurde inzwischen nachgewiesen, dass Agro-PV die Landnutzungseffizienz um 60 Prozent steigern kann.[162] Agro-PV fördert eine ländliche Wertschöpfung und entwickelt die Regionen, weil sie prädestiniert dafür ist, dezentral von Landwirten, Gemeinden sowie klein- und mittelständischen Unternehmen getragen zu werden. Die Aufständerung soll so gestaltet werden, dass eine extensive Nutzung und Pflege des Bewuchses weiterhin möglich bleibt. Solaranlagen tragen viel zur regionalen Artenvielfalt bei; durch die Installation eines Solarparks ist eine deutliche ökologische Aufwertung der Flächen im Vergleich zur alleinigen Ackernutzung oder der Grünlandnutzung als Weiden möglich.[163] Im regenarmen Sommer 2018 konnte man in Deutschland riesige vertrocknete Ackerflächen in mediterranem Ocker betrachten; grün hingegen war es unter den aufgeständerten PV-Freiflächenanlagen auf einzelnen Feldern. Auch die Landarbeiter freuen sich über den sommerlichen Schatten.

Die Politik nimmt die Landwirtschaft von der Klimapolitik aus und macht keine klaren Einsparvorgaben. Dabei bietet die Landwirtschaft enorme Möglichkeiten für den Klimaschutz: Der Ausstoß an Treibhausgasen könnte um 60 Prozent gesenkt werden, das entspräche 80 Millionen Tonnen CO_2 jährlich. Die einfachste Maßnahme wäre, die Trockenlegung von Mooren zur landwirtschaftlichen Nutzung zu stoppen. Schon allein dadurch ließen sich 30 Prozent der Treibhausgase einsparen. Weitere 20 Prozent würde die Umstellung auf ökologische Landwirtschaft bringen. Um den Treibhausgasausstoß aber innerhalb von zehn Jahren um insgesamt 60 bis 80 Prozent zu senken, müsste die Produktion von Fleisch und Milch gesenkt werden, denn vor allem die Rinderhaltung ist klimaschädlich. Die Agrarpolitik muss Teil der Klimapolitik werden – verbunden mit konkreten Einsparvorgaben.

Industrielle Landwirtschaft – unsere Ernährung

Die globale industrielle Landwirtschaft produziert einen verhängnisvollen Cocktail an reaktivem Stickstoff, der neben dem Klima unsere Gesundheit bedroht, so das Umweltprogramm der Vereinten Nationen. Besonders umwelt- und klimaschädlich sind die Lachgas- und Nitratemissionen aus der Massentierhaltung. Deutschland ist hier, wie mittlerweile so oft, kein Vorreiter. Unter allen 29 EU-Staaten weist das Land die zweithöchste Belastung des Grundwassers durch Nitrat auf. Zu viel Gülle von zu vielen Tieren wird auf die Felder ausgebracht und verseucht das Grund- und Trinkwasser. Deutschland ignorierte 26 Jahre lang die EU-Nitratrichtlinie und wurde 2019 endlich vom Europäischen Gerichtshof verurteilt.[164]

Rund 9 Prozent des CO_2, 37 Prozent des Methans und 65 Prozent aller Stickoxide (300-mal höheres Treibhauspotenzial als CO_2) stammen aus der globalen Viehhaltung, die meisten Treibhausgase stammen aus der industriellen Massentierhaltung und den dafür notwendigen Futtermitteln. Intensive Systeme zur Produktion von Futter, dessen Transport und Verfütterung benötigen im Vergleich zur Weidehaltung hohe Mengen an energiedichten Futtermitteln, die wiederum unter hohem Einsatz von Düngemitteln, Pestiziden, Herbiziden, Wasser und fossilen Treibstoffen produziert werden. Die Herstellung von Stickstoffdünger und Pflanzenschutzmitteln ist energieintensiv und mit CO_2-Emissionen verbunden. Gleiches gilt für die Produktion von Tierarzneimitteln wie Antibiotika.[165]

Es ist unverantwortlich, wie viel Landfläche Deutschland in Entwicklungsländern für Futtermittelimporte nach Deutschland belegt. Die deutsche Landwirtschaftspolitik sollte aufhören, auf Exporte von Fleisch und Milchprodukten in alle Welt zu setzen. Sie schädigt damit das Klima und setzt die bäuerlichen Betriebe hier einem ruinösen Preiswettbewerb gegen Billiganbieter in aller Welt aus.[166]

Es geht auch anders: Fleischalternativen steigern ihre jährlichen Umsätze um bis zu 30 Prozent. Es wird künftig viel günstiger sein, ein Steak wachsen zu lassen, anstatt eine ganze Kuh aufzuziehen und zu schlachten. Der erste derart erzeugte Hamburger wurde im Jahr 2013 produziert. Damals kostete das 330.000 US-Dollar, im Jahr 2018 sind es nur noch 11. Die Fleischproduktion, wie wir sie kennen, kann grundlegend verändert werden. Auch wenn der Fleischmarkt weltweit wächst, kann der Marktanteil von Fleischalternativen in den kommenden zehn Jahren auf 30 bis 60 Prozent anwachsen[167].

Eine Gruppe internationaler Wissenschaftler, die EAT-Lancet Commission on Food, Planet, Health, entwarf 2019 die Idee, eine gesunde Ernährung für eine Weltbevölkerung von 10 Milliarden sicherzustellen und die negativen Auswirkungen der Landwirtschaft auf Klima, Artenvielfalt und Gewässer zu verringern. Sie kommen zu dem Schluss, dass der Konsum von rotem Fleisch und Zucker halbiert werden müsse. Die Vernichtung von Lebensmitteln müsste mindestens auf die Hälfte gesenkt werden. Die Ernährung wäre zum größten Teil pflanzlich. Es scheint schwer vorstellbar, dass sich eine global gerechte Gesundheitskost für alle politisch durchsetzen lässt. Doch die Überlegung zeigt, dass es möglich wäre, deutlich mehr Menschen als derzeit auf der Erde leben, zu ernähren. Trotzdem hungern heute noch über 800 Millionen Menschen.

Um hier weiterzukommen, müssen Steuern oder Abgaben sowohl auf die Emissionen der Treibhausgase als auch auf den Einsatz klimarelevanter Inputs wie Mineraldünger oder Pflanzenschutzmittel erhoben und gleichermaßen auf Ökolandbau und konventionelle Landwirtschaft angewendet werden. Das wird zu einer Verteuerung von Rindfleisch und Milchprodukten und zu einem entsprechenden Rückgang der Nachfrage führen. Der Verbrauch von Schweine- und Geflügelfleisch, die generell weniger klimaschädlich sind, würde dagegen ansteigen. Mit den Milliarden der EU-Agrarpolitik könnte bereits ab 2021 mit dem Umbau begonnen werden.

Der Rohstoffwirt – die Chemiewende

Was im Energiebereich die Dekarbonisierung darstellt, ist für die Chemie- und Kunststoffindustrie der Umstieg auf erneuerbaren, biologisch abbaubaren Kohlenstoff. Organisch-chemische Alltagsgüter wie Plastik stellt man heute zu 90 Prozent aus Rohöl her; das billige Öl sorgt für Massenproduktion und die Produkte aus dem fossilen Kohlenstoff verschmutzen die Meere und die Atmosphäre. Erdöl kann durch verschiedenste Pflanzen wie Mais, Kartoffeln, Zuckerrüben und Weizen, Algen und Mikroorganismen ersetzt werden.[168] Die Sonne verwandelt wertlose Stoffe in wertvolle.

Aus Erdöl gewonnene Kunststoffe sind nicht vollständig biologisch abbaubar. Plastiktüten oder Plastikverpackungen werden oft nur kurz benutzt und tauchen dann in Hunderten von Jahren da auf, wo sie nicht hin sollen: Sie vermüllen die Umwelt, verstopfen die Kanalisation und die Mägen von Meerestieren und sind, mikroskopisch klein, ebenso in der Arktis wie in den Mägen deutscher Bürger zu finden. Wenn etwas zu viel produziert wird und es der Umwelt schadet, muss es teurer werden. Das gilt für Plastik aus Erdöl genauso wie für die Treibhausgase aus der industriellen Landwirtschaft. Würden nun Ölverbrauch und Treibhausgase in der Produktion besteuert, würde auch das Endprodukt teurer. Der Plastikbeutel und das Steak würden so viel kosten, wie sie der Umwelt schaden.

Die Kunststoffstrategie der EU beschränkt sich im Jahr 2018 noch auf ein plakatives Verbot von Strohhalmen, die aus Plastik statt aus Stroh gemacht sind. Doch eine Steuer auf Öl als Plastikgrundstoff fehlt. Ein Großteil aller Plastiktüten und anderer -alltagsgüter ließe sich einsparen. Der Rest kann durch Biokunststoffe ersetzt werden. Dann werden die Landwirte zu Rohstoff- und Chemiewirten – und der achtlos in die Natur geworfene Strohhalm ist bioabbaubar und bereichert den Boden beim Verrotten.

Es gibt drei Quellen für erneuerbaren Kohlenstoff:

1. aus dem Recycling von bereits vorhandenen Kunststoffen,
2. aus direkter CO_2-Nutzung, zum Beispiel aus Kohlekraftwerken oder ›Direct-Air-Capture‹ aus der Atmosphäre und
3. aus Biomasse. Bereits vor 150 Jahren stellte man Celluloid aus pflanzlicher Zellulose her. Doch nur 1 Prozent aller Kunststoffe sind heute bio.

Die Chemiewende ist die schlüssige Parallele zur Energiewende. Bauern haben viel zu gewinnen, wenn sie sich an der Umstellung unseres Wirtschaftssystems auf biogene, also Erneuerbare Grundlagen beteiligen.

Flächen- und Wasserverbrauch

Die industrielle Agrarproduktion sowohl von Futtermitteln als auch von Bioplastik, Kosmetika, Biokraftstoffen, Pressspan und Möbelholz wächst. Es gibt eine starke Flächenkonkurrenz zwischen diesen beiden Nutzungsarten und der Ernährung, die auf einem globalen Markt ausgetragen wird. Weltweit werden 30 Prozent der Landfläche beziehungsweise 78 Prozent der landwirtschaftlichen Fläche für die Tierproduktion genutzt. Direkt, das heißt, 87 Prozent der Fläche sind Weiden; indirekt bedeutet, 13 Prozent sind Äcker für Futtermittelanbau.

Konkurrenz besteht auch bezüglich des jeweiligen Wasserverbrauchs. Die Erzeugung der Biokraftstoffe für einen Transatlantikflug verbraucht so viel Wasser, wie in ganz Deutschland am Tag getrunken wird. Agro-Photovoltaik – ›Module über dem Acker‹ – verbrauchen fast kein Wasser und beschatten zudem die Felder. Innerhalb von zehn Jahren kann der überwiegende Plastikmarkt vollständig auf Biokunststoffe mit 30 Prozent Biomasseanteil und 70 Prozent durch direkte CO_2-Nutzung umgestellt werden. Die hierzu notwendige Menge an Biomasse entspräche etwa 1 Prozent der aktuell genutzten Biomasse. Doch es muss bedacht werden: bei intensivem agro-industriellen Anbau haben biobasierte Kunststoffe keinen nennenswerten Umweltvorteil gegenüber erdölbasierten Kunststoffen.[169]

Die Böden spielen eine wichtige Rolle im Klimaschutz. Ein Viertel des terrestrischen Kohlenstoffs ist – vor allem in Regenwäldern – in Pflanzen gebunden, ein weiteres Viertel in Kohlelagerstätten, aber fast 50 Prozent in den 30 Zentimeter mächtigen Oberböden. Die Böden sind der größte terrestrische Kohlenstoffspeicher der Welt. Gesunde und fruchtbare Böden haben einen höheren Humusgehalt. Humusaufbau im Boden wiederum bindet mehr CO_2 als ein Boden, in dem Humus abgebaut wird, da er viele organische Kohlenstoffverbindungen enthält. Der biologische Landbau fördert die Entwicklung gesunder, fruchtbarer und humusreicher Böden. Sprich: Bio ist definitiv klimafreundlicher als konventionelle Landwirtschaft oder gar Monokulturen. Je mehr Betriebe auf nachhaltige Bewirtschaftungsmethoden zurückgreifen, desto besser für das Klima. Maßnahmen sind hier eine an die Fläche angepasste Zahl von Tieren und vielfältige Fruchtfolgen auf dem Acker. Denn durch einen häufigen Wechsel der angebauten Pflanzen bleibt die Fruchtbarkeit der Böden besser erhalten. Es geht außerdem um die Rückbindung von CO_2 in Böden; das gelingt über den Humusaufbau. All dies hat den positiven Nebeneffekt, dass die Böden aufnahmefähiger für Wasser sind und dieses entsprechend besser und länger speichern können. So sind die Pflanzen besser versorgt und es kommt zu weniger Überschwemmungen nach einem Starkregen.[170]

Verheerend ist der Komplettverlust an Böden. In Deutschland hat sich die Siedlungs- und Verkehrsfläche zwischen 1992 und 2017 von 40.000 auf 50.000 Quadratkilometer ausgedehnt; ein Zuwachs von 60 Hektar am Tag.[171] Mit Blick auf die Teilflächen dehnte sich die Siedlungsfläche um gut 30 Prozent und die Verkehrsfläche um knapp 10 Prozent aus. Der Zuwachs vollzog sich in weiten Teilen zulasten der landwirtschaftlich genutzten Fläche. Gut die Hälfte der entwickelten Flächen sind versiegelt[172]. Sie können somit kein Wasser aufnehmen und kein CO_2 speichern.

Internationale Zusammenhänge

Die Handelspolitik der Europäischen Union wirkt sich negativ auf die Weltpreise aus und ist für Land Grabbing und Migrationsbewegungen mitverantwortlich. Afrikanische Bauern können nicht mit Exportsubventionen, Billigfleisch und unfairen Handelsabkommen konkurrieren und werden so ruiniert, internationale Agrarkonzerne, Banken, Pensionskassen und nationale Investoren sichern sich dann riesige Flächen.

Seit der Finanzkrise im Jahr 2008 kaufen Finanzinvestoren Land. 2019 gibt es um die 140 spezialisierte Landfonds; vor einem Jahrzehnt waren es noch ein Dutzend. Das Investitionsvolumen im Land wächst jährlich um etwa 10 Prozent. Durch Wetten auf die Preisentwicklung von Agrarrohstoffen wie Mais oder Weizen treiben Investmentbanken die Preise für Nahrungsmittel in die Höhe. Da ist es nur logisch, dass die armen Menschen weltweit keine lukrative Zielgruppe sind, wenn über diesen sogenannten freien Markt versucht wird, maximale Rendite zu generieren. 80 Prozent der Migrationsbewegungen aus der Sahelzone waren durch Trockenheit und Ernteausfälle bedingt[173], die auch dafür verantwortlich sind, dass Konflikte ausbrechen[174].

Die Lösung heißt auch hier Agro-PV, denn sie kann ihre Stärken aufgrund der höheren Solareinstrahlung in heißen Ländern noch besser ausspielen: hier liegt ein enormes Potenzial[175]. In ariden und semiariden Regionen leben oft große Teile der Bevölkerung von der Landwirtschaft, die von Trockenheit, Wüstenbildung und Wassermangel infolge des Klimawandels besonders stark betroffen ist. Durch die partielle Verschattung von Ackerflächen senken Agro-PV-Anlagen nachweislich den Bedarf an der wertvollen Ressource Wasser und bieten Nutztieren Schatten. Auch Fruchtarten, die normalerweise aufgrund des trocken-heißen Klimas und der starken Sonneneinstrahlung nicht wachsen würden, können in einem Agro-PV-System kultiviert werden. Gleichzeitig kann der produzierte Solarstrom für den Betrieb von Wasserpumpen oder -entsalzungsanlagen genutzt werden. Im indischen Bundesstaat Maharashtra erwartet man durch PV-Verschattung eine 40-prozentige Ertragssteigerung bei Tomaten und Baumwolle[176].

In netzfernen Regionen bedeuten bereits wenige Solarmodule eine erhebliche Verbesserung der Lebensqualität, Zugang zu Informationen, Bildung und einer besseren medizinischen Versorgung. So haben im subsaharischen Afrika rund 90 Prozent der Landbevölkerung keinen Zugang zu Strom. Durch Agro-PV ergeben sich für Landwirte eine ganze Reihe neuer Einkommensquellen; gleichzeitig sinkt die Abhängigkeit der Landbevölkerung von fossilen Energieträgern wie Diesel für Generatoren und Kerosin für die Lampen. Zudem kann der Solarstrom für die Kühlung und Weiterverarbeitung der landwirtschaftlichen Produkte genutzt werden, die so haltbarer und besser zu vermarkten sind.[177]

Die Regierungen rennen hinterher

Sämtliche wissenschaftliche Analysen sowie die des Europäischen Rechnungshofs belegen, dass eine Agrarpolitik der reinen Geldverteilung nicht angemessen ist. Trotzdem soll den EU-Mitgliedsstaaten freie Hand für Umweltdumping gewährt werden. Kommission und Europaparlament wollen, dass die EU-Länder allein entscheiden, ob Agrar-Umweltmaßnahmen in ›wenigen benachteiligten Regionen‹ zur Anwendung kommen sollen. Bauern, die etwas für die Umwelt und die Gesellschaft tun wollen, werden dann sogar benachteiligt gegenüber den Betrieben, die auf Kosten aller günstiger wirtschaften dürfen. Die aktuellen Vorschläge zur Neuorientierung der Gemeinsamen europäischen Agrarpolitik (GAP) für die Periode 2021 bis 2027 bieten kaum Chancen für dezentrale Initiativen oder mehr Natur-, Umwelt- und Klimaschutz. Die derzeitige Agrarpolitik mit ihrer pauschalen Mittelvergabe ist unökologisch, ungerecht und ineffektiv, so sagen einmütig die Umweltverbände. Gegen die Fehlanreize schlägt die Arbeitsgemeinschaft Bäuerliche Landwirtschaft ein Punktesystem vor, das die Fördermittel stärker an gesellschaftlich relevante Leistungen koppelt.

Es braucht mehr Vielfalt auf den Feldern, einen abwechslungsreichen Anbau von verschiedenen Ackerfrüchten, Mischkulturen und Agroforstsystemen, bei denen Bäume neben Nahrungspflanzen wachsen statt Monokultur. Naturferne Kiefern- und Fichtenwälder sollten in artenreiche Mischwälder umgewandelt werden. So kann CO_2 in Böden zurückgeführt und der Wasserhaushalt stabilisiert werden.

Die seit 2009 offizielle europäische Leitvorstellung von Raumordnung ist die einer nachhaltigen Raumentwicklung. Die Kommission Landwirtschaft am Umweltbundesamt fordert konsequenterweise, regionale Leitbilder von unten nach oben zu entwerfen, Öko-Leistungsentgelte statt Einkommenshilfen zu finanzieren und den Ordnungsrahmen für umweltgerechte Landbewirtschaftung durch innovative Raumordnung und Kommunalplanung zu definieren.

Smart Farming – die digitalisierte Präzisionslandwirtschaft 4.0 – automatisiert monotone Arbeiten und reduziert den Düngereinsatz, bei gleichzeitiger Steigerung von Produktqualität und Flächenerträgen. In den angewandten Technologien liegt ein atemberaubendes Marktpotenzial.

Urban Gardening – Stadtwirtschaft in Stadtgärten – verbessert das Stadtklima und spart Transportkosten. Algen und andere Pflanzen absorbieren CO_2; sie mögen die städtische Abwärme. Bis in zehn Jahren kann ein Viertel der produzierten Lebensmittel der Welt in voll automatisierten, mit Photovoltaik und Robotik ausgestatteten Gewächshochhäusern angebaut werden, die in den Städten und auch in völlig unwirtlichen Gegenden errichtet werden können. Derzeit sind 28 solcher Vertical-Farming-Gebäude im Bau, etwa in Abu Dhabi und in chinesischen Metropolen.[178] Die Lebensmittelqualität ist gut, Fläche, Wasser und Dünger werden eingespart und die saisonale Verfügbarkeit ist besser als beim Feldanbau. Havanna versorgt sich bereits zur Hälfte mit eigenen Lebensmitteln aus Stadtgärten.

Wir müssen weg von instabilen und anfälligen Hochleistungssystemen hin zu agrarökologischen Anbaumethoden, die Bäuerinnen und Bauern eine Zukunft bieten und eine gesunde Ernährung sichern.

Jährlich landen rund 18 Millionen Tonnen Nahrungsmittel, fast ein Drittel des deutschen Verbrauchs, ungenutzt im Müll[179]. Der größte Teil davon wäre durch ein verbessertes Management entlang der Wertschöpfungskette, nachhaltige Marketing- und Verpackungsstrategien und veränderte Konsumgewohnheiten vermeidbar. Stattdessen werden in Deutschland immer noch Menschen strafrechtlich verfolgt, die gegen diese Verschwendung aktiv werden und weggeworfene Lebensmittel mitnehmen.

Was ist zu tun?

Um Anreize zu schaffen, möglichst klimafreundlich zu produzieren, muss das Verursacherprinzip gelten: Umweltkosten müssen dort aufscheinen, wo sie entstehen. Das würde umweltfreundlich erzeugte Produkte günstiger machen als solche, deren Produktion hohe Umweltschäden verursacht.[180]

Wir brauchen mehr kleine Wasserkraftwerke für den Hochwasserschutz und gegen das Absinken des Grundwasserspiegels. Moore dürfen nicht mehr trockengelegt werden.

Der rein spekulative Handel mit Rohstoff-Futures muss begrenzt werden. Die Limits könnten zentral von der Europäischen Wertpapier- und Marktaufsichtsbehörde festgelegt werden.

Das EU-Subventionssystem muss durch ein System von Umweltabgaben und Emissionssteuern ersetzt werden. Die Sozialpolitik muss gleichzeitig dafür sorgen, dass sich alle Menschen ausreichend und ausgewogen ernähren können.

Kapitel 15

Synchron und effizient – unverzichtbare Prozesse

Die intelligente Kopplung der Sektoren Strom mit Wärme und Verkehr auf der Basis grüner Energie steht im Zentrum der Energiewende innerhalb von zehn Jahren. Diese Sektorenkopplung – also die Verwendung von regenerativem Strom zur Bereitstellung von Wärme (Power-to-Heat), Mobilität (E-Mobilität, Power-to-Gas, Power-to-Liquids) sowie zur Nutzung in der Grundstoffindustrie (Power-to-Chemistry) – spielt sowohl in der Politik als auch in Wirtschaft und Gesellschaft eine enorm wichtige Rolle. Durch die Sektorenkopplung können Flexibilitätspotenziale bei der Umwandlung und beim Verbrauch von Energie sektorenübergreifend erschlossen, der Beitrag der erneuerbaren Energien am Endenergieverbrauch gesteigert sowie Kohlenstoffdioxidemissionen reduziert werden.[181] Die Sektorenkopplung ermöglicht nicht nur, fossile Energieträger im Verbrauch zu ersetzen, sie hat auch positive Effekte auf die Erzeugung erneuerbaren Stroms, der künftig vor allem durch Wind und Sonne und damit fluktuierend bereitgestellt werden wird. Sie bietet damit eine optimale Lösung, um Stunden mit sehr großer Wind- und Solarstromeinspeisung für Wärme und Verkehr zu nutzen, während sie bei Dunkelheit und Windstille die Stromversorgung mit Speichern sichert.[182]

Die technisch verfügbaren Optionen der Sektorenkopplung sind vielfältig und komplex. Es gibt keine Blaupause für das ganze Land. Vielmehr bedarf es regional unterschiedlicher Ansätze, die vorhandene Infrastruktur und verfügbare erneuerbare Energiequellen vor Ort berücksichtigen. Den kommunalen Unternehmen kommt daher eine bedeutsame Rolle für die intelligente Kopplung der Sektoren

Strom, Wärme und Verkehr zu. Sie müssen gemäß den individuellen Herausforderungen und Potenzialen in ihrer Region einen eigenen, effizienten Lösungsweg suchen. Die Konvergenz zwischen Sektoren bietet viele Möglichkeiten: beispielsweise die Nutzung von Fahrzeugen als dezentrale Stromspeicher und des Gasnetzes als Energiespeicher oder die Umwandlung von überschüssigem Strom in Wärme oder Kälte. Die ganzheitliche Betrachtung aller Sektoren eröffnet zahlreiche Synergieeffekte bei der Integration erneuerbarer Energien in das Energieversorgungssystem und wird daher auf dem Weg zu einem Energiesystem mit 100 Prozent regenerativer Energie in zehn Jahren gebraucht. Die zunehmende Digitalisierung ist in diesen Bereichen nicht mehr wegzudenken.

Die Sektorenkopplung ist bereits für die Wärmeversorgung mit Überschussstrom sehr wichtig. Ähnlich verhält es sich in dem Bereich der Erzeugung von industrieller Prozesswärme oder -kälte. Eine Schlüsseltechnologie, um erneuerbaren Strom im Niedertemperaturbereich zu integrieren, sind elektrische Wärmepumpen. Diese können sowohl dezentral in den Gebäuden als auch zentral zur Speisung von Wärmenetzen eingesetzt werden und verschiedene Quellen von Umgebungswärme nutzen: Luft, Grundwasser oder das Erdreich. Daneben kann erneuerbarer Strom über Power-to-Heat-Anlagen mit Heizstäben und Elektrodenkesseln in Wärme umgewandelt werden.

Die größte Bedeutung der Synchronisierung liegt im Bereich der zukünftigen Mobilität. Im Verkehrssektor kann erneuerbarer Strom über batterie- oder leitungsbetriebene Fahrzeuge genutzt werden. Überdies können synthetische Kraftstoffe – E-Fuels – generiert werden, die im Gegensatz zu Benzin und Diesel nicht aus Erdöl, sondern aus erneuerbarem Strom und CO_2 hergestellt werden, aber wie Benzin und Diesel in Verbrennungsmotoren funktionieren. Mit einem Unterschied: E-Fuels verbrennen nahezu rußfrei und emittieren sehr viel weniger CO_2 und fast kein Stickstoffoxid oder Feinstaub[183]. Ihr energetischer Wirkungsgrad ist jedoch geringer als der einer direkten Nutzung von Strom im Schienenverkehr oder in batterieelektrischen Kraftfahrzeugantrieben. Es braucht auch sehr viel Energie, um sie herzustellen, und nur bei vollständiger Strombereitstellung aus erneuerbaren Energien sind E-Fuels klimadienlich. Sie sollten daher nur zum Einsatz kommen, wenn keine anderen Optionen zur Verfügung stehen, um fossile Kraftstoffe zu ersetzen.

Noch stehen leider zahlreiche gesetzliche Vorgaben einer zügigen Umsetzung der Sektorenkopplung im Wege – einer der Schlüssel für eine erfolgreiche und schnelle Energiewende. Das bisherige Abgabensystem mit Steuern, Netznutzungsentgelten und Umlagen bremst die Nutzung von erneuerbarem Strom für mehrere Sektoren.

Energieeffizienz als zentrale Stellschraube

Eine vollständige Dekarbonisierung und ein zu 100 Prozent erneuerbares Energiesystem in zehn Jahren sind nur erreichbar und finanzierbar, wenn der Energieeffizienz hohe Priorität eingeräumt wird. Die Entwicklung und der Ausbau von erneuerbaren Energien im Kampf gegen den Klimawandel sind zwar strukturell entscheidend – ein reduzierter Verbrauch fossiler Energien ist nur relativ besser, doch noch kein Paradigmenwechsel hin zur Nutzung erneuerbarer Energien. Dennoch kann man viel auf der Verbraucherseite und damit bei der effizienten Nutzung von Energie bewegen. Energy Efficiency First – von der Internationalen Energieagentur über die EU bis zur Bundesregierung sind sich die meisten einig, dass etwa 50 Prozent weniger CO_2-Emissionen bis 2030 durch verbesserte Effizienz erreicht werden können. Nötig wäre es. Für ausreichenden Klimaschutz, für weniger Importabhängigkeit, als vorbeugende Krisen- und Friedenspolitik, für geringere Energiekosten durch ein schnelles Angebot vollständig erneuerbarer Energie, für Gesundheitsschutz und die Vermeidung von Tausenden vorzeitigen Sterbefällen. Hunderte Millionen Tonnen an Material und Energieimporte im Wert von fast 50 Milliarden Euro jährlich könnten eingespart und dadurch ein qualitatives zusätzliches Wirtschaftswachstum von 1 Prozent pro Jahr gesichert werden.[184] Schließlich ist die Umsetzung von Effizienzmaßnahmen ein Jobmotor. Durch Gebäudesanierungen oder den Austausch von ineffizienten Geräten durch effiziente stärken wir unseren Mittelstand, den Anlagen- und Maschinenbau, die Mess- und Regeltechnik und das Handwerk. Den gesamten Verbrauch an Primärenergie in einem Hightechland wie Deutschland bis 2030 zu halbieren und gleichzeitig die Lebensqualität aller zu sichern, ist eine Herkulesaufgabe.

Effizienzpolitik ist auch mit Suffizienzpolitik zu kombinieren, um zu vermeiden, dass Wirtschaftswachstum und Reboundeffekte die Energie- und Ressourceneinsparung in der Gesamtbilanz wieder zunichte machen.[185] Flachbildschirme verbrauchen zwar massiv weniger Strom, die zunehmend großen Fernseher benötigen dann jedoch wieder relativ viel Energie. Wenn der gesamte Verbrauch sogar zunimmt, der Rebound also mehr als 100 Prozent hat, spricht man von Backfire-Effekten. So erhöht der Bau neuer Straßen den insgesamten Benzinverbrauch. Wer auf eine umweltschädliche Weltreise verzichtet und sich dafür einen Hausanbau leistet, landet mit der grauen Energie für den Bau und dauerhaft höheren Betriebskosten schnell über dem Energieverbrauch der Kreuzfahrt. Bei gewusst gewählter Suffizienz erfolgt die Investition des gesparten Gelds in eine energetische Sanierung und Bedeckung der Dachfläche mit Photovoltaik, was sich schnell amortisiert und sogar zu neuen Einnahmequellen verhilft.

In der Industrie ist besonders die Bereitstellung mechanischer Energie durch Elektromotoren interessant, da sie mehr als zwei Drittel der industriellen Stromnachfrage verursachen und bedeutende Potenziale zum Energieeinsparen bieten. Elektromotoren werden routinemäßig und breit in industriellen Anwendungen eingesetzt, zum Beispiel für Druckluftkompressoren, Ventilatoren, Pumpen, Kohleförderanlagen und andere Werkzeuge, Bagger, Kräne, Mischwerke oder Zentrifugen.

Die Vertreter der Mitgliedsstaaten und der EU-Institutionen einigten sich im Juni 2018 auf ein EU-weites Einsparziel von lediglich 32,5 Prozent bis 2030. Das Europaparlament wollte 40 Prozent. Schweden beispielsweise hat 50 Prozent als Ziel. Die deutsche Regierung stand mit ihrer Forderung nach 30 Prozent wieder auf der Bremse. Die unterlassene Effizienzsteigerung wird den Bundeshaushalt bald jedes Jahr Milliarden kosten.

Das Hightech-Autoland Deutschland schafft es im Energieeffizienzranking der nationalen Verkehrssektoren gerade mal auf Platz 10. Die Plätze 1 bis 3 belegen Frankreich, Indien und Italien. Geschlagen wird Deutschland außerdem von China, Großbritannien, Japan, Südkorea, Spanien und Kanada.[186] Untersucht wurden für das Ranking unter anderem die Nutzung öffentlicher Verkehrsmittel, der Energieaufwand pro Tonne Fracht pro Kilometer und die Kraftstoffeffizienzvorgaben für schwere Lkw. In zwei Messkategorien fällt Deutschland besonders weit hinter die Spitzengruppe zurück: Bei der in Pkw gefahrenen Strecke pro Kopf erreicht Deutschland nur einen halben von drei Punkten. Die Deutschen legen demnach wesentlich mehr Kilometer in Privat-Pkw zurück als beispielsweise die Italiener und Franzosen. An der Spitze mit der geringsten Pkw-Kilometerzahl pro Kopf steht Indien, gefolgt von Indonesien und Thailand. Mehr Pkw-Strecke als die Deutschen fahren nur die US-Amerikaner, die Kanadier und die Australier, die freilich in Ländern mit riesigen Distanzen leben und nicht eng gedrängt wie Mitteleuropäer. Die zweite Kategorie, in der Deutschland besonders schlecht abschneidet, ist das Verhältnis von Investitionen in Straßen gegenüber dem Schienenverkehr. Hier erzielt Deutschland nur einen von drei Punkten – was bedeutet, dass andere Länder in Relation deutlich mehr für ihren Schienenverkehr und deutlich weniger für ihr Straßennetz ausgeben. Auf Platz 1 liegt Großbritannien, das 1,55-mal so viel in die Schiene investiert wie in die Straße. Auf den Plätzen 2 und 3 folgen Italien (Relation 1,23) und Frankreich (Relation 1,03). Deutschland liegt auf Platz 10 (Relation 0,41) hinter unter anderem Russland, Indien und der Ukraine. Schlusslicht sind die Vereinigten Arabischen Emirate. Die Forscher des American Council for an Energy-Efficient Economy messen dem Verhältnis von Straße-Schiene-Investitionen besondere Aussagekraft zu: Es sei ein Schlüsselindikator des Engagements für energieeffizienten Transport, schreiben sie. Viele Länder seien immer noch auf Straßen und Individualverkehr fixiert und vernachlässigten energieeffizientere und nachhaltigere Transportmöglichkeiten.

Die kritische Bewertung des deutschen Verkehrssektors durch die US-amerikanische Nichtregierungsorganisation passt zum inländischen Sektorenvergleich des Umweltbundesamts: Während die Energiebranche in Deutschland bei der Verringerung ihrer negativen Klimawirkungen in den vergangenen Jahren messbar vorankam, ist der Ausstoß von Treibhausgas im Transportwesen zuletzt sogar gestiegen.

Die Wissenschaftler haben die Energieeffizienz der 25 größten Energieverbraucher der Welt auf der Grundlage von Daten aus dem Jahr 2015 untersucht. Jedes Land wird darin in einer Reihe von Effizienzkategorien bewertet. Deutschland macht in mehreren davon eine schlechte Figur. In der Bewertung schneidet Deutschland aber nicht überall so schlecht ab wie beim Verkehr: Bei den gesamtwirtschaftlichen Kennzahlen wie etwa den Ausgaben für Maßnahmen zur Energieeffizienz und der Effizienzsteigerung von Kraftwerken setzen die Forscher Deutschland auf Platz 1 der internationalen Rangliste. In einem ganz anders angelegten Energieeffizienzranking, dem Projekt Odyssee-Mure, an dem unter anderem das Fraunhofer ISE-Institut beteiligt ist, landete die Bundesrepublik 2018 im europäischen Vergleich auf Platz 4.

Was ist zu tun?

Einführung einer Schadstoffsteuer und Flexibilisierung der Netzentgelte. Das erhöht den Anreiz, weniger oder erneuerbare Energie zu verbrauchen und fördert die Sektorenkopplung. Ein Flexibilitäts- und Speichergesetz sollte die bestehenden energiewirtschaftlichen Behinderungen beenden.

Gezielte Förderprogramme für Speicher- und Power-to-X-Technologien.

Senkung der Steuern und Abgaben, durch die erneuerbarer Strom im Vergleich zu anderen Energieträgern überproportional stark belastet wird.

Konstante Preiserhöhungen für fossile Energien entfachen das Interesse, beim Energieverbrauch einzusparen, und können Reboundeffekte verhindern. Für erneuerbare Energien gilt dies nicht, weil Erneuerbare keine Schadstoffe emittieren. Entscheidend bleibt also der zügige Ausbau der erneuerbaren Energien.

Kapitel 16

Die Vierte Industrielle Revolution[187] – Digitalisierung, Internet der Dinge, Blockchain, Speicher

Die Energiewende wird sich dank einiger Schlüsseltechnologien exponentiell beschleunigen. Produktions- und Informationstechnologien verschmelzen. Produkt für Produkt verwandelt sich in Software. Prozesse prägen Wirtschaft und Gesellschaft, Software mehr als Hardware. Neue Strukturen entstehen, die nachhaltig, dezentral und human sein können. Diese Art von Dematerialisierung kann dafür sorgen, dass der alte Traum der Umweltbewegung endlich Wirklichkeit wird: eine Reduzierung der Schadstoffströme um Dimensionen und nicht um ein paar Prozent. Die Möglichkeiten, die hier angelegt sind, lassen sich heute erst in Ansätzen erkennen. Klar ist allerdings, dass die Veränderungen schnell, sehr schnell kommen werden. Im Zentrum stehen die Revolution der Digitalisierung und die der Speichertechnologien.

Digitalisierung und künstliche Intelligenz

Die großen ökonomischen und infrastrukturellen Revolutionen wurden in der Geschichte erst durch das Zusammenfallen einer neuen Energieordnung mit einem neuen Kommunikationsmedium möglich. Energetische Neuerungen verändern den zeitlichen und örtlichen Horizont einer Gesellschaft und schaffen die Basis für komplexere Wohn- und Lebensmodelle. Das gilt für die Dampfmaschine, die erst zusammen mit dem schnellen, weil dampfgetriebenen Druck und den Telegrafen gesellschaftliche Umwälzungen bewirkte. Erst das Auto ermöglichte die Teilung von Lebensräumen in Industrie- und Gewerbegebiete, Schlafsiedlungen und vieles mehr. Doch ohne zentralisierte Elektrizitätsleitungen, Telefon und Fernsehen hätte sich auch diese Entwicklung kaum durchgesetzt. Das Internet ebenso wie erneuerbare Energien sind dezentral und kooperativ. Sie passen also gut zusammen, was Peer-to-Peer-Geschäfte ermöglicht, die sich lateral über die ganze Gesellschaft skalieren. Gemeinsam bilden sie die Matrix für eine Basisinfrastruktur, deren Betriebslogik eben nicht mehr kapitalistisch vertikal ausgerichtet sein muss, sondern eine Art Commons-Management werden kann. Der Zugang zum Benötigten wird wichtiger als dessen Besitz. Eigennutz kann zugunsten gemeinsamer Interessen gemäßigt werden. Der Traum vom Tellerwäscher zum Millionär kann ersetzt werden durch den Traum einer nachhaltigen Lebensqualität.[188] Durch die Digitalisierung und das Internet ist die neue Situation entstanden, dass immer mehr Wertschöpfung durch sogenannte Immaterialgüter erzeugt wird.

Künstliche Intelligenz (KI, Artificial Intelligence, AI) ist der Schlüssel zu Virtual Reality und wird die Zukunft der Menschheit nicht nur im Energiebereich prägen. Die KI entwickelt sich rasch und wird unausweichlich den Arbeitsmarkt, die globale Ordnung und sogar unsere eigenen Köpfe vollkommen umgestalten. Künstliche Intelligenz und Robotik werden fast jeden Beruf verändern. Viele, wenn nicht sogar die meisten der Tätigkeiten, die Menschen heute ausüben, könnten bis 2050 verschwinden: Hemden nähen, Taxis fahren, Versicherungen verkaufen, selbst die Diagnose von Krankheiten, Rechtsberatung oder das Lehren von Naturwissenschaften. Bestenfalls werden alle Menschen von harter Arbeit befreit. Die aus der KI resultierenden Gewinne können genutzt werden, um jedem Menschen eine kostenlose Grundversorgung zu bieten. So erhält jeder Mensch die Möglichkeit, sein wahres Potenzial zu entwickeln und seine Träume zu verwirklichen. Wir erwerben gerade Fähigkeiten, von denen man früher glaubte, dass sie den Göttern vorbehalten sind.[189]

Wie die Menschheit sie nutzen werden, ist offen. Technologie an und für sich ist leidenschaftslos. Je nachdem, wie sie eingesetzt wird, können die Autonomie und Selbststeuerung des Menschen erhöht oder reduziert werden. Die Benutzung von »smarten« Netzen und Geräten kann abhängiger, fremdgesteuerter und ohnmächtiger machen, als es die Menschen ohne sie wären.[190]

Informations- und Kommunikationstechnologien (IuK) leisten keinen direkten Beitrag zu den Klimazielen. Vielmehr sind IuK-Strukturen eine Voraussetzung für die Integration dezentraler Energieerzeugung. Sie durchziehen das gesamte Energiesystem als Querschnittstechnologie von der Energieerzeugung durch dezentrale Einheiten über Energiespeicherung, Verteilung und Nutzung, Elektromobilität, Smart Cities, Smart-Home-Anwendungen bis hin zu steuerbaren Großverbrauchern. Ein Innovationsschub ist hier besonders durch die Weiterentwicklung der IuK-Strukturen im Kontext der Sektorkopplung zu erwarten.[191]

Daten zur Stromerzeugung und zum -verbrauch können in Echtzeit erfasst und verarbeitet werden. Durch den ständigen Austausch großer Datenmengen kann die Stromerzeugung vieler kleinteiliger, dezentraler Erneuerbare-Energien-Anlagen zu einem virtuellen Kraftwerk gebündelt und optimal gesteuert werden. Auch das Lastmanagement flexibler Stromverbraucher (zum Beispiel Elektrofahrzeuge und industrielle Produktionsanlagen) sowie Speicher können effizienter auf die fluktuierende Stromerzeugung der erneuerbaren Energien abgestimmt werden. Informations- und Kommunikationstechnologien verbinden die Bereiche Energie und Information und ermöglichen dadurch steuerbare Systeme mit einer Vielzahl von Erzeugungs- oder Verbrauchskomponenten. Dies wirkt sich stark auf die Gesamtarchitektur des Energiesystems und in der Konsequenz auf Werkzeuge, Geschäftsmodelle und Nutzungsverhalten aus.

IuK-Systeme können grob in zwei Klassen eingeteilt werden: einerseits zentral organisierte Systeme wie Plattformen, auf denen Messdaten gesammelt werden, Abrechnungsprozesse stattfinden oder auch im Fall von virtuellen Kraftwerken Einsatzplanungen vorgenommen werden. Auf der anderen Seite stehen dezentral aufgebaute Systeme, die auf Signale aus dem Netzbetrieb oder von Energiemärkten reagieren können, hierfür aber über eigene interne Logik und Betriebsstrategien verfügen. In beiden Fällen besteht großer Bedarf nach effizienter Datenübertragung, Speicherung und Verarbeitung.

Der exponentielle Ausbau der solaren Energien, der Speicher und der Elektromobilität ist also ohne Computer kaum denkbar. Erneuerbare und Internet ergänzen sich. Sie verfolgen die gleiche Kostenkurve. Die Digitalisierung hat vor 20 Jahren begonnen, unsere gesamte Wirtschaft umzukrempeln. Der Energiesektor gehört eher zu den verspäteten Industriemärkten, die von der Digitalisierung erfasst und jetzt grundlegend verwandelt werden. Die disruptive Entwicklung, die Kohlekraftwerke ebenso hinwegfegen wird wie Verbrennungsmotoren, beginnt jetzt.[192] Digitale Transformationen schaffen engere und schnellere Verbindungen zwischen Menschen, Räumen und Märkten. Die Digitalisierung spielt eine Schlüsselrolle bei der Lösung der vielfältigen Herausforderungen der Energiewende. Sie kann ein sozial und wirtschaftlich gerechtes Miteinander ermöglichen und den Verbrauch an Ressourcen deutlich verringern.

Exponentielle Verbesserungen in der Rechenleistung und Geschwindigkeit von Computern bei gleichzeitig sinkenden Kosten haben bereits heute signifikante Auswirkungen auf die Energiebranche. Komplizierte Algorithmen analysieren Berge von Daten; dazu sind bereits jetzt riesige Rechenleistungen erforderlich. Im Gegensatz zu anderen aufkommenden Technologien, bei denen die Fortschritte mit geringerer Wahrscheinlichkeit vorherzusagen sind, wird sich die Geschwindigkeit in der Datenverarbeitung wohl so rasant wie bisher fortsetzen. Bereits 1970 sagte das Mooresche Gesetz (Moore's Law) voraus, dass sich die Rechenleistung von Computern ungefähr alle zwei Jahre verdoppeln würde. Diese Entwicklung hat sich im Wesentlichen bewahrheitet. Während wir bisher von Megabyte gesprochen haben, so sind wir heute bereits bei Yottabyte angekommen. Ein Yottabyte sind 10^{24} Byte und es würde circa 11 Billionen Jahre dauern, eine Datei der Größe Yottabyte über eine schnelle Breitbandverbindung aus dem Internet herunterzuladen. Neue Anwendungen besitzen ein gigantisches Digitalisierungspotenzial, das zu weitreichenden Veränderungen im Industrial Internet of Things (Internet der Dinge) führt.

Divers und kollaborativ – das Internet der Dinge

Das Internet der Dinge (IdD oder IoT für Internet of Things) bezeichnet die Vernetzung von Gegenständen mit dem Internet, damit diese Gegenstände selbstständig über das Internet kommunizieren und so verschiedene Aufgaben für den Besitzer erledigen können. Der Anwendungsbereich erstreckt sich dabei von einer allgemeinen Informationsversorgung über automatische Bestellungen bis hin zu Warn- und Notfallfunktionen.[193] Es setzt sich aus einem Kommunikationsinternet, einem Energieinternet und einem Logistikinternet zusammen.[194] Ohne Kommunikation gibt es keine wirtschaftliche Aktivität, ohne Logistik keine Wertschöpfungskette. Ohne Energie ist weder der Transport von Informationen noch die Produktion von Gütern möglich. Die drei Internets bedingen einander. Die IdD-Plattformen verbinden weltumspannend potenziell jeden mit jedem. Jeder kann sich in einen Prosumenten wandeln und mit Gleichgesinnten zusammenarbeiten. Angestammte kapitalistische Systeme werden so durch Formen gemeinsamen Wirtschaftens abgelöst[195]. Kommunikation, Energie und Logistik werden durch Peer-to-Peer-Netzwerke demokratisiert. Die Konzepte des IoT können gut auf die Energiewirtschaft übertragen werden. Die Verlagerung von Intelligenz in dezentrale Strukturen bietet durch die Kombination mit der Aufzeichnung und anschließenden Nutzung der in diesen Strukturen aufgenommenen Daten die Chance auf erweiterte Einsatzmöglichkeiten und erheblichen Effizienzgewinn.[196]

Die bisherigen Technologieplattformen waren im Grunde zentralisiert, wenn auch zunehmend global vernetzt – vom kohlebefeuerten Schienen- und Fabriksystem über den Telegrafen und die Druckerpresse bis hin zu Auto, Telefon und Fernsehen. Die Befehls- und Kontrollstrukturen verliefen von oben nach unten, weil zentralisiertes Management und vertikale Integration nötig waren, um die nur an wenigen Orten vorkommenden fossilen Energien zu fördern, umzuwandeln und dem Verbraucher zuzuführen. Nur mit der Kontrolle über die gesamte Bereitstellungskette lohnen sich die enormen Vorlaufkosten. Und es hat sich ausgezahlt. Energieversorgungsunternehmen, die Ölwirtschaft und Großtechnologiekonzerne wie Siemens oder Mannesmann fuhren jahrzehntelang Milliardengewinne ein.

Dieses für die Anbieter angenehme Oligopol weniger Konzerne wird jetzt durchbrochen, ja der komplette pyramidal organisierte Kapitalismus. Die IdD-Infrastruktur mit ihrer offenen dezentralen Struktur erlaubt es neuen Unternehmen mit neuen Geschäftsmodellen, dem Monopol der vertikal integrierten Riesen ganz im kapitalistischen Sinn Marktanteile abzujagen. Strom wird nach Abzug der Amortisationskosten für die Hardware genauso wenig zusätzlich abgerechnet werden wie Telefonate mit dem Handy oder ein Film aus dem Netz. Die fixen Kosten für das neue Smartphone, den Computer oder die Photovoltaikanlage mögen dem Verbraucher zwar immer noch hoch erscheinen, doch sie sind weit geringer als Aufbau und Unterhalt der alten Technologieplattformen mit ihrem Bergbau, den Leitungen, Pipelines, Raffinerien und Atomkraftwerken, die auch alle vom Verbraucher bezahlt werden. Über die weit geringeren Fixkosten hinaus senkt das IdD auch die Grenzkosten von Kommunikation, Energie und Logistik bei der Produktion und Verteilung von Gütern und Dienstleistungen. Die Reduzierung beider Kostenanteile verringert die Einstiegskosten in dezentrale Netzwerke beim Aufbau neuer Geschäfte dramatisch. Immer mehr Leute werden ermutigt, Unternehmer zu werden, die Energie und Informationen teilen.

Dezentralität als Prinzip – die Blockchain

Blockchain ist eine dezentrale Technologie, um Daten sicher und direkt auszutauschen. Die Blockchain ist eine dezentrale Datenbank, die alle Transaktionen und zugehörigen Informationen aller Beteiligten in Datensätzen, den sogenannten Blöcken, speichert. Mit jeder Transaktion wird die Blockchain um neue Informationen erweitert und sie bildet so ein Bild aller bisherigen und aktuellen Transaktionen; die Blöcke werden miteinander verkettet, daher der Name. Dabei wird die Blockchain jeweils dezentral gespeichert, sodass die

Informationen zu den Transaktionen theoretisch nicht manipuliert werden können. Das wird alles automatisch durchgeführt. Neben der Sicherheit ist daher einer der Vorteile der Blockchain der Wegfall von vermittelnden Intermediären wie zum Beispiel Banken, die die Geschäfte Dritter abwickeln. Damit lohnt sich eine Beteiligung am dezentralen Energiemarkt auch bei kleinen Strommengen.[197] Die Blockchain verschiebt Transaktionsmodelle von zentral, also Banken, Börsen, Handelsplattformen oder Energieversorgungsunternehmen, hin zu dezentral, also zu Prosumern, die Strom erzeugen und verbrauchen.

Noch sind Blockchain-Anwendungen überwiegend im Prototypstadium ohne verwertbare Applikationen für Kunden, die ihre Energieversorgung aktiv oder automatisiert steuern wollen. Es ist aber bereits deutlich und realistisch erkennbar, welche ungeheuren Möglichkeiten sie insbesondere für dezentral gesteuerte Energielieferbeziehungen bietet. Mit der Blockchain kommt auf die Energiewirtschaft eine virtuelle Transaktionskette zu, wie wir sie vom Bezahlen mit Bitcoins in der Finanzwirtschaft kennen. In einem Peer-to-Peer-System kann dann Strom dezentral und automatisch zwischen Stromerzeuger und -verbraucher ausgetauscht werden. Da gibt es dann keinen mehr, der als Stromhändler dazwischensteht, keinen, der eine Stromrechnung stellt oder an den Geldüberweisungen verdient.[198] Traditionelle Energieversorger werden wie bei allen neuen dezentralen Geschäftsmodellen überflüssig. Ein Großteil der Experten schreibt dem Einsatz der Blockchain-Technologie ein disruptives Potenzial in der sich wandelnden Energiewirtschaft zu.[199]

Die Blockchain kann ein unkompliziertes Abrechnungsmodell realisieren, zum Beispiel für öffentlich abgestellte und von jedem nutzbare Elektroautos oder wenn das eigene Auto beim kurzen Abstellen beim Einkaufen in der Zwischenzeit auf dem Parkplatz selbstständig induktiv lädt. Das Ladeelend für Elektroautos besteht derzeit nicht nur in der fehlenden Menge von Ladesäulen. Die unterschiedlichen Abrechnungsmodi über EC-, Kredit- oder Clubkarte des Anbieters, webbasiert oder mit Barzahlung sind ein Wirrwarr mit Insellösungen und damit derzeit eines der größten Hemmnisse bei der flächendeckenden Nutzung von Elektromobilität.

Für eine schnelle und effiziente Energiewende braucht es auch weitere verwandte Anwendungen losgelöst vom Strommarkt, beispielsweise die Abrechnung von Heiz- und Warmwasserkosten, die heute noch von einem Oligopol aus professionellen Ablesedienstleistern um Brunata, ISTA oder Techem durchgeführt werden. Das wäre sehr verbraucherfreundlich, nicht nur, weil man sich das Geld für die Ablesungen sparen kann. Darüber hinaus zahlen Mieter aufgrund fehlerhafter Abrechnungen häufig zu viel, obwohl die Heizkostenverordnung klare Vorgaben macht und die Heizkostenabrechnungen von professionellen Messdienstunternehmen erstellt werden. Doch nur jede dritte Heizkostenrechnung ist korrekt.[200] Der Vermieter als Auftraggeber hat keinen wirtschaftlichen Anreiz, die Ablesekosten in Grenzen zu halten, weil er die Kosten komplett auf den Mieter abwälzt.

Kryptowährungen wie die Bitcoin-Blockchain arbeiten ineffizient und verschlingen inakzeptable Mengen an Energie für das sogenannte Mining. Um eine Verifizierung mit geringem Energieverbrauch zu verwirklichen gibt es andere Methoden. Zum Beispiel machen vertrauenswürdige Konsortialmitglieder eine Validierung (Proof of Authority) in Form von Token oder Coins, die dann für die Bezahlung geeignet sind. Damit ist der Energieverbrauch der Energy Blockchain vernachlässigbar gering.

Es geht bereits los, wie folgende Beispiele zeigen:

Enerchain gilt als die am weitesten fortgeschrittene Blockchain im Energiegroßhandel. Anfang 2017 hat der Hamburger IT-Dienstleister Ponton das Projekt angestoßen. Es geht um den dezentralen Handel von Strom und Gas, den die Blockchain-Technologie vereinfachen soll. Inzwischen sind 45 große Unternehmen aus ganz Europa mit an Bord, darunter RWE, E.ON, Uniper, Vattenfall und EnBW aus Deutschland, Axpo, Alpiq und BKW aus der Schweiz, sowie Wien Energie, OMV und Verbund aus Österreich oder Enel aus Italien.

Die WePower-Plattform ermöglicht es Produzenten erneuerbarer Energien, den produzierten Strom zu tokenisieren und zu verkaufen. Fehlt beispielsweise ein Teil des Investitionskapitals für eine PV-Anlage, kann der Investor die fehlende Summe in Energie-Token umwandeln und auf WePower bereits im Vorfeld verkaufen. Der

Käufer erwirbt Energie-Token für die Bezahlung zukünftiger Energielieferungen.

Das australische Startup Power Ledger entwickelt ein ganzes Ökosystem für den Handel mit Energie zwischen Kleinerzeugern und Kleinverbrauchern.

Beachtlich sind die schnellen Erfolge der Energy Web Foundation nach nur zwei Jahren Hype. In der Schweizer Non-profit-Stiftung arbeiten das Rocky Mountain Institute und Grid Singularity an einer Blockchain, die die besonderen Anforderungen für Anwendungen im Energiemarkt erfüllt. Alle Unternehmen sollen sie nutzen können, die Anwendungen programmieren und laufen lassen wollen. Die Software, die im Rahmen der Stiftung entwickelt wird, ist Open Source, also eine kostenlose, offene Blockchain. Außer an der Infrastruktur arbeitet die Energy Web Foundation auch an einer Lösung mit dem Namen Decentralized Autonomous Area Agent (D3A), mit der sich der dezentrale Energiemarkt steuern lässt. Mit ihr wird es möglich sein, den gesamten Energiehandel inklusive dem Handel am Regelenergiemarkt schneller als heute und automatisiert abzuwickeln. Ende 2018 wurde auch der Energieriese Siemens Mitglied der Stiftung.

Die vernetzten PV-Speicher der sonnen Gruppe werden per Blockchain zur Stabilisierung des Übertragungsnetzbetreibers Tennet eingesetzt. Mit einer »Flex-Plattform« wird überschüssiger Strom aus regionalen PV- und Windkraftanlagen in vernetzten Haushalten per Blockchain mit Sonnenbatterien gespeichert. Damit kommt das Allgäuer Unternehmen der Abregelung der Anlagen zuvor und entlastet gleichzeitig die regionalen Verteilnetze. So kann mehr Ökostrom nutzbar gemacht werden.

Diese Entwicklungen können in weniger als zehn Jahren disruptiv die Strombörsen ablösen. Einige der Großen beteiligen sich daran und investieren in den Paradigmenwandel, um sich wenigstens einen Anteil am neuen Geschäft zu sichern, wenn sie es schon nicht verhindern können. Ob sich die Blockchain-Technologie auch im Energiesektor durchsetzen wird, ist abhängig von den regulatorischen Rahmenbedingungen.[201] Das beschränkt sich nicht nur auf das Energiewirtschaftsgesetz, sondern betrifft auch eine Reihe von Ver-

Token-Ökonomie in Liechtenstein

Das mit 38.000 Einwohnern sechstkleinste Land der Welt ist zwar kein Mitglied der EU, aber Mitglied der vertieften Freihandelszone des Europäischen Wirtschaftsraums. Nicht nur, dass es 2018 für die weltweit höchste Photovoltaikdichte per capita den Solar Super State-Award verliehen bekam, 2019 soll in Liechtenstein auch das erste Blockchain-Gesetz in Kraft treten. Es soll alle Aktivitäten regeln, die auf technischen Systemen wie Distributed-Ledgers-Technologien, das sind dezentral über viele Computer verteilte Kassenbücher und Blockchain-Systeme, möglich sind und somit Rechtssicherheit bieten. Ziel des Gesetzes ist, die bestehenden Risiken im Bereich der Kryptowährungen zu beseitigen, ohne ihnen unangemessen limitierende Beschränkungen aufzuerlegen. So will man einen verlässlichen Rahmen für die digitale Wirtschaft und digitalisierte Vermögenswerte schaffen. Auch eine eigene Kryptobörse für professionelle Trader ist in Planung. Sie soll sich auf Kryptovermögenswerte, Digital Assets und Security Token konzentrieren, die die Anforderungen des liechtensteinischen Blockchain Act und der ergänzenden liechtensteinischen Gesetze erfüllen. Vor allem die geringen Kosten für digitale Transaktionen eröffnen neue Möglichkeiten, insbesondere in den Bereichen Finanzdienstleistungen, Mobilität, Energiewirtschaft, Industrie und Medien. Diese Anwendungen werden auch unter dem Begriff Token-Ökonomie zusammengefasst.[202]

ordnungen wie Stromnetzzugangs-, Stromnetzentgelt- oder Stromgrundversorgungs-VO. Gleichzeitig stellt sich eine Vielzahl von Fragen zu den Aufgaben neuer Marktteilnehmer, zum Beispiel, ob der Verbraucher zum Messstellenbetreiber und Bilanzkreisverantwortlichen wird. Zu diesen vordringlichen Hürden, die einen Einsatz des eigentlichen Blockchain-Konzepts in Deutschland derzeit unmöglich machen, kommen weitere Problematiken auf anderen Ebenen.

So fordert die EU-Datenschutzgrundverordnung seit Mai 2018 ein Recht auf Löschung und »Vergessenwerden« von Daten, was im Widerspruch zur Blockchain steht. Zivilrechtlich problematisch ist auch, dass Haftungsregelungen und Verbraucherrechte bei Fehlverhalten einzelner Teilnehmer oder bei Schadensfällen noch nicht geklärt sind. Die Verbraucher haben verständlicherweise Berührungsängste.

Vielleicht ist die Blockchain-Technologie aber auch nur eine Übergangslösung. Die meisten Effizienzgewinne wird der Schritt von der Blockchain zum sogenannten Tangle hervorbringen[203], Tangle bedeutet wörtlich Gewirr; in ihm sind die Blöcke nicht mehr als Kette angeordnet, sondern in einer Art Netz. Die 2015 gegründete IOTA Foundation, die erste Stiftung in Deutschland, die auf einer Kryptowährung basiert, hat die Tangle-Technologie für das Internet der Dinge entwickelt. Der Tangle ermöglicht schnelle Transaktionen, unendliche Skalierbarkeit und sichere Datentransfers ohne Transaktionsgebühren.

Google & Konsorten – Machtkonzentrationen bei den Datenkraken

Die meisten großen Sektoren werden bereits von neuen Giganten kontrolliert: Google beim Suchen, Facebook beim Social networking, eBay bei den Auktionen und als virtueller Flohmarkt, Apple produziert die Hardware und Amazon liefert das Produkt aus, versehen mit einem internetfähigen Chip, der dem Empfänger im Internet der Dinge bereits heute online mitteilt, wo auf dem Weg das Päckchen gerade ist. Die neuen Techniken wurden also bereits global kommerzialisiert und monopolisiert. Es ist schauerlich und brandgefährlich, dass die Kommunikationsmedien gewerbliche Unternehmen mit natürlichen Monopolen sind. Ausgerechnet jene Medien, die an und für sich auf der Prämisse ruhen, eine universelle Kooperative zu schaffen, in der die gesamte Menschheit kollaborativ bei fast null Grenzkosten zusammen agieren kann. Das Dilemma der Informationsgesellschaft ist, dass zwar immer handlichere und leistungsstärkere Computer alle Versprechen von unbeschränktem Medienzugang, räumlicher Unabhängigkeit oder schneller Kommunikation aller mit allen erfüllen. Dennoch verteilt sich die Macht nicht horizontal, sondern vertikal. Die Machtzentren werden nicht kleiner, sondern hierarchischer und größer als je zuvor.[204] Die Funktionslogik von Netzen begünstigt generell Zusammenschlüsse und Synergieeffekte – sowohl von kollaborativen Commons als auch für Marktabsprachen und Monopole. Das Netzwerk, ohne das die Informationstechniken nicht funktionieren, schafft neue Abhängigkeiten, die die neue Autonomie in Frage stellen.

Der Gefahr kann begegnet werden, wenn kleine, dezentrale, solare Energieverbundsysteme installiert werden, die auch als autarkes Inselsystem zellular funktionieren. Sonne und Wind senden immer und unabhängig von Konzerninteressen. Wenn sie in autarkiefähigen Anlagen genutzt werden, funktionieren sie auch unabhängig von Netzwerkbetreibern.[205]

AT&T, die American Telephone and Telegraph Corp., hatte fast 100 Jahre eine Quasimonopolstellung inne, bevor sie 1974 in einem Antitrustverfahren 70 Prozent ihres Wertes verlor. John Rockefellers Standard Oil Co. kontrollierte auf dem Höhepunkt ihrer Macht 85 Prozent des Marktes für raffinierte Ölprodukte. 1911 wurde der Konzern zerschlagen, doch seine Nachfolger dominieren noch nach einem Jahrhundert die Weltwirtschaft. Heute sind 85 Prozent aller neu ausgelieferten Smartphones mit Android, dem Handybetriebssystem von Google, ausgestattet. Dessen Muttergesellschaft Alphabet ist vor Apple und Amazon eines der drei wertvollsten Unternehmen der Welt. Alle drei haben ExxonMobil als letztes Nachfolgeunternehmen der Standard Oil längst von Platz 1 verdrängt. Solche Superstarunternehmen haben allein durch ihre Größe ungeheure Wettbewerbsvorteile und drohen, offene und auch durch neue Start-ups angreifbare Märkte zum Nachteil der Verbraucher einzuschränken. In Deutschland will E.ON durch die Verschmelzung mit RWE die Kontrolle über Zigmillionen Stromzähler und die meisten Endkunden bekommen: E.ON wird zum marktbeherrschenden Datenkonzern in der Energiewirtschaft.

Entweder kann man solche Monopole, wie bei Öl- und Telefonkonzernen geschehen, kartellrechtlich aufspalten. Das hilft nicht lange, weil sich bei Plattformökonomien wieder binnen kürzester Zeit ein neuer Monopolist entwickeln dürfte oder ein noch weniger regulierbarer chinesischer Konzern die Poleposition übernimmt. Deshalb erscheint es klüger, diese Monopolisten zu öffentlichen Versorgungsunternehmen zu erklären, die staatlicher Aufsicht bedürfen. Das IoT kann die Infrastruktur allgemeinen Wohlstands werden, wenn, ja wenn man sie ausreichend staatlich reguliert. Freier Zugang zu freier Energie ist kaum möglich ohne eine freie Kommunikation.

Speicher – Schlüsselfaktor der Energiewende

Strom- und Wärmespeicher sind eine eigenständige Säule der Energiewende. Sie können ein immenses technisches Potenzial für die Energiewende ausschöpfen. Zusammen mit der Digitalisierung sind Speicher die entscheidende Ergänzung zu Erzeugung, Ertüchtigung des Verteilnetzes und Verbrauchssteuerung. Im zukünftigen Energiesystem spielen dezentrale Energiespeicher für Wärme und Strom eine bedeutende Rolle. Der Ausbau von Stromspeichern ist nötig, wenn auch nicht so dringend wie der Ausbau der erneuerbaren Energien. Zudem können neue flexible Stromnachfrager und Effizienzerfolge beim Verbrauch den Speicherbedarf noch deutlich weiter verringern. Zu wenig Stromspeicher verhindern somit keinesfalls eine Beschleunigung der Energiewende.[206] Thermische Energiespeicher, zum Beispiel Warmwasserspeicher, die nach dem Prinzip Tauchsieder funktionieren, sind bereits kommerziell verfügbar. In gewerblichen und industriellen Prozessen können ungenutzte Abwärmepotenziale mithilfe von Wärmespeichern gehoben werden. Pumpspeicherkraftwerke sind ein etabliertes Element, das auch in Zukunft wichtig sein wird, ebenso wie Power-to-X, also die Umwandlung regenerativen Stroms in Wärme, Druckluft oder erneuerbares Gas. Bei Bedarf kann alles wieder in Strom zurückgewandelt werden.

Power-to-liquids (PtL/P2L) nennt man technische Prozesse, die aus Wasser, Kohlenstoffdioxid und möglichst erneuerbar erzeugter elektrischer Energie flüssige synthetische Kraftstoffe (Liquids) herstellen. PtL sind im Wesentlichen für den Flugverkehr, aber auch für den Schiffs- und Schwerlastverkehr wichtig, weil es dort wenige oder keine CO_2-armen Kraftstoffe gibt.

Power-to-Gas (PtG) beschreibt das Technologiefeld, in dem – bestenfalls überschüssiger erneuerbarer – Strom über Elektrolyse in ein Brenngas umgewandelt wird. Das gewonnene Ökogas kann als Treibstoff oder chemischer Rohstoff (Power-to-Chemicals [PtC]) verwendet werden. Im flächendeckenden deutschen Erdgasnetz kann es problemlos monatelang ohne nennenswerte Verluste gespeichert und jederzeit rückverstromt werden.

Speichersysteme – ein bunter Strauß an Möglichkeiten

Es gibt jede Menge verschiedene Versorgungsaufgaben für Stromspeicher und auch Systemdienstleistungen im digitalen Zeitalter. Diese reichen vom Einfamilienhaus, für das zum Beispiel der Eigenstromanteil erhöht werden soll, über eine Gemeinde, die sich autonom versorgen möchte, bis hin zum Bundesland, bei dem zum Beispiel die Sicherung der Systemstabilität an erster Stelle steht. Aus den verschiedenen Aufgaben ergeben sich für die Speicher unterschiedliche technische Konfigurationen hinsichtlich Größe und Fahrweise sowie verschiedene Betreibermodelle, vom Hausbesitzer über Contracting bis hin zu Genossenschaftsmodellen. Die Speicherkosten fallen permanent; die Qualität von Batterien, Geräten und Software wird gleichzeitig besser. Parallel dazu sinken die Kosten für Photovoltaik- und Windstrom, während die Kosten der konventionellen Energieversorger steigen. Die riesigen, gut isolierten Brennkammern der noch bestehenden Kohlekraftwerke können kostengünstig mit Schüttgut[207] oder Salz[208] befüllt werden. Dieses wird mit Überschussstrom aus erneuerbaren Energien erhitzt. Die so gespeicherte Energie lässt sich verlustfrei über Wochen und Monate vorhalten, bis sie benötigt wird. Die Rückverstromung erfolgt mit den bestehenden Dampfturbinen und Generatoren. So wird eine Nachnutzung fossiler Kraftwerke sinnvoll. Zusammen mit der neuen Speicherwelt sind die erneuerbaren Energien unschlagbar.

Batteriespeicher – schnell und zuverlässig

Batterien sind ein wichtiges Element für den regionalen und kurzzeitigen Ausgleich von elektronischer Last. Hier besteht bereits eine enorme Forschungs- und Entwicklungsdynamik, getragen von der zunehmenden Attraktivität des Eigenverbrauchs von erneuerbarem Strom und der Elektromobilität.

2008 lagen die Preise für Lithium-Ionen-Batterien bei 1.000 Euro/kWh. Der Branchendurchschnitt liegt 2019 bei 130 Euro; Tesla produziert eine Kilowattstunde Batterieleistung bereits für 100 Euro,[209] eine Kostenreduktion um das Zehnfache in nur einem Jahrzehnt.[210] Zum Vergleich: Der Energiespeicher Benzin würde bei einer vergleichbaren Kostenentwicklung heute nicht viel mehr als 10 Cent je Liter kosten.

2018 wurden in Deutschland über 100.000 Heimspeicher installiert[211]; dennoch ist die Zahl der Heimspeicher klein gegenüber im selben Jahr installierten 1,7 Millionen Photovoltaikanlagen. Die Solarwirtschaft rechnet aber damit, dass ihre Zahl künftig schneller wächst. Dafür gibt es zwei Gründe: Die ersten PV-Anlagen fallen bald aus der 20-jährigen EEG-Förderung und die Preise für Batteriespeicher sinken stetig. Zwischen 2015 und 2018 sind die Preise für Heimspeicher um 40 Prozent gefallen. 2011 lagen die Kosten für die günstigsten Lithium-Ionen-Speicher bei Heimspeichern inklusive Wechselrichter pro Kilowattstunde noch bei 850 Euro, 2020 werden es unter 350 Euro sein[212].

Die Anschaffung eines Speichers beginnt sich zu rechnen, wenn die Kosten für das Erzeugen und Speichern einer Kilowattstunde Strom dem Preis für den Strombezug aus dem Netz entsprechen. Produziert man selbst Strom für 10 Cent pro Kilowattstunde, darf also das Speichern höchstens 20 Cent kosten (Strom aus dem Netz kostet 2019 durchschnittlich 30 Cent). Die Preise für Komplettpakete (schlüsselfertige Photovoltaikanlage + Speicher + Installation) sind für Neuinstallationen seit 2015 mit rund 27 Cent für die gespeicherte Kilowattstunde günstiger als die eingekaufte kWh. Wirtschaftlich lohnt es sich also, einen Speicher zu kaufen; ökologisch allemal.

Rohstoffe – recycelfähig und ersetzbar

Autoakkus halten heute 160.000 Kilometer. Danach haben sie noch 80 Prozent ihrer Leistung und können neu konfiguriert werden, beispielsweise zu einem Hausspeicher. Dann halten sie noch mal 10 bis 15 Jahre, bevor sie zu derzeit 95 Prozent recycelbar sind. Ein umweltfreundliches Recycling der Akkus ist möglich und die so gewonnenen Rohstoffe helfen dabei, den Ressourcenbedarf für Elektrogeräte aller Art zu decken. Der Anteil der in Elektroautos verbauten Batterien ist zwar verschwindend gering, wird aber ansteigen.[213]

Die nächste Generation könnten Biobatterien sein, zum Beispiel aus Papier und Bakterien. Die eigentliche Stromproduktion übernehmen die Mikroorganismen, die im Rahmen ihres Stoffwechsels Elektronen freisetzen.[214] In China gibt es Tests mit voll kompostierbaren Batterien. Auch die Universität Heidelberg entwickelte Batterien aus organischem Material der Chinon-Stoffgruppe. Chinon wird zwar synthetisch aus Erdöl gewonnen, ist aber biologisch abbaubar, kompostierbar oder verbrennt zu ungiftigen Metallsalzen. Polymerbatterien aus organischen Materialien ersetzen ebenfalls die bisher oft eingesetzten Schwermetalle und können leicht recycelt werden. Die TU Eindhoven hat 2019 Noah, einen Elektrokleinwagen, für den Straßenverkehr zugelassen, der dank spezieller Biomaterialien nahezu vollständig recycelt wird; Außenhaut, Innenraum und Chassis basieren auf einem Verbundstoff, der aus den Rohzutaten Zucker und Flachs produziert wird.

Hinzukommen die Batterien der Elektroautos, die während ihrer Standzeit als Speicher zur Verfügung stehen. Ab 2019 werden die verschiedensten neuen Autohersteller der Elektromobilität wie beispielsweise eGo-Mobile, Sono-Motors oder Unity und vor allem chinesische Anbieter kostengünstige Modelle auf einem Markt prä-

Rangeln um die Marktführerschaft

In Deutschland entstehen neue Abhängigkeiten in Bezug auf die Endprodukte. LG Chem und Samsung aus Südkorea, Panasonic und Automotive Energy Supply aus Japan und Lishen und BYD aus China beherrschen gegenwärtig den Akkumarkt. Für einen kleinen deutschen Lichtblick sorgt Bosch, das mit dem japanischen GS Yuasa/Mitsubishi in Stuttgart an der nächsten Generation von Lithium-Ionen-Batterien arbeitet, und China zieht mit CATL in Thüringen eine Produktion hoch; wieder aufladbare Lithium-Schwefel-Akkumulatoren, so der Plan, sollen die Energiekapazität bis zum Jahr 2025 um den Faktor drei erhöhen.

China will Großmacht der Elektromobilität werden und sichert sich jetzt schon die globale Marktführerschaft für eine entscheidende Komponente. Denn während in herkömmlichen Autos der Verbrennungsmotor den höchsten Anteil an der Wertschöpfung hat, ist es im Elektroauto die teure Batterie. Sie macht rund 40 Prozent des Preises aus. Wer die Akkus hat, beherrscht das Herzstück der Autoindustrie der Zukunft. Derzeit ist der Markt zwar noch einigermaßen gleichmäßig zwischen den Herstellern aus Japan, Südkorea und China aufgeteilt, doch die chinesische Regierung hat konkrete Pläne, um die Japaner und Koreaner zurückzudrängen. Und China liegt vorn. Deutschland steht abgeschlagen da. Die Stärke der deutschen Industrie war der Verbrennungsmotor – ein heikles Gebilde aus mehreren Tausend beweglichen Teilen, an dessen Herstellung in Deutschland laut Ifo-Institut 600.000 Arbeitsplätze hängen. Die Elektroautobatterien werden dagegen fast alle aus Fernost kommen.

Varta – das Akronym steht für Vertrieb, Aufladung, Reparatur transportabler Akkumulatoren – ist ein legendärer deutscher Batteriekonzern, 1887 gegründet, im Jahr 2000 zerschlagen, 2011 durch Umstrukturierung von Beteiligungen neu gegliedert, 2016 wieder an die Börse gebracht und 2017 für 10 Prozent der deutschen Heimspeicher verantwortlich. Andere deutsche Speicheranbieter wie Sonnen, Mercedes-Benz-Energy, E3/DC oder Senec treten in ihren Heimatmärkten ebenfalls erfolgreich gegen die asiatische Konkurrenz an. Doch selbst wenn Hersteller in Deutschland Batteriefabriken errichten, beziehen sie die Zellen oft von asiatischen Anbietern. China wird bis 2020 mindestens zwei Drittel des Weltmarktes mit Autoakkus beliefern, schätzt Benchmark Mineral Intelligence aus London. Andere Analysten gehen sogar von einem noch höheren Marktanteil aus. Besonders in China wird seit 2015 stark in große Batteriefabriken investiert. Doch auch Europa holt inzwischen auf. Noch 2017 gab es abgesehen von der Batteriefabrik von LG Chem, die in Polen entsteht, keine konkreten Pläne für eine Batterieproduktion in der EU. 2018 plant das Firmenkonsortium TerraE eine 34-GWh-Fabrik in Deutschland, Northvolt baut in Schweden eine Produktion ähnlichen Umfangs auf, in Ungarn will der südkoreanische Konzern SK Innovation eine Batterieproduktion mit 7,5 GWh errichten. Dabei ist die sichere Versorgung mit Rohstoffen wie Lithium und Kobalt für die Batterieherstellung eine entscheidende Voraussetzung. In naher Zukunft werden die Autohersteller erst einmal weiter von China abhängig sein, wo die meisten Batteriefabriken stehen werden. Europa beginnt gerade erst aufzuholen und Nordamerika ist auf den Ausbau von Teslas Kapazitäten angewiesen. Der amerikanische Autohersteller will seine Batterien allerdings hauptsächlich für den eigenen Bedarf herstellen.[215]

sentieren, der jetzt ins Rollen kommt. Das Automobil als Konsumgut ist von der Entscheidung des Endkunden abhängig. Dieser wird, wenn erst mal ein größeres Angebot auf dem Markt ist, nichts mehr von Verbrennern wissen wollen. In Märkten wie Spanien oder Italien mit wärmerem Klima und Geschwindigkeitsbegrenzungen wird die Umstellung noch schneller gehen als in Deutschland. Zur Stabilisierung der Verteilnetze tragen bereits kleine Speicherkapazitäten wie die einer Autobatterie bei – wie viel mehr erst, wenn sie örtlich verdichtet in Flottenkonzepte eingebunden werden mit Firmen und Fuhrparks oder den Nahverkehrs-Streetscootern von der Post.

Ähnlich wie bei Privathaushalten steigt auch die Nachfrage nach Gewerbespeichern enorm. Durch den rapiden Preisverfall bei stationären Batteriespeichern von über 50 Prozent in den letzten vier Jahren wurden Anwendungen in Gewerbe und Industrie wirtschaftlich; Unternehmen können so ihren Selbstverbrauch erhöhen. Große Batteriespeicher mit 10 Megawatt Leistung und mehr gleichen Schwankungen im Netz aus und sind sogar in der Lage, ein abgeschaltetes Netz neu aufzubauen. Ähnlich wie bei Bienenwaben kann mit einigen Großspeichern ein zelluläres Netz aus vielen kleinen autarkiefähigen Erneuerbare-Energien-Anlagen und Stromnetzen aufgebaut werden, das eigenständig eine Region sicher versorgen kann.

Insgesamt ist also auch die Speichertechnologie forsch unterwegs. Das zeigt auch der Einstieg großer Autohersteller in die Branche oder Tesla mit der ersten 100 Prozent regenerativen Gigafactory für Batterien. Diese Autokonzerne sind Meister darin, Produktionsprozesse zu optimieren, sodass auch von dieser Seite weitere Preisrückgänge zu erwarten sind; was den herkömmlichen Automobilproduzenten den Hals retten könnte. Die Zeit wird knapp: Der Trend geht zu Megafabriken mit einer jährlichen Produktionskapazität von 1 Gigawattstunde und mehr. Nachdem anfangs nur Tesla in den USA sowie LG Chem und Foxconn in China solche Fabriken bauten, sind 2018 weltweit 26 Megabatteriefabriken in Planung oder im Ausbau[216].

Wasserstoffspeicher – Power-to-Gas und Power-to-X

Wasserstoff wird wirtschaftlich interessant, wenn es Stromüberschüsse aus erneuerbaren Erzeugungstechnologien gibt beziehungsweise deren Grenzkosten gegen null gehen. Als Treibstoff für Fahrzeuge mit hohen Tagesfahrleistungen, wie Fahrzeuge im Carsharing, Verteilerfahrzeuge, Schwerlast-Lkw, Busse und Züge auf nicht elektrifizierten Strecken sowie der Schifffahrt.

So baut der kanadische Hersteller von Brennstoffzellen, Ballard Power, elektrische Brennstoffzellenbusse (FCEBs) mit einer Reichweite von 500 Kilometern und einer Tankzeit von 20 Minuten. Der Wasserstoff-Lkw Nikola Tre Truck soll sogar 1.200 Kilometer am Stück schaffen, allerdings erst 2023.

2018 hat der weltweit erste mit Wasserstoff angetriebene Zug, der Corodia iLint von Alstom, den Fahrgastbetrieb in Niedersachsen aufgenommen; ein Zug, der 300 Passagiere fasst, 140 km/h schnell ist und eine Reichweite von 1.000 Kilometern hat. Das kann jetzt schon ein attraktives Geschäftsmodell für Betreiber von Wind- oder Solarparks an den Endhaltestellen sein, wo der Strom für den Betrieb der Elektrolyseure erzeugt wird.

e4ships mit den Konsortialpartnern Meyer Werft und Thyssen-Krupp Marine Systems erprobt den Einsatz von Wasserstoff und Brennstoffzellen in Seeschiffen. Seit fünf Jahren erzielen die Orkneyinseln vor der Nordküste Schottlands durch Wind-, Wellen- und Gezeitenkraftwerke einen Überschuss an erneuerbaren Energien. Weil die Netzkapazitäten zum Festland begrenzt sind, entschloss man sich, die Überschüsse direkt vor Ort in Wasserstoff umzuwandeln. Nun wird die weltweit erste wasserstoffbetriebene Hochseefähre mit Brennstoffzelle für den Personen- und Fahrzeugtransport gebaut. HySeas III wird ab dem Jahr 2021 den Pendelverkehr nach Shapinsay abwickeln.

Großvolumige und langfristige Speicherung von erneuerbaren Energien sowie deren effizienter Transport über große Distanzen sind ebenfalls mit Wasserstoff möglich. Die Verluste sind gering, sofern die Rohre dicht sind. Eine Gaspipeline kann zehn Mal mehr Leistung transportieren als eine Hochspannungsleitung. Ein ausgezeichnetes Gasnetz ist in Deutschland, im Gegensatz zu Übertragungsleitungen, bereits vorhanden; es verträgt einen 50-prozentigen Wasserstoffanteil.[217] Der Power-to-Gas-Prozess bietet die Option der Konvergenz von Stromnetz und Gasnetz zu einem integrierten Gesamtsystem für die bedarfsgerechte Bereitstellung und Speicherung von Energie. Wasserstoff kann in modernen Gas- und Dampfkraftwerken oder in dezentralen Blockheizkraftwerken zum Einsatz kommen und das Stromsystem stabilisieren. Im Ergebnis hat ein kombiniertes Strom- und Wasserstoffsystem erhebliche volkswirtschaftliche Vorteile.[218]

Der kommerzielle Einsatz von elektrolytisch erzeugtem Wasserstoff aus regenerativem Strom im Rahmen des Power-to-Gas-Verfahrens befindet sich derzeit noch in der Entwicklungsphase. Die verfügbaren Elektrolyseure sind aufgrund des zurzeit noch fehlenden Marktes noch keine Serienprodukte; sie werden als Sonderanfertigungen mit entsprechend hohen Kosten hergestellt. Die Elektrolyse ist jedoch eine relevante Technologie für das zukünftige erneuerbare Energiesystem: Der damit erzeugte Wasserstoff kann als Stromspeicher, für den Verkehrssektor, als Basischemikalie für die Industrie und als Zwischenprodukt für weitere Umwandlungsschritte zu flüssigen oder gasförmigen Kraftstoffen dienen. Der Ausbau der Elektrolysetechnik muss dringend beginnen, damit notwendige zukünftige Kostensenkungen erreicht werden. Außerdem kann so mit geringem Aufwand die gute Stellung der deutschen Industrie ausgebaut werden. Hier bestehen hohe Marktpotenziale durch einen großen internationalen Exportmarkt; dessen Reiz liegt nicht im Export des Wasserstoffs, sondern im Maschinenbau.[219]

Der wichtigste Anwendungsfall für grünen Wasserstoff wird in den nächsten Jahren in der chemischen Industrie entstehen. Die Wasserelektrolyse mit Strom aus erneuerbaren Energiequellen spielt bisher eine untergeordnete Rolle. Das sollte sich bald ändern lassen, denn rund 95 Prozent des industriell genutzten Wasserstoffs werden vor Ort produziert, zum Beispiel an Ölraffinerien oder Anlagen zur Ammoniak- und Methanolsynthese. Für Vor-Ort-Strom sind Photovoltaik und Windkraft am besten. Das Potenzial ist da und es besteht fast schon Kostenparität. Jüngste Studien führender Institutionen kamen zu dem Ergebnis, dass bis 2050 bis zu 350 GW Elektrolyseleistung in Deutschland aufgebaut werden sollten.[220] Auch wenn die Entwicklung wesentlicher schneller gehen muss und wird, entspricht bereits diese zurückhaltende Einschätzung einem wirtschaftlichen Marktpotenzial von über 300 Milliarden Euro.

Japan will Wasserstoff zum zentralen Energieträger der Gesellschaft machen. In einem industriepolitischen Kraftakt wollen Regierung und Großunternehmen die Umstellung der Energiesysteme erzwingen. Der Toyota Mirai ist das erste in Serie hergestellte Auto mit Brennstoffzellenantrieb. Das Fahrzeug ist als Urvater einer ganzen Reihe kommerziell tragfähiger Produkte gedacht, die auch ohne Subventionen am Markt gute Gewinne abwerfen sollen. Es geht dabei nicht nur ums Fahren, sondern auch um Stromversorgung, Heizen und den Energiebedarf insgesamt. Dem Wasserstoff kommt dabei vor allem eine Funktion zu: Er soll als Zwischenspeicher für Strom aus erneuerbaren Quellen dienen.

Es gilt jetzt, den noch vorhandenen Wissensvorsprung im Bereich der Wasserstofftechnologien in Europa und insbesondere in Deutschland zur breiten Markteinführung zu nutzen, ansonsten steht Europa in wenigen Jahren vor dem gleichen Problem wie heute im Fall der Batterietechnologien, wo der Wettlauf fast verloren scheint. Rund 90 Prozent des bisher verkauften Wasserstoffs sind freilich brauner Wasserstoff, der durch Dampfreforming aus Erdgas gewonnen wird. Die in der Gesamtökobilanz anfallenden Methan- und CO_2-Emissionen sind gewaltig. Müssten die Hersteller diese Umweltkosten schultern, wäre die Herstellung grünen Wasserstoffs bereits heute wirtschaftlich. Wasserstoff konkurriert direkt mit konventionellem Erdgas. Mit Umwandlungskosten von rund 10 Cent pro Kilowattstunde (ohne Stromkosten) und einem Erdgaspreis für Industriekunden von 3 Cent pro Kilowattstunde wird die Parität noch so lange auf sich warten lassen, bis Erdgasemissionen verursachergerecht bepreist werden. Es ist damit vor allem eine politische Entscheidung, ob bestehende Kraftwerkskapazitäten besser ausgenutzt und die Erdgasimporte durch grünen Wasserstoff gesenkt werden.

3-D-Druck – höhere Materialeffizienz und weniger Transportwege

3-D-Druckverfahren ermöglichen es Unternehmen, ihre Produkte in der Nähe ihrer Kunden zu fertigen, wodurch Lieferketten insgesamt agiler werden. Außerdem werden Innovationsprozesse deutlich beschleunigt. Erste Wissenschaftler sehen die Technik sogar als Grundlage für eine erneute industrielle Revolution.

Anders als bei klassischen Umformverfahren wie Pressen oder Gießen muss man beim 3-D-Druck keine Werkzeuge anschaffen oder Formen herstellen. Auch handwerkliche Fähigkeiten oder gar einen Meisterbrief braucht es nicht. Nötig sind nur Druckmaschine, Rohmaterial und digitale Steuerdaten. Beim Material gibt es inzwischen kaum noch Grenzen. Alle drei technisch relevanten Materialgruppen – also Kunststoffe, Metalle und keramische Werkstoffe – können im 3-D-Druck verarbeitet werden. Viele Branchen wie die Automobil- oder die Verpackungsmittelindustrie sind bereits routiniert in der Fertigung per 3-D-Druck; doch auch für Bastler und Kleinstbetriebe tun sich ungeahnte Möglichkeiten auf – vom Raketentriebwerk bis zur Schuhsohle.[221, 222]

Die Materialkosten sinken ins Bodenlose. Traditionelle Fabrikation ist ein subaktiver Prozess. Rohmaterialien werden geschieden, gestanzt, portioniert und zum Endprodukt zusammengesetzt. Die Materialverschwendung ist groß, weil nicht alles Grundmaterial Verwendung im Endprodukt findet. 3-D-Druck ist ein additiver Prozess. Die Software dirigiert das flüssige Material oder das Pulver und macht daraus Schicht um Schicht ein komplettes Produkt. Dabei wird nur ein Zehntel des einstmals notwendigen Rohmaterials verbraucht, was dem 3-D-Druck zu einem gewaltigen Vorteil an Effizienz und Produktivität verhilft.

Zentralisierten Fabriken mit ihren kapitalintensiven Skaleneffekten und ihren mit hohen Fixkosten verbundenen Fertigungsstraßen fehlt die Flexibilität, um mitzuhalten. Ein einziges 3-D-Produkt kostet nicht mehr als ein vergleichbares Produkt, für das ein Großunternehmen eine Serie von mindestens 100.000 identischen Stücken braucht. Im Jahr 2002 gab es den günstigsten Drucker für 30.000 US-Dollar. 3-D-Drucker für Heimanwender gibt es inzwischen ab 130 Euro. 3-D-Drucker drucken sogar ihre eigenen Ersatzteile, ohne dass man in Runderneuerung investieren müsste. Die Kostenkurve gestaltet sich ähnlich der von Computern, Photovoltaik und Batterien. Die informelle Fertigung an der Nahezu-null-Grenzkostenmarke, die keine Trennung von Unternehmen und Privathaushalten mehr kennt, kommt in Sichtweite.[223]

Dezentralisierung bietet auch hier Chancen für Nachhaltigkeit. Wenn sich Netzwerke bilden, in denen Nutzer beginnen, zur Herstellung von Waren kollaborativ zusammenzuarbeiten, kann sich die bisher monopolisierte Welt der Produktion demokratisieren.

Konsumenten werden zu Prosumenten. Allerweltsgüter werden in dezentraler Peer Production im digitalen Raum hergestellt. Hierfür braucht es neue Protagonisten für Nachhaltigkeit, die die neuen Technologien so einsetzen, dass sie soziale und ökologische Vorteile erschließen. Die Maker-Bewegung, die auf Kreativität statt auf große Fabriken setzt, könnte eine wichtige Rolle spielen; erst recht in Kombination mit einem weiterentwickelten DIY, Do-it-Yourself.[224] Die kollaborative Innovation und Produktion online und der Trend zum Selbermachen offline verschmelzen. Bottom-up bilden sich heterarchische Netzwerke, in denen die User in ganz neuen Formen zusammenarbeiten. Lösungen von unten nach oben sind auch und gerade bei Umweltfragen außerordentlich vielversprechend, wie man schon an Städtenetzwerken für den Klimaschutz sieht – insbesondere, wenn sich die Prozesse auf die Ebenen von Produktion und Konsum niederschlagen. Entscheidender Hebel dafür sind Technologien dezentraler Produktion, die sich mit einer zunehmend vernetzten Welt verknüpfen.

Selbst nach konservativen Schätzungen wird der weltweite Markt für 3-D-Druck-Produkte in der Industrie bis 2030 pro Jahr durchschnittlich zwischen 13 und 23 Prozent auf ein Marktvolumen von über 20 Milliarden Euro anwachsen. In den letzten zwei Jahren wurden in der jungen Branche über 6.000 Stellen geschaffen. 2017 betrug das Wachstum 88 Prozent im Vergleich zum Vorjahr.[225]

Produktions- und Informationstechnologien vereinigen sich. Das spart nicht nur viel Energie und Rohstoffe ein, sondern kann sich auch auf die räumliche Organisation der Gesellschaft dramatisch auswirken. Fabriken brauchen logistische Netzwerke wie Autobahnausfahrten oder Eisenbahnknoten zur Anlieferung der Rohstoffe und zur Auslieferung der Endprodukte, und sie brauchen Städte in der Nähe für die Arbeiterschaft, die mit dem Nahverkehrszug oder dem Auto anreist. Der 3-D-Druck ist lokal und global zugleich, hochgradig mobil und erlaubt es, jederzeit und überall billig Güter zu produzieren. Zuhause und Arbeitsplatz werden auch in der Produktion nicht mehr zwangsläufig durch Pendlerfahrten getrennt sein. Das wiederum entlastet die Verkehrssysteme.

Was ist zu tun?

Natürliche Monopole bedürfen regulativen Einschränkungen und staatlicher Aufsicht.

Das Internet der Dinge und die Blockchain-Technologien, die eine Entwicklung hin zu einer Gesellschaft gemeinschaftlichen Wirtschaftens ermöglichen, dürfen nicht politisch blockiert werden.

Batterie- und andere Speicher dürfen nicht mit der zweifachen EEG-Umlage fürs Ein- und Ausspeisen des Stroms belastet werden. Stattdessen gilt es, ein speicherspezifisches Regelwerk zu finden, das Systemdienstleistungen ermöglicht, den Zugang zu Energiemärkten öffnet sowie den Netzausbau für die Energiewende und insbesondere für die Elektromobilität reduziert.[226]

Heimspeicher sind verpflichtend einzubauen bei Neubauten und Gebäudesanierungen, sofern es keine ausreichenden Speichermöglichkeiten in der Nachbarschaft gibt.

Das viel zu billige Erdgas blockiert sinnvollen grünen Wasserstoff und ist mit den wahren Kosten zu belasten.

Was dringend benötigt wird, ist ein genereller und absoluter Vorrang für erneuerbare Energien; vor allem ein schnellerer Aufbau von EE-Anlagen, damit sich der Strom zunehmend und bis in zehn Jahren ausschließlich aus erneuerbaren Energien zusammensetzt. Wer eine schnelle Energiewende will, muss die Sektorenkopplung von den aufgebauten Hindernissen befreien, der Digitalisierung erlauben, mit variablen Stromtarifen die Steuerung von Batterien zu übernehmen und eine umfassende Schadstoffsteuer einführen.

Kapitel 17

Zentral vs. dezentral – Akteure in der Energiewirtschaft

Die dezentrale Energiewende ist nicht nur der Schlüssel zu einer modernen Energieversorgung, sondern auch essenziell für eine widerstandsfähige Wirtschaftsstruktur. Doch die politische Kampflinie verläuft derzeit zwischen zentral und dezentral. Zentrale Energiesysteme stärken Konzernstrukturen und verhindern die Entwicklung eines Marktes mit gleichen Wettbewerbsbedingungen. Dezentrale erneuerbare Lösungen nah am Verbrauch sind der schnellste und kostengünstigste Weg, um zu 100 Prozent Erneuerbaren zu kommen.

Die Energiewende geht trotz aller Widerstände weiter. Bisher wurde sie wesentlich durch mutige Pioniere getragen, außerdem durch Bürgerinitiativen, Genossenschaften oder Gemeinden. Erst stand der Umwelt-, dann der Investitionscharakter im Vordergrund. Inzwischen sinken die Kosten so schnell, dass bald jeder die Möglichkeit haben wird, seinen Strom im Überfluss selbst zu erzeugen und einen kleinen Speicher anzuschaffen, was günstiger sein wird als Netzstrom. Regelenergie wird eine große Zukunftsaufgabe der Wasserkraft und der Biomasse. Selbst wenn ein großes Kraftwerk für null Cent Erzeugungskosten produzieren würde, wird der Stromtransport teurer, als Solarstrom vor Ort zu produzieren und zu speichern. Photovoltaik und Speicher werden zu einem alltäglichen ökonomischen Faktor, einem Convenienceprodukt. Das wird vieles in Bewegung bringen. Das Hauptmotiv für den Kauf einer Photovoltaikanlage hat sich inzwischen vom Renditemotiv zum Eigenverbrauch verlagert. Die Dachanlage aber so klein zu dimensionieren, dass gerade mal der eigene Verbrauch gedeckt wird, wäre jedoch zu kurz gedacht. Überschussstrom kann für das Elektroauto

Aldi als Energieversorger

Aldi Süd und Kaufland haben schon früh damit begonnen, Filialdächer mit Photovoltaikanlagen zur Selbstversorgung auszustatten. Seit 2017 kommen Elektrotankstellen mit Schnellladestationen hinzu. Aldi Süd will ein flächendeckendes Netz an den Filialen entlang der Hauptverkehrsrouten durch West- und Süddeutschland aufbauen, die sich in maximal fünf Minuten Entfernung zur Autobahnabfahrt befinden. Zudem soll der Abstand zwischen den einzelnen Ladestationen nicht mehr als 160 Kilometer betragen. Alle gängigen Elektroautomodelle können angeschlossen werden. Aldis Ziel ist Kundenbindung, sowohl in Ballungszentren als auch für Urlaubsfahrer. Während der Öffnungszeiten können die Elektroautos kostenlos geladen werden. Mit 30 Minuten Ladezeit ist je nach Typ eine Reichweitenverlängerung von 200 Kilometer möglich. Genug Zeit, schnell etwas Reiseproviant bei Aldi einzukaufen. Lidl plant eine Distanz von unter 50 Kilometern zwischen den eigenen Ladesäulen, an denen Kunden kostenlos 100 Prozent erneuerbaren Strom tanken können. Finanz- und organisationsstarke, technisch versierte und extrem wettbewerbsfähige Unternehmen, wie auch IKEA und Heimwerkermärkte, steigen ins Energiegeschäft ein, was die herkömmlichen Energieversorger in weniger als zehn Jahren aus dem Markt drängen kann. Mit der Dezentralisierung steigt die Anzahl der Akteure rasant an.

benutzt oder verkauft werden. Außerdem decken große Anlagen einen höheren Anteil des häuslichen und lokalen Strombedarfs und sind deshalb eine bessere Absicherung gegen steigende Strompreise als kleine Anlagen. Große Anlagen sind pro installierter Kilowattstunde günstiger und die Renditen im Vergleich zu kleinen Anlagen höher. Sind die Hardwarekosten amortisiert, wird Strom zu null Kosten produziert. Daher gilt: Dächer und Fassaden so voll wie möglich belegen.

Mit der jetzigen zentralen Struktur bleibt die beherrschende Stellung einiger Weniger auf dem Energiemarkt unangetastet: Niemand wird behaupten, die Kosten der Energieversorgung seien heute unabhängig von oligopolen Strukturen und fehlendem Wettbewerb. Echter Wettbewerb kommt erst mit der Dezentralisierung. Durch die rasant gesunkenen Kosten für solare Energien, insbesondere Photovoltaik und Windkraft, bei gleichbleibenden hohen und absehbar höheren Kosten für konventionelle Energien, steigt der wirtschaftliche Anreiz, mehr erneuerbaren Strom zu erzeugen. Für die Konzerne der Old Industry bedeutet das geringere Einkünfte, geringere Margen, geringere Kapazitätsauslastung, geringere Kapitalrenditen bei wachsender Unsicherheit hinsichtlich geringerer Laufzeiten der fossilen Wertschöpfungsmaschine. Ihre Kapitalkosten werden steigen, was fossile Energie noch teurer macht, was wiederum ihren Abwärtstrend beschleunigt. Gleichzeitig nutzen immer mehr Unternehmen, die bisher allenfalls als Stromkäufer mit Energie zu tun hatten, die neuen Chancen. So wandeln sich Big Box Shops mit großen leer stehenden Dachflächen, also Möbelhäuser, Supermärkte oder Lagerhallenbetreiber, vom Kunden der Energieversorger hin zu Energielieferanten mit zunehmenden Marktanteilen.[227]

Stromkonzerne und Autohersteller – träge, innovationsfeindlich, selbstgerecht

Die großen Energieversorger, über Jahrzehnte gefeiertes und gepäppeltes Fundament der deutschen Industriegeschichte, kämpfen um ihr altes Geschäft, weil sie auf Fehlinvestitionen in konventionelle Energieerzeugungsanlagen sitzen. Ihnen wird geholfen zulasten der Energiewende. Die Politik begründet das mit Exportchancen für die führende deutsche Kraftwerkstechnologie, obwohl es keiner prophetischen Kraft bedarf, zu erkennen, dass in zehn Jahren niemand mehr deutsche Braunkohletechnik kaufen wird. Stattdessen werden sich die vielen Erneuerbaren-Technologien durchsetzen, wo wir Deutsche noch die Nase einigermaßen vorn haben, auf einem der prosperierenden Märkte der Zukunft, weil die ganze Welt die Erneuerbaren braucht.

Fast jeden Tag können wir uns von der destruktiven Macht der Konzerne überzeugen. Die Politik lässt es zu, dass E.ON, RWE, Volkswagen, Daimler und wie sie alle heißen sich auf Kosten ihrer Kunden und der Gesundheit der Bürger bereichern. Und wir sehen, wie selbstgerecht die Konzerne auftreten, wie sie Desinformation, Unwahrheiten und Betrug zum Bestandteil ihrer Geschäftsmodelle gemacht haben. Inzwischen mag man sich nicht mehr mit der gebräuchlichen Erklärung zufriedengeben, es fehle nur der politische Wille, die Konzerne zu regulieren. Vielmehr scheint es einen stillschweigenden politischen Konsens zu geben, nicht gegen die Konzerne zu entscheiden. Zum Teil wird die These vertreten, dass seit dem Fall der Mauer die Markt- und Finanzmacht der Konzerne eine neue Qualität des Lobbyismus entstehen ließ.[228] Diese Markt- und Finanzmacht ist zu einer politischen Macht geworden. Es hat sich ein industriell-politischer Komplex herausgebildet, in dem Konzerne und Politik zum gegenseitigen Nutzen eine Zweckgemeinschaft bilden, die keine Entscheidungen mehr gegen Konzerne zulässt. Ergo können die Konzerne so agieren, wie sie wollen, weil sie nicht befürchten müssen, für die von ihnen verursachten Schäden zur Rechenschaft gezogen zu werden. Ihre zerstörerischen Geschäftsmodelle sind oft legal – wenn auch nicht legitim, weil sie selbst an den Gesetzen mitschreiben und so für unverantwortlich niedrige Grenzwerte sorgen. Aber nicht einmal bei eindeutig gesetzeswidrigem Verhalten müssen Konzerne hohe Strafen befürchten oder angemessen haften. Die staatliche Übernahme der Ewigkeitskosten der Atomenergie entgegen des Verursacherprinzips im Jahr 2016 oder Dieselgate seit 2015 beweisen dies eindrucksvoll. Das hat schlimme Auswirkungen auf Rechtsstaat und Demokratie und verursacht gewaltige Schäden.

Es ist eine Tragödie für die Menschheit, dass Konzerne ihr gewaltiges technologisches Potenzial nicht nur zum Wohl der Allgemeinheit, sondern überwiegend zu ihrem Schaden einsetzen. Man nehme nur die fantastischen Fortschritte bei der Minderung des Spritverbrauchs von Autos. Wären diese Fortschritte nicht hauptsächlich dazu genutzt worden, immer schwerere Autos mit noch mehr PS und noch größerem Ausstoß von Treibhausgasen zu bauen, sondern Autos mit effektiv weniger Spritverbrauch, hätten wir heute weit weniger Probleme mit den Klimaschäden durch den Autoverkehr – und auch wohnlichere Innenstädte. Mittelständler sind der Kern unserer Wirtschaft. Das Schlimme ist aber: Sie werden gegenüber Konzernen gnadenlos benachteiligt, denn der klassische Mittelständler haftet für das, was er tut oder unterlässt. Er kann sich nicht wie so viele Konzernvorstände mit einer Riesenabfindung aus dem Staub machen.[229]

Die deutschen Energiekonzerne wie E.ON und RWE haben sich durch ihre Unternehmenskultur selbst in die Krise geritten. Sie waren träge, innovationsfeindlich und selbstgerecht. Sie agierten als Monopolisten. Sie bekämpften eine Welt, in der die Menschen selbst angefangen haben, Energie zu produzieren. Das ist eine ganz andere Welt als die, die am Strom von zentralen Kraftwerken hängt. Eine Konversion ist schwierig, aber machbar. Inzwischen haben die Großen unter Schmerzen ihre fossilen und nuklearen Kraftwerkparks abgeschrieben, die Entsorgungsrisiken in Bad Banks und zum Steuerzahler verschoben und sie versuchen einen diametralen Strategiewechsel; mit offenem Ausgang. Ohne massive staatliche Unterstützung wären die Konzerne längst pleite. Ausgerechnet diejenigen können nicht mehr ohne hohe Subventionen überstehen, die immer sagten, die Erneuerbaren seien nicht marktfähig. Disruption entsteht immer dann, wenn alte Systeme träge, selbstgerecht und zukunftsblind werden. Die Blockierer bekommen die negativen Folgen ihrer Blockade dann selbst am stärksten zu spüren.

Konzerne könnten den klar erkennbaren Weg zu einer hochflexiblen, dezentralisierten und regionalisierten Bereitstellung von Energie mitgestalten. Das bedeutet den freiwilligen Verzicht auf Anbietermonopole und natürlich auch Umsatzeinbußen, aber dafür keine vollständige Marktverdrängung und keinen grundlegenden Akzeptanzverlust.[230] Nötig wäre eine selbst betriebene Dezentralisierung, in der sich Konzerne zu einer Holding selbstständig operierender Einzelunternehmen auf lokaler und regionaler Ebene wandeln. Positive Beispiele sind die Stadtwerke von Nürnberg oder die von Schwäbisch Hall. Der Automobilzulieferer Continental stellt sich mit der Aufsplittung in eine Holding neu auf; Mehrfachstrukturen haben zwar auch Nachteile, doch so können Unternehmensteile leicht abgestoßen werden. Im Extremfall soll nur noch das Geschäft mit dem autonomen Fahren und den Mobildiensten vollständig im Conti-Konzern verbleiben; eine gewaltige Metamorphose vom Reifenhersteller zum Softwarehaus. Volkswagen, Daimler oder Siemens zeigen einen ähnlichen Trend zur Selbstzerlegung.

Ein anderer Ausweg liegt im allmählichen Ausstieg aus den monopolisierten Geschäftsmodellen und im Einstieg in ganz andere Betätigungsfelder. Der frühere staatliche Bergbau- und Kohlekonzern PREUSSAG wandelte sich zum erfolgreichen Reiseunternehmen TUI. Der Mannesmann-Konzern wurde mit Stahl und Rohren groß, diversifizierte sich zunehmend und stieg 1990 mit D2 ins Telekommunikationsgeschäft ein. In diesem komplett neuen Geschäftsbereich erzielte Mannesmann atemberaubende Gewinnspannen und verkaufte die Sparte im Jahr 2000 für 180 Milliarden Euro an Vodafone, die bis heute teuerste Übernahme der Welt.

Selbst die etablierte Wirtschaft erkennt inzwischen den Klimawandel als Marktversagen und fordert die Politik zum Handeln auf. Die Stiftung 2Grad ist eine Initiative von Vorstandsvorsitzenden, Geschäftsführern und Familienunternehmern bedeutender Unternehmen mit dem Ziel, die Erderwärmung unter zwei Grad zu halten. Selbst der strukturerzkonservative Industrieverband BDI sieht inzwischen im Klimaschutz wichtige Potenziale für die Wirtschaft. Mehr als 50 Unternehmen haben in einer gemeinsamen Erklärung im November 2017 von der neuen Bundesregierung einen Kohleausstieg und die Einhaltung der nationalen Klimaschutzziele eingefordert. Laut einer 2019 durchgeführten Umfrage der Organisation Carbon Disclosure Project unter 215 Großkonzernen sehen die meisten zwar infolge des Klimawandels erhebliche Geschäftsrisiken von fast 1 Billion US-Dollar in den kommenden fünf Jahren; aber auch Chancen beim Übergang zu einer klimafreundlichen Wirtschaft in der Größenordnung von über 2 Billionen, also mehr als das Doppelte.

Aufbäumen der Giganten – der Megadeal von E.ON und RWE

Als es 2016 um die Höhe der Ablösesumme für die Atommüllkosten ging, drohte RWE mit Insolvenz und sorgte so dafür, dass der Staat die Atomindustrie viel zu billig – zumal endgültig – aus der Verantwortung für die strahlenden Abfälle entließ; das finanzielle Risiko tragen jetzt die deutschen Steuerzahler. Und siehe da: Bereits ein Jahr später stand RWE plötzlich wieder gut im Saft. Befreit von den tatsächlichen Folgekosten lohnt sich das Geschäft mit den Konventionellen noch einigermaßen. Also startete die frisch gegründete Konzerntochter Innogy für den 120 Jahre alten Stromriesen RWE in die ›Zukunft‹. Innogy war befreit von der damaligen Atommülllast; das zog Anleger an. Innogy machte auch auf erneuerbare Energien: Das zog Verbraucher an, zumindest diejenigen, die sich von der Ökostrompolitur des Energielieferanten täuschen ließen. Denn der vermeintlich nachhaltige Innogy-Strom besteht nur zu 3 Prozent aus Erneuerbaren. Der Hauptanteil im Energiemix ist grün eingefärbter[231] Atom- und Kohlestrom – den wiederum produziert RWE. Im Frühjahr 2018 beendete RWE das Experiment, löste Innogy auf und verbündete sich gleichzeitig mit E.ON.

Auch E.ON hat wenig mit der Energiewende am Hut. Ökostrom macht gerade mal 7 Prozent im Stromangebot des Konzerns aus. Bundesweit liegen die Energieversorger im Schnitt mehr als fünfmal so hoch. Gemeinsam wollen die zwei größten der Branche das Geschäft neu aufteilen.

RWE bekommt alle Kraftwerke und fokussiert sich auf die Stromproduktion als dann beherrschender Stromproduzent Deutschlands. RWE kann künftig dank eines riesigen Kraftwerkparks die Preisbildung im Strommarkt beeinflussen oder EEG-Ausschreibungen nach Belieben steuern.

E.ON erhält mit allen Strom- und Gasverteilernetzen das lukrativste Geschäftsfeld und bedient das Endkundengeschäft dann als beherrschender Strom- und Gasvertrieb Deutschlands. Verteilnetze sind auch nach der Liberalisierung des Strommarkts praktisch Monopolbereiche. Egal, wer der Stromlieferant ist, den Betreiber des Hausanschlusses kann man als Verbraucher nicht wechseln. Und der Betrieb des Netzes ist teurer als die Herstellung des Stroms. Verteilnetze sind Goldgruben. E.ON soll 50 Prozent der deutschen Stromnetze und 70 Prozent aller Stromkunden kontrollieren – 70 Prozent aller Gaskunden ebenfalls – und wird als dominierender Netzbetreiber die Standards der gesamten Branche setzen. Mit 20 Millionen Zählern ist die neue E.ON viermal größer als der nächste Wettbewerber. Innogy ist derzeit Markt- und Technologieführer mit marktbeherrschender Stellung im Ladesäulenmarkt und soll auf E.ON übertragen werden. So soll eine kritische Masse erreicht werden, um das Google des deutschen Energiemarkts zu werden. Die Funktionslogik ist der integrierte Konzern mit Netz, Messstellenbetrieb, Endkundenvertrieb und vielen neuen Geschäften. Dafür wiederum beteiligt E.ON die RWE mit 17 Prozent am eigenen Unternehmen, was gewährleisten soll, dass E.ON nicht wieder in den Erzeugungsmarkt einsteigt. Der Deal beendet die Rivalität der beiden Konzerne.

Tatsächlich liegt ein schnelles Ende des Atom- und Kohlezeitalters jedoch nicht im Interesse der Beteiligten. Im Gegenteil: RWE und E.ON schleppen die Erneuerbaren nur so weit mit, wie es unbedingt nötig ist, um das Geschäft mit der konventionellen Stromproduktion zu stützen. Energieexpertin Claudia Kemfert[232] bewertet den Innogy-Deal denn auch als Rückschlag für die Energiewende: »Es scheint, als könnten die Energieriesen nur das großmaßstäbliche konventionelle Energiegeschäft bedienen, weniger das dezentrale, erneuerbare und innovative – das langfristig aber das erfolgversprechendere ist.« Eine dezentrale Marktordnung mit vielen kleinen Stromproduzenten steht den Profit- und Wachstumszielen großer Energiekonzerne im Weg. Mit dem Deal wollen RWE und E.ON ihre alten zentralen Markt- und Machtstrukturen absichern. Statt sich gegenseitig Konkurrenz zu machen, positionieren sich die Großen gemeinsam gegen die Kleinen und gegen die Energiewende. Nach der vertikalen Integration der Märkte erfolgt jetzt die horizontale Aufteilung.

Die Bundesregierung sieht das wohlwollend. »Die Energieversorger stellen sich auf die Energiewende ein«, kommentierte Wirtschaftsminister Peter Altmaier (CDU) das Vorhaben. Er verfolgt sogar seit 2019 ganz offen eine staatlich gelenkte Industriestrategie, spricht von Industrieführerschaft, in der Größe zähle und starke Akteure fähig seien, den Wettbewerbern aus den USA und China auf Augenhöhe zu begegnen.[233] Mit dezentraler Energiewende hat das nichts zu tun. Erstaunlicherweise sehen weder das Bundeskartellamt noch die Monopolkommission in dieser hohen Marktdominanz bei Erzeugung und Verteilung eine Beeinträchtigung des Wettbewerbs, obwohl jeglicher Wettbewerb zwischen zwei von vier großen deutschen Energieversorgungsunternehmen verschwindet. Politik und Verwaltung lassen die Energieriesen gewähren – das hat Tradition. Lediglich der EU-Wettbewerbskommissarin Margrethe Vestager ist es zu verdanken, dass die Übernahme der Innogy durch Konkurrent E.ON bei Drucklegung des Buchs noch nicht wettbewerbsrechtlich durchgewunken wurde. Der ersten Hälfte des Deals, der Übernahme des E.ON-Kraftwerkparks durch RWE sowie der Minderheitsbeteiligung der RWE an E.ON, hatten EU-Kommission und Bundeskartellamt bereits im Februar 2019 zugestimmt.

Stadtwerke – Energieverbrauch ist immer dezentral

Warum Stadtwerke? Weil sie das ureigene Instrument der Kommunen sind. Der Energieverbrauch ist immer lokal und dezentral. Energieversorgung bleibt vordringlich eine kommunale Aufgabe. Hunderte Gemeinden in Deutschland erzeugen bereits mehr Strom, als sie verbrauchen. Selbst eine pulsierende Stadt mit enormen Verbräuchen wie Frankfurt am Main mit seiner Chemieindustrie und dem größten Flughafen Deutschlands plant einen Eigenversorgungsgrad von 95 Prozent. Dafür sind große Speicher nötig. Auch eine autarke Versorgung Frankfurts wäre möglich, doch die Zusammenarbeit mit der Region bietet Kostenvorteile.[234] Ebenfalls ist die Energieeinsparung innerhalb der Kommune zu organisieren: Gebäude isolieren, Wärme rückgewinnen, Kraft-Wärme-Kopplung und der öffentliche Nahverkehr. Die Aufgaben stellen sich dezentral. KWK und Lastausgleich gehen nur lokal, die Gebäude und Fahrzeuge sind in der Gemeinde und die Verteilnetze für Strom, Gas und Datenkommunikation ebenfalls. Den Großteil der Stromversorgung an private Energieunternehmen zu delegieren, war wohl ein historischer Fehler, den erst die Energiewende wieder heilt. Die Stadtwerke haben oft die letzte Meile, den Zugang zum Endkunden. Sofern sie mehrheitlich der Gemeinde gehören, sind sie auch noch demokratisch legitimiert und ihre Gewinne fließen zurück in die Gemeinde. In Deutschland und Österreich sind Stadtwerke im Regelfall privatwirtschaftlich organisiert, manche im Interessenverband; viele Stadtwerke sind an anderen operativ tätigen Unternehmen beteiligt. Die Kommunen agieren mit den Stadtwerksgewinnen und Kraftwerksbeteiligungen im Querverbund oder privatrechtlich mit Gewinnerzielungsabsicht.

Kommunen mit ihrer Stadtgesellschaft sind die Hauptbetroffenen von häufigeren Hitzeperioden, Überschwemmungen oder anderen Extremwetterereignissen und der zentrale Akteur bei Schutzmaßnahmen vor Ort. Sie können in überschaubaren Einheiten einigermaßen ganzheitlich im direkten Dialog mit den Bewohnern Lösungen suchen, weil sie oft klein genug sind, um individuelle Bürgermotive hin zu gemeinsamen und durchsetzungsstarken Aktionen zu formen. In ihren Rathäusern, Verwaltungs- oder Schulgebäuden sind nicht nur viele Bürger Hitzewellen im Sommer oder Stürmen ausgesetzt. Oft gibt es auch noch städtische Wohnungsbaugesellschaften. Ist das Haus gut gewappnet, hat man gleich nachahmenswerte Vorbildfunktionen für Privathaushalte und Unternehmen und die Bürger als beste Werbeträger. So werden auch die verschiedensten Zielgruppen erreicht und durch Beratungsangebote und Informationskampagnen sensibilisiert. Etliche Gemeinden, Kreise und Regionen betreiben Klimaschutzagenturen oder gemeinnützige Vereine[235], die die Bürgerschaft bei Fragen zu energetischer Sanierung, Energieeffizienz oder erneuerbaren Energien unterstützen. Sie koordinieren Bürger, Unternehmen und Institutionen vor Ort und bauen teilweise selbst Anlagen, die die Energiewende braucht.

Kommunen können durch Verordnungen oder über das Planungsrecht hoheitlich handeln. Kommunale Vorgaben bringen Unternehmen Investitionssicherheit, bevor sie selbst Maßnahmen starten. Beispielsweise hatten viele Unternehmen früh in Emissionseinsparung investiert, weil sie mit einem funktionierenden Emissionshandel rechneten. Sie sind heute betriebswirtschaftlich gegenüber ihren Wettbewerbern benachteiligt, die extra viel Energie verbrauchen, um dann Härtefallregelungen in Anspruch zu nehmen. Kommunen können Orientierung bieten und mit technischen Vorgaben für Wettbewerbsgleichheit sorgen. Erneuerbare Mobilität und Wärmeversorgung brauchen dabei wesentlich mehr Beachtung. Es braucht ein stimmiges Verhältnis im neuen Energiemarktdesign zwischen Stromproduktion, dem Umbau der Verteilnetze, Systemstabilität, Versorgungssicherheit, Kosteneffizienz und dem Erreichen der Klimaschutzziele. All das geht nur mit einer klaren, verlässlichen Programmatik. Die Beteiligung von Bürgerschaft und Wirtschaft am Ausbau der örtlichen und regionalen Verteilnetze, auch durch finanzielle Beteiligungen, ist eine wesentliche Voraussetzung. Es geht um einen weithin zunehmenden Einsatz erneuerbarer Energien; jetzt steht eine vermehrte Nutzung von weiträumig verteilten, lastnahen sowie effizient steuerbaren Anlagen zur Energieerzeugung an. Die Konsequenz ist eine schrittweise Umstrukturierung des heute noch zentral ausgerichteten Versorgungssystems auf der Grundlage von Großkraftwerken hin zu einem heterogenen, überwiegend von kleineren, dezentralen Einheiten geprägten System.

Stadtwerke sind also die natürlichen Verbündeten der Energiewende und können ihre Schlüsselakteure sein, aber sie sind kein Garant für dezentrale Strukturen. Sie haben beste Voraussetzungen und größte Chancen auf Erfolg, doch sie sind nicht immun gegen wirtschaftliche oder politische Fehlentscheidungen.

So gehören rund 10 Prozent der deutschen Stadtwerke zu den trendsettigen, risikobereiten Early Birds, die alle Dienstleistungsregister zogen und sich heute über ihren Erfolg freuen und darüber, auf die zunehmend zappeligere Energiezukunft gut vorbereitet zu sein. So setzten die innovativen Stadtwerke von Schwäbisch Hall früh auf einen Mix: Sie bauten EE-Anlagen, setzten Contracting-Projekte um, schufen eine Elektromobilitätsinfrastruktur und bauten und betrieben Speicher und KWK-Anlagen. Dann kam die Idee, das erfolgreiche Konzept zu verkaufen und auch andere Stadtwerke mit zu betreiben und sogar zu gründen; insgesamt über 150 Gesellschaften wurden gegründet. Als Dienstleister sind sie heute an rund 30 Energieversorgern und anderen Stadtwerken beteiligt. Die Eigentümer – die Bürgerinnen und Bürger von Schwäbisch Hall – werden mit regelmäßigen Millionengewinnen beglückt, die zum Großteil außerhalb der Stadt erwirtschaftet werden.

Auf der anderen Seite erleben wir insbesondere die Stadtwerke in Konzerngröße, die den Business-as-usual-Weg nur zögerlich verlassen und nun auf Stranded Investments in konventionelle Anlagen sitzen, die bald keiner mehr braucht. Hermann Scheer hat erkannt, dass es eben die Konzernstrukturen sind, die das Recht des Stromkonsumenten verhindern, zum Stromproduzenten zu werden. Anders herum formuliert: Wenn die Verbraucher selbst Strom produzieren, brauchen sie die einstigen Energieversorgungsunternehmen vielleicht noch als Dienstleister, aber nicht mehr als Stromproduzenten. Dabei ist es egal, ob die Konzerne im privaten oder öffentlichen Eigentum sind. In der Praxis haben fast alle Konzerne eine ähnliche Geschäftspolitik: zuhause die Energiewende verhindern, damit die Monopolstellung erhalten bleibt; aber durchaus das Geschäft mit den Erneuerbaren mitnehmen, allerdings im Ausland oder wenigstens weit weg, um das Heimatgeschäft nicht zu stören. Das haben die EDF, die ENEL, Gazprom, E.ON oder die RWE mit den Münchner Stadtwerken SWM gemeinsam. München produziert nur marginal Strom aus erneuerbaren Energien in der Stadt und macht keine ernsthaften Anstalten, das zu ändern. Gleichzeitig geben sich die SWM – nur bilanziell – den Anschein von 100 Prozent und verkaufen das so gut, dass München sich sogar Energiehauptstadt nennen darf. Letztlich stehen auch die SWM vor der Entscheidung, ob sie die überkommene Form der Energieversorgung Münchens künstlich verlängern, bis es gar nicht mehr anders geht, oder den klar erkennbaren Weg einer hochflexiblen, dezentralisierten und regionalisierten Energiebereitstellung innerhalb der Stadt konsequent mitgestalten wollen.

Der Übergang in eine Sektorenkopplung der erneuerbaren Strom- mit der erneuerbaren Wärmeversorgung und erneuerbarer Mobilität und die zugehörige Digitalisierung und Vernetzung sind die jetzt anstehende Mammutaufgabe für Gemeinden mit ihren Regionen und steckt noch in den Kinderschuhen. Direktvermarktung, Mieterstrom und Balkonstrom, Smart Grid und Smart Home, E-Mobilität, Effizienz, Lastmanagement, Speicher, Digitalisierung, virtuelle

Kraftwerke und andere Dienstleistungen bieten sich an. Wie Pilze aus dem Boden sprießen neue Geschäftsmodelle, die auch auf Marktanteile von Stadtwerken abzielen. Jetzt gilt es, keine Managementfehler zu machen, strategische Vorteile zu erkennen und sich gezielt und radikal einer beschleunigten dezentralen Energiewende zu stellen. Dann kann man wirtschaftlich auch längerfristig ganz vorn mitspielen und mit einem guten Gewissen bei der Bürgerschaft punkten. München, unser Beispiel, hätte mehr Wertschöpfung, ja sogar ein riesiges Konjunkturprogramm für Handwerker und die Industrie in der Stadt. Dann würde daheim das Geld investiert, das jetzt für Kohleeinkäufe in Länder fließt, wo die Kohle unter elenden sozialen und ökologischen Umständen abgebaut wird, oder in norwegische Windparks, die dort keiner braucht. München würde sich unabhängiger von ausländischen Importen machen und dadurch seine Versorgungssicherheit erhöhen (Insellage/Autonomie). Schließlich könnte München dazu beitragen, die Räume der Energieförderung (Kohle in Kolumbien, Südafrika, Russland oder Australien; Sonne und Wind von Spanien bis zur Nordsee) von den Räumen des Energiekonsums (immer in München) zu entkoppeln – der Verbrauch ist stets dezentral.

Kommunalunternehmen sind theoretisch bürgerbestimmt und bürgerorientiert. In Umfragen erhalten Stadtwerke – im Gegensatz zu den Energiekonzernen – gute Werte hinsichtlich des Vertrauens. Sie stehen für Integrität und Nachhaltigkeit und können glaubhaft kommunizieren. Akzeptanz ist zentrale Voraussetzung energiepolitischer Vorstellungen. So war's schon bei der Kohle. So ist es erst recht bei der Energiewende. Mühsam aufgebautes Vertrauen schlägt aber schnell in Misstrauen um, wenn man sich beim Greenwashing erwischen lässt, zum Beispiel beim Schummeln mancher Stadtwerke mit der Stromherkunft oder beim Aufrechterhalten fossiler und zentraler Strukturen aus kurzfristigen betriebswirtschaftlichen Erwägungen.

Heute haben wir es mit einer gut informierten, argwöhnischen und aktionsbereiten Zivilgesellschaft zu tun. Das ändert alles. Spätestens seit den Protesten 2010 um den Umbau des Hauptbahnhofs Stuttgart 21 ist der Geist aus der Flasche. Inzwischen gibt es kaum noch Bauprojekte, die nicht durch Bürgerproteste verzögert oder verhindert werden; Kohlekraftwerke und Stromtrassen sind ebenso betroffen wie Windparks oder Pumpspeicher. Allgemeiner Vertrauensverlust in politische Entscheider spielt dabei ebenso eine Rolle wie der NIMBY-Effekt, der den Ausbau erneuerbarer Energien an sich unterstützt, aber »Not In My Backyard«. Ein umfassender Wertewandel ist angekommen, der fast alle Bereiche der Gesellschaft einschließt und sich nicht auf große Infrastrukturprojekte beschränkt. Transparenz und frühzeitige Projektkommunikation werden zu einer Bringschuld der Aufgabenträger. Zugespitzt lässt sich sagen: ohne Akzeptanz kein Erfolg! So wird das altbekannte energiewirtschaftliche Zieldreieck von Versorgungssicherheit, Umweltverträglichkeit und Bezahlbarkeit, um die Akzeptanz ergänzt, zum energiewirtschaftlichen Viereck. Nur wenn dies beachtet und die Bevölkerung einbezogen wird, können alle Beteiligten profitieren.

Die Rahmenbedingungen und Erwartungen an Strom, Wärme und Mobilität ändern sich schon länger und immer schneller. Die Stadtwerke müssen am Ball bleiben und neue Geschäftsmodelle im Auge haben. Hinter dem Wechsel hin zu erneuerbaren Energieträgern liegen komplett neue Wertschöpfungsideen verborgen. Stadtwerke können zum großen Organisator von Mieterstrommodellen werden und zum Bindeglied zwischen erneuerbarer Mobilität und Gebäuden. Stadtwerke sollten sich im eigenen Interesse so schnell wie möglich auf die zukünftige Energiewelt einlassen, sonst können sie weder mitgestalten noch ausweichen und riskieren, bis in zehn Jahren vom Markt gefegt zu werden.

Die dezentrale Energiewende ist nicht nur die Zauberformel für eine sichere moderne Energieversorgung, sondern essenziell für eine widerstandsfähige Wirtschaftsstruktur. Gerade hier haben Stadtwerke eine Riesenchance als Vermittler, Ermöglicher, Garanten einer neuen, erneuerbaren, ethischen Wirtschaft und Gesellschaft in ruhigeren Städten mit sauberer Luft bei hoher lokaler Wertschöpfung.

Konsumenten sind wir immerzu. Tag für Tag, vom Aufstehen bis zum Ins-Bett-Gehen, ohne größere Unterbrechungen konsumieren wir fortwährend irgendetwas: Nahrungsmittel, Kleidung, Massenmedien, Verkehrsmittel, Energie usw. Wahrscheinlich ist für viele das Konsumieren jene Alltagsbeschäftigung mit der größten Kontinuität geworden, ein Leben lang; heutzutage kann man schwerlich nicht konsumieren.[236] 1980 erfand Alvin Toffler den Begriff ›Prosumer‹, auf deutsch ›Prosument‹, eine Wortkombination aus Produzent und Konsument. Ein Prosument ist ein Konsument, der maßgeblichen Anteil an der Fertigstellung bestimmter Produkte oder Dienstleistungen hat und deswegen als Mitproduzent gelten kann. Inhaltlich bezog Toffler sich auf die Tatsache, dass ein nicht geringer Anteil des Bruttosozialprodukts der Vereinigten Staaten durch Heim- und Hausarbeit bestritten wird; er nannte das die unsichtbare Wirtschaft (the invisible economy). Doch damit nicht genug. Vielmehr war damals schon absehbar, dass nicht nur viele Dienst-, sondern vermehrt auch Sachleistungen (goods) den Konsumenten zum Prosumenten machen. Seitdem ändert sich unser ökonomisches Denken.

Die Dynamik der Prosumenten-Expansion lässt sich an drei symptomatischen Entwicklungen nachverfolgen: Open-Source-, Internetökonomie und Do-it-yourself-Bewegung. Entscheidend ist, dass Konsumenten und Kunden bestimmter Produkte initiativ werden und den jeweiligen Unternehmen neue Ideen und Innovationen zur Kenntnis bringen. Im Prinzip wird die Wertschöpfungskette dadurch ausgeweitet und zum Teil sogar ausgelagert.

Im Fall von Open Source geht es um die kollektive Produktion von Software. Beteiligt sind hieran Personen, die zugleich Produzenten und Konsumenten dieser Software sind. Der Quellcode ist offen und für alle zugänglich. Gemeinsam wird daran gearbeitet, die Software ständig zu verbessern. Häufig ist solche Software auch Freeware, also kostenlos. Außerdem befindet sie sich im Besitz aller, die an ihr mitarbeiten und sie privat oder beruflich nutzen.

Die Internetökonomie nutzt die computerbasierte Vernetzung, um Kommunikation, Interaktion und Transaktion in einem globalen Umfeld zu ermöglichen[237]. Die umfassende und durchgängige Digitalisierung von Produkten und Diensten ermöglicht zum Beispiel eine äußerst zeitnahe Distribution entsprechender Güter (Software, Informationen, Daten) oder auch den kosteneffizienten Verkauf einzelner, entbündelter Teilleistungen (kapitelweiser Absatz von Büchern, Einzelverkauf von Songs). Die unternehmensübergreifende Kooperation über Branchengrenzen hinaus eröffnet das Potenzial, Technologieentwicklungen und Innovationen hervorzubringen, die im Alleingang nicht möglich wären.[238]

Schließlich sei noch auf die aktuelle Entwicklung im Do-it-yourself-Sektor hingewiesen. Diese Bewegung der Selbermacher untergliedert sich in die Bereiche Arbeit, Märkte, Produktion, Organisation, Marketing und ›Welt Marke Eigenbau‹, das sind zum Beispiel die Allmende-Bewegung oder die Grameen-Bank, die Kleinstkredite an Arme vergibt. Die Aktivitäten sind äußerst vielfältig. Allesamt sind sie darauf ausgerichtet, in all den genannten Bereichen vermehrt Eigenverantwortung durch mehr Eigeninitiative und Eigenproduktion zu übernehmen. Prosumismus kann auch eine Form des Outsourcings sein. So wird von Ikea erwartet, dass der Kunde sein Regal selbst zusammenschraubt.[239]

Prosumer-Instrumente – Mieterstrom und Quartierstrom

Kleinere Photovoltaikanlagen, um den Eigenverbrauch zu decken, wurden bisher hauptsächlich von Hauseigentümern und Landwirten installiert. Dächer von Mehrfamilienhäusern und Mietshäusern blieben weitgehend ungenutzt.

Mieterstrom oder Quartierstrom nennt man Minigrids, die dezentral vor Ort erzeugten Strom direkt, also nur über sehr kurze Distanz oder gar nicht über das öffentliche Netz, an die Mieter in Mehrfamilienhäusern oder gewerbliche Gebäude liefern. Es geht also um eine Form von Direktvermarktung für eine sehr verbrauchernahe Stromerzeugung, insbesondere für Städte und Ballungsgebiete. Mieterstromkonzepte bieten eine Möglichkeit, riesige Potenziale zu nutzen, normale Bürger mehr in die Energiewende einzubinden und sie direkt zu beteiligen. In Deutschland könnten bis zu 5 Millionen Wohnungen mit Mieterstrom versorgt werden.[240]

Je höher der Anteil des vor Ort erzeugten und genutzten Stroms ist, umso mehr rechnet sich Mieterstrom sowohl für Immobilienbesitzer als auch für Mieter. Um möglichst viel eigenen Strom zu verbrauchen, sollte der erzeugte Strom nicht nur für die Strom-, sondern auch für die Wärmeversorgung genutzt werden. Die integrierte Wärme wird direkt verbraucht und ein Teil wird gespeichert. Anschluss- und Benutzungszwänge verhindern Mietermodelle in Stadtnetz- oder Fernwärmegebieten, um so die Umsätze von Stadtwerken zu sichern. Derzeit gibt es in Deutschland nur wenige Mehrfamilienhäuser, die Mieterstrom erzeugen und vermarkten. Das sind die wenigen Fälle, in denen das öffentliche Netz nicht in Anspruch genommen wird. Sonst werden Netznutzungsgebühren fällig und das Geschäft rechnet sich nicht mehr so einfach. Verbraucherzentrale, Mieterbund und die Wohnungsunternehmer fordern einhellig die Einführung von sogenanntem Lokalstrom, um kleine Mehrfamilienhäuser bürokratisch zu entlasten. Vorstellen kann man sich viele Modelle von Gemeinschaftsstrom; vom kleinen Peer-to-Peer-Konzept bis hin zum Zusammenschluss ganzer Quartiere in einem virtuellen Kraftwerk. Je schneller und je mehr Prosumer-Anlagen in das Energiesystem integriert werden, desto mehr Chancen ergeben sich für eine weitere Dezentralisierung.

Um den von der Bundesregierung hochgelobten Mieterstrom zu fördern, wurde 2017 das Mieterstromgesetz erlassen. Es ist jedoch dürftig ausgefallen. Das von der Bundesregierung angestrebte Marktpotenzial von 500 Megawatt bleibt in unerreichbarer Ferne. Mit jährlich 5 MW neuer Anlagen, die den gesetzlichen Mieterzuschlag erhalten, wird nicht einmal 1 Prozent des staatlich angeblich erwünschten Solarpotenzials ausgeschöpft. Prosumer-Geschäftsmodelle sind grundsätzlich zu fördern und zu entbürokratisieren; eine effektive Förderpolitik fehlt. Einstiegshürden für Mieterstrommodelle sind die vielen Abrechnungs-, Informations- und Mitteilungspflichten, wie sie ein großer Energieversorger hat, und eine Bezahlung der vollen EEG-Umlage, während beim Eigenverbrauch von Hauseigentümern nur die – wenn auch immer noch unverschämt hohe – auf 40 Prozent reduzierte Umlage zu bezahlen ist. Gewerblich genutzte Mietgebäude sind von Förderungen gleich ganz ausgeschlossen. Der sogenannte räumliche Zusammenhang muss auf Quartiergröße erweitert und steuerliche Hemmnisse müssen abgebaut werden. Mieterstrom von Immobilienunternehmen und Eigenstrom müssen gleichbehandelt, Contracting-Modelle mit Drittanbietern erleichtert werden.

Wachsender Beliebtheit erfreuen sich kleine Solaranlagen, die man einfach senkrecht am Balkongeländer oder an der Wand montiert; der erzeugte Solarstrom wird im Haushalt komplett selbst verbraucht, was den Bezug aus dem Netz verringert. Seit 2018 gibt es steckerfertige Photovoltaiksysteme für den Anschluss an die Steckdose. Jetzt sind die Voraussetzungen für Prosumenten geschaffen, in den Stromkreis der eigenen Wohnung einzuspeisen. Wenn diese Minisolarkraftwerke den Markt erobern, kann das eine kleine Balkonrevolution auslösen.

Kirchen – Bewahrer der Schöpfung

Franziskus forderte 2015, zur Klimakonferenz in Paris, in seiner Enzyklika Laudato si[241] politische Programme, um den Ausstoß von Kohlendioxid in den kommenden Jahren drastisch zu reduzieren. Der Papst geht weiter als jede im Bundestag vertretene Partei, indem er die Folgen des Klimawandels untrennbar mit der grassierenden Armut in vielen Ländern verknüpft und fordert, jede und jeder Einzelne müsse mitverantwortlich handeln; und alle guten Willens, also nicht nur die Katholiken oder die Christen, müssten sich zur Sorge für das gemeinsame Haus bekennen. Er kritisiert, dass diese Mitverantwortung nicht bei allen Entscheidungsträgern ausgeprägt sei: »Viele von denen, die mehr Ressourcen und politische und ökonomische Macht besitzen, scheinen sich vor allem darauf zu konzentrieren, die Probleme zu verschleiern.« Konkret forderte er, die Nutzung fossiler Brennstoffe durch erneuerbare Energie zu ersetzen.

Die Muslime zogen umgehend nach. Im Namen Allahs werden namentlich die wohlhabenden Nationen und Ölförderstaaten dazu aufgerufen, in dezentralisierte erneuerbare Energien zu investieren und sich frühestmöglich zu 100 Prozent erneuerbare Energien und zu Nullemissionsplänen zu verpflichten.[242] Die Erklärung begründet die Notwendigkeit für Klimaschutz mit islamischen Glaubensgrundsätzen. Demnach hat der Mensch das von Gott geschaffene Gleichgewicht durch die Treibhausgasemissionen gestört und er ist deshalb auch dafür verantwortlich, den Klimawandel zu stoppen.

Fast gleichzeitig erklärten führende Buddhisten im Global Buddhist Climate Change Collective: The Time to Act is Now.

60 geistige Führer und Organisationen des Hinduismus forderten, sowohl von Hindus als auch von den Staaten, eine Veränderung der inneren Lebenseinstellung hin zu nachhaltigen Konsum- und Produktionsweisen, insbesondere Vegetarismus; denn nur so könne Klimaschutz gelingen, frei nach Mahatma Gandhi.

Religiös oder spirituell motivierte Aufrufe zum Kampf gegen die Erderwärmung gibt es auch bei der Evangelischen Kirche und in anderen Religionen. Die Anglikanische Kirche beschloss 2018 sogar, bis 2023 aus allen Investitionen in fossile Energien auszusteigen.

Divestment-Bewegung – die internationalen Investoren

Am Kapitalmarkt spielt der Klimawandel eine stetig wachsende Rolle. Nachhaltige Anlagen verbreiten sich in beeindruckendem Tempo. Langfristig orientierte Investoren wie beispielsweise Berkshire Hathaway, Pensionsfonds oder Lebensversicherer berücksichtigten den Klimawandel in ihren Anlageentscheidungen, weil er ein großes Risiko darstellt.

Die sogenannte Divestment-Bewegung wächst stetig. Ursprünglich eine Idee der Antiapartheidbewegung: Unternehmen, die in Südafrika Geschäfte machten, wurden boykottiert. Das trug dazu bei, dass die weiße Regierung die Macht abgeben musste. Heute werden Divestments aus fossilen Brennstoffunternehmen getätigt, also der Öl-, Gas- und Kohleindustrie; das heißt, alle Investitionen werden abgezogen. Propagiert wird das von vielen Prominenten, Politikern und der UNO. Über hundert Städte, darunter New York oder Berlin, der Weltkirchenrat und viele Universitäten haben bereits ihre Investitionen aus fossilen Unternehmungen abgezogen. In Cambridge waren Studenten sogar in den Hungerstreik getreten, um ein Divestment der Universität zu erzwingen. Die 50 Milliarden Dollar schwere Rockefeller-Stiftung, deren Kapital aus dem ersten Ölkonzern der Welt stammt, begann 2014 als erster Großinvestor mit dem Ausstieg aus dem Ölgeschäft. Die Europäische Investitionsbank investiert bereits seit 2007 in Green-Bond-Märkte und hat inzwischen etwa 23 Milliarden Dollar in Climate Awareness Bonds gezeichnet. Mit der Luxembourg Green Exchange hat 2018 die erste Plattform ausschließlich für nachhaltige Finanzierungen ihr Börsengeschäft aufgenommen. Viele Versicherer versichern keine Kohlefirmen mehr und legen bei ihnen kein Geld mehr an. Die MunichRe, die Allianz, Generali und die Axa-Gruppe steigen aus dem Geschäft aus. Als erstes Land der Erde hat Irland 2018 beschlossen, sich aus der Finanzierung fossiler Energien zurückzuziehen. Ein Gesetz verpflichtet den 8 Milliarden Euro schweren Staatsfonds, den Irish Stratetic Investment Fund, all seine Investitionen in Kohle, Öl und Gas innerhalb der kommenden fünf Jahre aufzugeben. Fast genauso eilig hat es der weltweit größte Staatsfonds von Norwegen, dessen Vermögen sich auf weit über 800 Milliarden Euro beläuft.

Freilich sollte man die Divestment-Bewegung nicht überschätzen. Etliche der größten CO_2-Emittenten sind in privater oder, wie etwa drei Viertel der Ölreserven, in staatlicher Hand. Diese Unternehmen machen ihre Geschäfte außerhalb der Börse. Viele private Banken finanzieren immer noch fossile Energieprojekte; seit dem Pariser Klimaabkommen 2015 mit knapp 200 Milliarden US-Dollar.[243] Die Europäische Investitionsbank hilft auch beim Bau milliardenschwerer Gaspipelines. Die Weltbank-Gruppe agiert recht intransparent, doch geschätzt finanziert sie gerade drei Mal so viel fossile Entwicklungsprojekte und nicht nachhaltige Großstaudämme wie klimaschonende, dezentrale, erneuerbare Energieträger.[244]

Alle, die ihr Geld aus den alten Energiekonzernen abgezogen haben, freuen sich, denn die Geschäfte der meisten Fossilkonzerne verschlechtern sich seit einigen Jahren. Es sind verfallende Industrien ohne Zukunft, deren stürmischer Wettbewerber, die Erneuerbaren, immer besser und billiger wird.

Investoren sind leichter zu überzeugen als Regierungen. Politiker kümmern sich vorwiegend um die, die in der Vergangenheit Geld verdient haben. Die haben schließlich Arbeitsplätze geschaffen und Steuern gezahlt, können sich die besten Lobbyisten leisten und kennen die richtigen Leute. Deshalb ist ein Kohlerevier für einen Politiker wichtig. Einem Investor ist das erst mal völlig egal. Der will nur wissen, ob das Revier in Zukunft noch Geld bringt. Und das wird eben ohne Tricks und Täuschungsmanöver kaum noch funktionieren, im Gegensatz zu den erneuerbaren Energien. Hier sind künftig gute Renditen zu erwarten. 2018 sind weltweit 7 Billionen US-Dollar aus fossilen Investments abgezogen worden. Der Wert vieler Energiekonzerne sinkt, aber nicht nur das; auch ihre soziale Akzeptanz schwindet. Weil Universitäten und Kirchen durch ihre veränderte Anlagestrategie indirekt sagen: Wir wollen nichts mehr mit euch zu tun haben, weil ihr über eine zerstörerische Macht verfügt. Das reduziert langsam auch den politischen Einfluss.[245] Derart stigmatisierte Firmen haben es schwer, gute Mitarbeiter zu finden oder frisches Kapital aufzutreiben. Investitionsvorlieben können sich – auch abhängig von der Börsenstimmung im Zusammenhang mit erwarteten Klimarisiken – sehr schnell ändern.[246] Gleichwohl sind viele Akteure an den Finanzmärkten noch immer zu kurzfristig ausgerichtet, weshalb die Klimarisiken in den Kursen längst nicht vollständig berücksichtigt sind. Das kann sich als großer Fehler erweisen, wie das Beispiel der Kohleunternehmen zeigt. Deren Marktkapitalisierung[247] ist in den vergangenen Jahren massiv gesunken. Die von E.ON beispielsweise sank von 92 Milliarden Euro im Jahr 2007 auf 20 Milliarden Euro im Jahr 2019, die der RWE von 53 auf 13 Milliarden Euro. Zum Vergleich: SAP als DAX-Champion liegt 2019 bei 140 Milliarden Euro.

Zentralbank – Klima-Bail-out als Rettungsaktion

Außergewöhnliche Situationen erfordern außergewöhnliche Maßnahmen. 2008 erreichte mit dem Zusammenbruch der Investmentbank Lehman Brothers die Finanzkrise ihren Höhepunkt. Die Bundesregierung schuf einen Rettungsschirm für Banken, der fast

500 Milliarden Euro betrug; das teuerste Gesetz der deutschen Geschichte. Die Finanzkrise schlitterte ab 2010 in die Eurokrise; eine vielschichtige Krise der Europäischen Währungsunion, die eine Staatsschuldenkrise, eine Bankenkrise und eine Wirtschaftskrise umfasste. Als das globale Finanzsystem am Rand des Abgrunds stand, wurde der totale Absturz von den Zentralbanken verhindert.

EZB-Präsident Mario Draghi holte 2012 die geldpolitische ›Dicke Bertha‹ (so hießen deutsche Geschütze im Ersten Weltkrieg) heraus und versicherte, alles Notwendige zu tun (»Whatever it takes«), um mit dem unbegrenzten Ankauf von Staatsanleihen den Euro zu erhalten. Diese wenigen Worte genügten, um eine Wende einzuleiten. Es folgten massenhafte Anleihekäufe. Der Bank-Bail-out war vom Zentralbank-Mandat gedeckt, weil niemand einen anderen Weg wies, wie die systemischen Auswirkungen zu bewältigen gewesen wären.

2018 kommt das World Economic Forum in seiner globalen Risikoanalyse[248] zum Ergebnis, dass von den Folgen des Klimawandels sehr ähnliche systemische Bedrohungen für die Welt ausgehen. Deshalb gehöre es auch jetzt zum Mandat der Zentralbanken, mit einer Rettungsaktion, einem sogenannten Klima-Bail-out, die Welt vor dem Kollaps zu bewahren. Ein Klima-Bail-out ermöglicht es den Energieunternehmen, ihre faktisch verlorenen fossilen Vermögenswerte in neue, nachhaltige Vermögenswerte aus erneuerbaren Energien zu konvertieren. Denn die Zentralbanken sind Institutionen, die die ökonomischen Fähigkeiten haben, den gewaltigen Transformationsprozess unserer Energiesysteme zu ermöglichen. Ein Bail-out-Großmanöver könnte den Widerstand der Konzerne und damit auch der Politik gegen eine schnelle Energiewende brechen und stattdessen einen rasanten Schwung hin zur Energiewende in zehn Jahren auslösen. Weil sich große Energieversorger und Autohersteller nicht auf ein Bail-out verlassen können sollen, müssen zuvor in einem Bail-in die Manager, Eigentümer und Gläubiger in die Verantwortung genommen werden.

Seit 2015 schöpfte die Europäische Zentralbank 2.600 Milliarden Euro, um im Rahmen des Quantitative easing gestrandete Wertpapiere oder Staatsanleihen aufzukaufen. Damit wurde den notleidenden Finanzinstitutionen geholfen, die nicht viel daraus machten. Der Preis ist eine steigende Inflation, die die EZB versprochen hat, unter 2 Prozent zu halten. Die Umwelt hatte nichts davon. Die Europäische Investitionsbank könnte jetzt Anleihen emittieren, um Investitionen in Erneuerbare-Energien-Anlagen zu finanzieren. Die Europäische Zentralbank könnte diese Anleihen in einer Geschwindigkeit kaufen, die durch das Auslaufen der alten Anleihen aus der Finanzmarktkrise in ihrer Bilanz bestimmt wird. So bleibt die Inflation vollkommen unbeeinträchtigt, während Geldmittel für Ökoinvestitionen geschaffen werden.[249]

Aufgrund der Folgen, die aus der Klimakatastrophe auch für die Stabilität der Finanzmärkte drohen, gehören Maßnahmen, die dem Klimaschutz dienen – wie ein Klima-Bail-out –, zumindest indirekt zum Mandat einer jeden Zentralbank.[250] Mit der dezentralen Energiewende werden große Teile der bereits in den Bilanzen der Energieunternehmen befindlichen Rohstoffvorräte sowie die komplette fossile Infrastruktur wie Kraftwerke und Raffinerien faktisch wertlos. In der Folge brechen die Kurse der Aktien der fossilen Energieunternehmen entsprechend ein. Vielen institutionellen Anlegern, die vermeintlich sicher in konservative Energiewerte investiert hatten, drohen nun empfindliche Wertbereinigungen, die zu erheblichen Unsicherheiten und Instabilitäten auf den Finanzmärkten führen können. Gleichzeitig müssten deshalb die Bail-out-Energieunternehmen verpflichtet werden, massiv in den Aufbau von Erzeugungseinheiten erneuerbarer Energien und in Speichersysteme zu investieren, um mit ihren neuen Geschäftsmodellen auch unter neuen Rahmenbedingungen Erfolg haben zu können. Dieser unvermeidbare Umbau wird ihnen aber schwerfallen, wenn sie aufgrund von Notabschreibungen ihrer fossilen Vermögenswerte in ihrer Investitionskraft geschwächt sind. Mehr noch: Sollte es nicht gelingen, die Klimaerwärmung durch eine stark beschleunigte Konversion von fossilen zu erneuerbaren Energieträgern zu stoppen, ist mit einer Explosion der klimabedingten Schäden zu rechnen, die zum Teil von damit überforderten Versicherern gedeckt sind; und mit unkalkulierbaren Kreditausfällen bei den Banken. Auch hier drohen massive Instabilitäten auf den Finanzmärkten.

Nicht alle Kosten können zukünftigen Generationen hingeschoben werden. Die Menschheit ist mit einer enormen weltweiten Bedrohung konfrontiert. Die Zentralbankfähigkeit erhalten die Schrottpapiere maximal in dem Umfang, wie die mit ihnen generierte neue Liquidität zur Finanzierung von Investitionen in dezentrale und zusätzliche erneuerbare Energien genutzt wird. Wettbewerbsverzerrende Ergebnisse können und müssen verhindert werden. Es dürfen keine EE-Investitionen verdrängt werden, die sonst von anderen Investoren durchgeführt worden wären. Gestrandete fossile Vermögenswerte können so nach und nach durch zukunftsfähige Vermögenswerte ersetzt werden. Somit würden die Zentralbanken in gewisser Weise zur Bad Bank für die alten fossilen Vermögenswerte und ihr billiges Geld beschleunigt die Energiewende rasant.

Weil der Verkauf an die Zentralbank weitgehend zum aktuellen Marktpreis erfolgt, besteht für die Unternehmen ein Anreiz, die Konversion ihrer zu stranden drohenden fossilen Assets in neue EE-Vermögenswerte möglichst schnell vorzunehmen und nicht zu warten, bis ihr Wert weiter gesunken ist. Damit ergibt sich eine Umkehrung des bisherigen Anreizsystems: Während die Energieunternehmen heute ein starkes Interesse haben, ihre fossilen Geschäftsmodelle noch so lange wie irgend möglich weiterzubetreiben, wäre es bei einem Klima-Bail-out attraktiv für sie, möglichst schnell in den Aufbau erneuerbarer Energien zu investieren. Für die Bilanzen der Zentralbanken ist es unerheblich, ob und falls ja, welchen marktbezogenen Restwert die obsolete fossile Infrastruktur und die fossilen Rohstoffe haben. Durch ihre Sonderstellung im globalen Finanzsystem und ihre Rolle als Schöpfer der gesetzlichen Währung können die Zentralbanken die »gestrandeten Wertpapiere« dauerhaft und zum vollen Kaufwert in ihrer Bilanz halten.

Die Bank von England hat, begründet mit ihrer Verantwortung für die Stabilität der Finanzmärkte, explizit auch den Klimaschutz in ihren Aufgabenbereich aufgenommen. Im Falle der Europäischen Zentralbank ist der Schutz der Umwelt ausdrücklich in den Europäischen Verträgen[251] als zu ihrem Mandat gehörend festgeschrieben.

Es tut sich auch schon etwas: 2017 gründeten acht Zentralbanken ein freiwilliges Netzwerk, das sich um die Klimarisiken für den Finanzsektor und die Einhaltung der Pariser Klimaschutzziele kümmern will, das Network for Greening the Financial System (NGFS). Bis 2019 wuchs es bereits auf 40 Zentralbanken aus fünf Kontinenten an, in deren Zuständigkeit weit über die Hälfte des Weltbruttosozialprodukts und auch der Treibhausgasemissionen liegt. Dieses Zentralbank-Netzwerk kann den Impuls für ein Klima-Bail-out anstoßen.

Was ist zu tun?

Umweltbelastungen gehören endlich mit einer Schadstoffsteuer eingepreist, anstatt sie gesetzlich und mit Subventionen zu befördern. Energie- und Autokonzerne dürfen nicht länger planwirtschaftliche und kartellbehördliche Sonderstellungen in Beschlag nehmen, sondern müssen sich wie alle Akteure einem Markt mit fairem Wettbewerb stellen.

Stadtwerke müssen die Energiewende in der Heimat in die Hand nehmen.

Bürokratische Hürden für die Entwicklung zum Prosumenten müssen beseitigt werden. Insbesondere Mieterstrommodelle müssen einfach werden. Energiewende-Förderdeckel jeder Art, beim Ausbau von Mieterstromprojekten ebenso wie bei den dafür notwendigen PV-Anlagen oder Wärmepumpen, bremsen eine breite Anwendung.

Öffentlich-rechtliche Banken von der Sparkasse über die Landesbanken bis hin zur Weltbank dürfen mit ihrem Geld keinerlei fossile Investitionen mehr finanzieren; das kann die öffentliche Hand als Gesellschafter sofort durchsetzen. Zentralbanken sollten als Last-exit-Maßnahme einen Klima-Bail-out einleiten.

Konsequent umgesetzt kann dies dafür sorgen, dass bereits in zehn Jahren eine vollständige Versorgung mit erneuerbaren Energien Wirklichkeit ist.

Kapitel 18

Die Energiewende ist unverzichtbar – Klimawandel, Wetterextreme und Neokolonialismus

Kein seriöser Wissenschaftler bezweifelt heute noch, dass globale Treibhausgasemissionen, vor allem Kohlendioxid und Methan, das Klima beeinflussen. Sie führen zu höheren Temperaturen, höherer Luftfeuchtigkeit, extremeren Wetterverhältnissen und steigenden Meeresspiegeln, was die 60 Prozent der Menschheit, die in Küstennähe leben, besonders hart trifft.

Das alles ist längst bekannt. Doch weltweit wird nicht reduziert, sondern fröhlich weiter emittiert.

Ein mittlerer globaler Temperaturanstieg von 1,5 bis 2 Grad wird als Grenze des für die Menschheit Erträglichen angesehen. Je später die Transformation des Energiesystems beginnt, desto extremer muss sie verlaufen. Ein Grund mehr, sofort zu handeln.

Klimawandel und Umweltschäden sind ein Marktversagen überwiegend der fossilen Energieversorger und der Autokonzerne, die offensichtlich nicht in der Lage waren und sind, Energiebereitstellung mit ausreichender Ökologie zu organisieren, also ohne die Umwelt zu ruinieren. Die Politik hat dieses Gebaren im Wesentlichen unterstützt und gefördert. Je sicherer die Erkenntnis wurde, dass die Klimaerwärmung menschengemacht ist, desto schwächer wurden – von Kyoto 1997 bis Paris 2015 – die internationalen Klimaschutzabkommen. Heute stehen wir vor einer gescheiterten Klimapolitik. Das war seit Anfang des Jahrtausends absehbar und wurde von vielen Experten und Instituten vorhergesagt. Verhandelt wird inzwischen nicht mehr darüber, wie wir die Klimaerwärmung verhindern können. Verhandelt wird nur noch darüber, wie wir die Schäden der Klimaerwärmung auf ein bezahlbares Maß beschränken. Und selbst diese Zielsetzung ist umkämpft. Ohne den erbitterten Widerstand der Kohle-, Öl-, Strom- und Autokonzerne wäre es gelungen, dieses Desaster von der Menschheit abzuwenden.[252]

Klimaschutz ist die Zukunftsaufgabe unserer Gesellschaft. Sie entscheidet auch über deutsche Außen-, Sicherheits- und Wirtschaftspolitik. Im Gegensatz dazu ist die Politik von CDU/CSU und SPD mutlos, kraftlos und visionslos. Statt einer echten Energiewende gibt es nur halbherzige Maßnahmen, Nebensätze und Fußnoten. Die Große Koalition wird das Klimaschutzziel 2020 verfehlen. Dabei hatten Union und SPD bereits zwölf Jahre davor beschlossen, dass Deutschland seine Treibhausgasemissionen gegenüber 1990 um 40 Prozent verringern will, und diesen Beschluss noch 2013 erneuert, obwohl sich die drohende Zielverfehlung schon früh angedeutet hatte und spätestens seit 2014 für alle Gewissheit war, dass viel mehr passieren muss, um die Klimaziele noch zu erreichen. Im Koalitionsvertrag 2017 fehlt selbst dieses Bekenntnis: Das ist wenigstens ehrlich. Hermann Scheer hielt nie etwas von der Idee der weltweiten Klimagemeinschaft, einen globalen Minimalkonsens auf unzureichende Minderungsziele zu beschließen, die man nicht einmal einhalten muss. Er sollte Recht behalten.

Auch für den Zeitraum von 2021 bis 2030 zeichnet sich eine erhebliche Zielverfehlung ab, sofern nicht durch sehr entschiedene Klimaschutzmaßnahmen gegengesteuert wird. Ein solches Vorgehen ist auch im laufenden Jahr 2019 nicht erkennbar. Unterlassener Klimaschutz wird für den Steuerzahler zu einer teuren Angelegenheit. Falls die nationalen Ziele nicht erreicht werden, muss Deutschland bei anderen EU-Mitgliedern überschüssige Emissionsrechte kaufen, um die Unterdeckung auszugleichen. Andernfalls droht ein Vertragsverletzungsverfahren. Für das Klimaschutzdefizit im Zeitraum von 2013 bis 2020 muss Deutschland mit einer Belastung für den Bundeshaushalt von bis zu 2 Milliarden Euro rechnen. Danach wird es richtig teuer. Für die von der Climate-Action-Verordnung erfasste Phase von 2021 bis 2030 ist aktuell ebenfalls eine erhebliche Zielverfehlung zu erwarten – es sei denn, die Bundesregierung würde noch 2019 sehr deutliche zusätzliche Maßnahmen zur Verringerung der Treibhausgasemissionen in den Sektoren Verkehr, Gebäude und Landwirtschaft sowie in Teilen der Industrie beschließen. Insgesamt ist aktuell im Zeitraum von 2021 bis 2030 von einem Kostenrisiko für den Steuerzahler in Höhe von 30 bis 60 Milliarden Euro auszugehen.[253] Vor dem Hintergrund dieser Risiken für den Bundeshaushalt bei unterlassenem Klimaschutz erscheinen nationale Maßnahmen zum Klimaschutz in noch besserem Licht. Investitionen zur Energiewende in Deutschland lösen positive Impulse für Arbeitsplätze und Wertschöpfung aus und reduzieren die Risiken für den Steuerzahler und die privaten Haushaltseinkommen. Das spricht doch sehr dafür, unsere Klimaschutzverpflichtungen auch zu erfüllen. Die Regierung muss ansonsten zwar milliardenschwere Strafen zahlen, verpasst aber die Chance einer umfassenden Modernisierung der deutschen Volkswirtschaft. Der Umstieg von fossilen Kraftwerken auf erneuerbare Energien wird gleichwohl weiter behindert und gedeckelt.

Heiß und sehr teuer – Klimaziele krachend verfehlt

Die letzte Eiszeit begann im Jungpleistozän vor 110.000 Jahren und endete vor etwa 10.000 Jahren; damals begann der nördliche Eispanzer auf der Höhe Düsseldorfs und der Etschgletscher formte den Gardasee. Damals war es global gerade mal 4 bis 5 Grad kälter als heute. Seit Beginn der industriellen Revolution um 1850 bis 2016 ist die Temperatur in Deutschland bereits um 1,4 Grad gestiegen. So verbleiben rechnerisch 0,6 Grad weitere Erwärmung, um die Zwei-Grad-Grenze der internationalen Klimapolitik nicht zu überschreiten. 2 Grad werden allerdings kaum erreichbar sein, 5 Grad erscheinen realistischer. Bis 10 Grad werden befürchtet.[254] Allerdings innerhalb von nur 200 Jahren (von 1850 bis 2050) statt in 10.000 Jahren. Da hat keine Spezies die Chance, sich rechtzeitig genetisch oder durch Lagerhaltung anzupassen. Es besteht dann sogar die Gefahr eines Runaway Greenhouse Effect, der ohne weitere anthropogene Einflüsse weitergeht, bis die Ozeane anfangen, zu verdampfen. Vorher wird das Artensterben zunehmen und die Flüchtlingsbewegungen wachsen zu Völkerwanderungen an. Manche Regionen der Erde könnten in absehbarer Zeit unbewohnbar werden. Die Schwelle zwischen warmen und tödlich heißen Bedingungen kann schon bei 37 Grad liegen. Derzeit sind etwa 30 Prozent der Weltbevölkerung jedes Jahr solchen tödlichen Bedingungen ausgesetzt.[255] Der Golfstrom ist ein entscheidender Motor für die Stabilität des globalen Klimas und ein sogenanntes Kippmoment für das weltweite Klima. Er transportiert im Atlantik ungefähr die tausendfache Menge der weltweit bereitstehenden Elektrizität – für die Europäer eine unverzichtbare Heizung, ohne die im Winter monatelang Minustemperaturen herrschen würden wie im ostkanadischen Labrador. Zudem hemmt der Wärmetransport Luftdruckunterschiede und schwächt damit Stürme ab. Die Leistung des Golfstroms hat um rund 15 Prozent nachgelassen.[256] Mit dem Rückgang verschiebt sich der Golfstrom Richtung US-Ostküste und führt dort zu steigenden Temperaturen des Meerwassers.

Derzeit ist die Erde im Durchschnitt bereits über 1 Grad wärmer als noch vor Beginn der Industrialisierung. Selbst bei vorläufiger Begrenzung der Erderwärmung auf maximal 2 Grad könnten kritische Prozesse im Klimasystem angestoßen werden, die eine noch stärkere Erwärmung – auch ohne weiteres menschliches Zutun – bewirken. Dabei würde sich die Erde langfristig um etwa 4 bis 5 Grad Celsius erwärmen und der Meeresspiegel um 10 bis 60 Meter ansteigen.[257] Ein internationales Team von Wissenschaftlern und Forschern hat verschiedene Szenarien ausgearbeitet. Dabei geht es insbesondere um Kippelemente, die teils sich selbst verstärkende globale Trends auslösen und so klimatische Verhältnisse weltweit verändern könnten. Dazu zählen etwa die auftauenden Permafrostböden in Russland, sich erwärmende Methanhydrate auf dem Meeresboden – also in kaltem Wasser erstarrtes Methan – sowie große Ökosysteme, etwa der Regenwald am Amazonas. In Teilen der Westantarktis sind bereits einige Kipppunkte überschritten worden. Der Verlust des Eises in einigen Regionen könnte dort ein weiteres, noch umfangreicheres Abschmelzen über lange Zeiträume programmiert haben. Und der Kollaps des Grönländischen Eisschildes könnte bereits bei einer Temperaturerhöhung um 2 Grad einsetzen[258]. Kippt das derzeitige Gleichgewicht in diesen Teilen des Klimasystems, könnte ein natürlicher Automatismus entstehen. Der wiederum könnte jegliche Bemühungen, den Klimawandel abzumildern, zunichtemachen. Kippelemente könnten sich wie eine Reihe von Dominosteinen verhalten[259]. Ohne Programme zur weltweiten Aufforstung wird das Klima kaum zu stabilisieren sein. Wälder nehmen als Teil des globalen Kohlenstoffkreislaufs – auch kurzfristig – etwa 45 Prozent des Kohlenstoffs aus der Luft auf und binden es im Holz und im Boden.

Wetter ist nicht Klimawandel

Der Klimawandel verändert Häufigkeit und Stärke bestimmter Wetterextreme. Warme feuchte Luft liefert die Energie für Gewitter, deshalb gibt es in den Tropen mehr Gewitter als in Europa und im Sommer mehr als im Winter. Der Wasserdampfgehalt ist im Zuge der globalen Erwärmung weltweit um rund 5 Prozent angestiegen – eine nicht überraschende Folge der Tatsache, dass wärmere Luft mehr Wasserdampf aufnehmen kann. Im Gewitter steigt die Luft auf, der Wasserdampf kondensiert und dabei wird latente Wärme frei. Je feuchter die Luft war, desto mehr Energie steht daher im Gewitter zur Verfügung. Bei den Starkniederschlägen, die aus feuchtegesättigten Luftmassen fallen, nimmt die Regenmenge tendenziell um 7 Prozent pro Grad Erwärmung zu. Das Karlsruher Institut für Technologie fasst zusammen: »Das Gewitterpotenzial hat deutlich zugenommen.«

Anhaltende Dürre ebenso wie Starkregen und Überschwemmungen gab es schon immer; jedoch nehmen auch hier die Extreme zu. An 36 der 66 Kalender-Sommertage im Durchschnittsjahr 2014 mussten die amtlichen Wetterfrösche Unwetterwarnungen herausgeben. Immer wieder wurde auch die höchste Stufe der ›extremen Unwetterwarnung‹ ausgerufen. Der Deutsche Wetterdienst berichtet, dass die Anzahl solcher Wetterlagen von Jahr zu Jahr zwar schwanke, jedoch langfristig ansteige. 1950 gab es im Schnitt acht bis zehn solcher Wetterlagen pro Jahr, aktuell schon zwischen neun und fünfzehn. Das entspricht einem Anstieg von etwa 20 Prozent. Die Szenarien deuten an, dass wir künftig öfter solche extremen Wetterlagen haben werden.

Ein weiteres Phänomen ist, dass extreme Wetterlagen – ob Starkregen oder Hitzestaus – nicht weiterziehen. Der Deutsche Wetterdienst spricht von einem Trend zu dauerhaften Wetterlagen. Das Potsdam Institut für Klimafolgenforschung (PIK) nennt es eine graduelle Zunahme von extremen Hitzewellen. Eine neue Datenanalyse habe gezeigt, dass Resonanzen in den gigantischen, die Nordhalbkugel umkreisenden Luftströmen häufiger würden und die Form von Wellen annehmen. Einige dieser Wellen stecken bei extremem Wetter nahezu fest und schaukeln sich stark auf. Seit dem Jahr 2000 seien solche Resonanzereignisse fast doppelt so oft aufgetreten wie zuvor.

Eine in der Fachwelt viel diskutierte Theorie dazu basiert auf der starken Erwärmung der Arktis, die sich unter anderem aufgrund des Eisschwundes etwa doppelt so schnell erwärmt hat als der Rest der Nordhalbkugel. Dies lasse sich auf den Ausstoß beispielloser Mengen von Treibhausgasen durch fossile Brennstoffe zurückführen. Nun treibt die Temperaturdifferenz zwischen Tropen und Polargebieten die Westwinde in unseren Breiten an. Es liegt daher nahe, dass sich diese Luftströmung abschwächt, wenn die Arktis sich aufheizt. Tatsächlich zeigen Daten eine Verlangsamung des Jet Streams. Für Stephan Rahmstorf vom PIK ergibt sich 2019 ein deutlich klareres Bild als noch vor wenigen Jahren: Nicht nur ist aufgrund der Physik angesichts der globalen Erwärmung mit stärkeren Extremregenfällen zu rechnen; nicht nur wird diese Zunahme auch von den Klimamodellen vorhergesagt; sondern auch die Summe der Beobachtungsdaten weist deutlich darauf hin, dass eine solche Zunahme bereits stattfindet, weltweit und auch in Mitteleuropa.

Klimakatastrophen ereigneten sich immer weit weg, in Bangladesch oder in Nepal. Nun sind auch in Europa Todesopfer zu beklagen, Tausende werden in Deutschland mit Booten und Hubschraubern von ihren Dächern gerettet, Bäume werden entwurzelt und Autos davongerissen, Katastrophenalarm in Baden-Württemberg, Bayern, Norddeutschland und Nordfrankreich. Friedliche Bäche werden zu reißenden Flüssen und sogar Flutwellen gibt es. Selbst die Seine stieg bereits um sechs Meter – mit Pumpen im Dauereinsatz. An einem Tag regnet es vielerorts inzwischen so viel wie sonst in einem Vierteljahr. Im Sommer 2018 forderte die Hitze Milliarden Euro an Ernteausfällen, insbesondere für Mais- und Getreidebauern. Die Umweltministerkonferenz versucht seit 2016, eine Pflichtversicherung für Elementarschäden einzuführen.

Unser Planet befindet sich mitten in einem rapiden Klimawandel. Und wir spüren bereits seine Auswirkungen. Trotzdem bremst die Bundesregierung den Ausbau der erneuerbaren Energien, damit die Kohlemeiler und Autohersteller noch ein paar Jahre länger Abgase in die Luft blasen und dabei Gewinne machen dürfen.

Energie-Neokolonialismus beenden

Der Kolonialismus war eine Form von Imperialismus, um Verfügungsgewalt über Energievorkommen und andere Rohstoffe zu sichern. Heute sind die Kolonien befreit und machen zum Teil sogar fröhlich mit bei dem inzwischen herrschenden Energie-Imperialismus. Das hat für die Nehmerländer den unbestreitbaren Vorteil gegenüber früher, dass man meist um die ständige Anwesenheit militärischer Truppen und die lästige Administration der unterdrückten Länder herumkommt.

Die langen Bereitstellungsketten der fossilen Infrastruktur, von der Förderung (Upstream) über die Rohstoffverarbeitung bis zum Endprodukt-Verkauf (Downstream), bieten an jedem Kettenglied die Möglichkeit, prächtige Gewinne zu generieren.[260] Die zentralisierten Formen der Energiegewinnung ließen Konzernstrukturen entstehen. Bald kam es zu ersten Kartellabsprachen über Energieprodukte und Marktgebiete.[261] Die Profiteure des heutigen Energiesystems vergrößern die Schere zwischen arm und reich und stellen die frühere Kolonialausbeutung längst in den Schatten; dem durchschnittlichen Afrikaner geht es heute schlechter als zu Kolonialzeiten. Weltweit haben knapp 4 Milliarden Menschen keinen oder unzureichenden Zugriff auf elektrischen Strom; dabei ist Strom für die Kühlung von Medikamenten, Beleuchtung und Wasserpumpen die Voraussetzung für menschliche Entwicklung. Die Korruption ist so unglaublich subtil, dass es die Betroffenen zum Teil selbst nicht merken. Kein Wunder, dass viele dem entgehen wollen, bevor Chaos und Gewalt überhand nehmen.

2019 sind über 70 Millionen Menschen weltweit auf der Flucht. Im Vergleich dazu waren es ein Jahr zuvor 68 Millionen Menschen, zehn Jahre zuvor waren es 37 Millionen. 85 Prozent der Flüchtlinge leben im globalen Süden; die Hälfte davon sind Kinder.[262] Sie leiden unter Armut, Landraub, Gewalt und Kriegen, die häufig ihren Ursprung im Konflikt um fossile Ressourcen oder im Klimawandel haben.

Die Abhängigkeit der Weltökonomie von Öl, Kohle, Gas und Uran muss daher nicht nur aus Gründen des Klimaschutzes schnellstmöglich beendet werden; eine Welt energieautonomer Regionen entzieht Konflikten und Kriegen buchstäblich den Treibstoff, schafft Frieden und Entwicklung und ist damit echte Energie-Sicherheitspolitik.

Erneuerbare können die Entwicklung drehen

Afrika hat sich mit der Entwicklung von solaren Beleuchtungs- und Kochlösungen sowie Innovationen bei Bereitstellungs- und Finanzierungsmodellen zu einem dynamischen Drehkreuz für Offgrid-Systeme entwickelt. Diese meist mit PV-Anlagen betriebenen Inselnetze brauchen kein öffentliches Netz, sondern funktionieren mit Energiespeichern. Auf dem afrikanischen Kontinent versorgen sie fast 60 Millionen Menschen; in Asien nutzen rund 80 Millionen Menschen netzunabhängige erneuerbare Stromquellen.[263] Das hört sich gut an. Und doch gingen nur 2 Prozent aller getätigten Investitionen in dezentrale erneuerbare Energien wie netzunabhängige Solarenergie oder Mininetze, die nachweislich das größte Potenzial haben, Energie zu denjenigen Menschen in entlegenen Teilen der Welt zu bringen, die sie am dringendsten benötigen. Japan, das nicht als grüner Vorreiter bekannt ist, finanziert mehr saubere Energie in Afrika als Deutschland, Frankreich, Italien, Südkorea, China und die USA zusammen. Die EU und China glänzen auf der Weltbühne mit blumigen Worten und machen weiter mit Afrika ihre schmutzigen Geschäfte.[264]

Die reichen Länder beginnen zwar und werden immer schneller dabei, die Vorteile der sauberen Energie zu Hause zu nutzen, wollen diese aber nicht auf Afrika ausdehnen. Zwischen 2014 und 2016 wurden über 60 Prozent der Energieinvestitionen der reichen Länder in Afrika für fossile Brennstoffe ausgegeben; jährlich über 10 Milliarden Euro. 18 Prozent der öffentlichen Energieinvestitionen oder gut 3 Milliarden Euro flossen in erneuerbare Technologien und 4 Milliarden Euro in andere Energieinfrastruktur und riesige Staudämme. Die Hälfte floss nach Ägypten, Angola und Südafrika, also relativ reiche Länder Afrikas. Kohlenstoffbasierte Energieträger treiben den Klimawandel voran, der sich überproportional nachteilig auf Afrika auswirkt, und funktionieren wie eine wirtschaftliche Entwicklung in umgekehrter Richtung. China, mit 5 Milliarden US-Dollar pro Jahr größter Afrikainvestor, platziert sein Geld ausschließlich in Öl, Gas und Kohle, obwohl China global die Energiewende vorantreibt. Die Weltbank als zweitgrößter Investor beabsichtigt wenigstens, ab 2019 ihr Engagement in Öl und Gas zu verringern. Deutschland steht – mit jährlich rund 1,5 Milliarden Euro öffentlicher Energiefinanzierung in Afrika – nach Japan an vierter Stelle. Die meisten bilateralen Finanzströme unterstützen Konzern- oder Industrieinteressen in den Geberländern; so unterstützte Deutschland beispielsweise Siemens in Ägypten und Nigeria beim Bau von riesigen Gaskraftwerken mit bis zu 4.400 Megawatt Leistung.

Afrika ist ein Kontinent mit einer jungen und wachsenden Bevölkerung. Die Telefonwende war ein Leap Frogging, so nennt man das Auslassen einzelner Stufen im Laufe eines Entwicklungsprozesses. Obwohl es in Afrika nie ein Festnetz vergleichbar dem europäischen gab, telefonieren Afrikaner dank der Handytechnologie heute ebenso eifrig wie ihre europäischen Nachbarn. Ein Leap Frogging ist auch in der Energiewende möglich. Afrika darf keine zentralen Fossilkraftwerke und Tausende Kilometer Leitungen bauen; dadurch entstehen Abhängigkeiten von Konzernen. Im dezentralisierten Afrika sind dezentrale Energien besser und viel billiger. Afrika sollte aus den Fehlern der Industrienationen lernen und die Nutzung zentralisierter und umweltschädlicher Energien, die die industrielle Revolution ebenso wie den Klimawandel angetrieben haben, überspringen.

Andernfalls wird nicht nur Afrika über Jahrzehnte in einem teuren und veralteten Energiesystem gefangen bleiben, sondern auch die globalen Anstrengungen zur Eindämmung des Klimawandels gehen verloren.

Der Ausbau von dezentralen erneuerbaren Energien ist der erste Schritt jeder Wertschöpfung; von da aus können Handwerks- und Wirtschaftsbetriebe entstehen. Weltweit gibt es ein Potenzial von über 700 Millionen Menschen, die keinen Strom haben; und noch weit viel mehr leben mit total unzuverlässiger Stromversorgung. Eine bessere Entwicklungshilfe, um die Lebensverhältnisse zu verbessern und damit Fluchtursachen zu bekämpfen, gibt es nicht.

Was ist zu tun?

Die reichen Länder müssen aufhören, ihren Reichtum in nicht nachhaltige, kurzsichtige Projekte für fossile Brennstoffe zu investieren, und stattdessen – im eigenen und im Interesse der Welt – Entwicklungsländer beim Aufbau einer sauberen und zuverlässigen dezentralen erneuerbaren Energieversorgung unterstützen: durch ein Aufstocken der bereits bestehenden Exportinitiative für erneuerbare Energien und die Installation von regenerativen Techniken vor Ort. Deutschland und die EU könnten durch Photovoltaik gespeiste Megabatteriefabriken in Zusammenarbeit mit der Saharasonne und der ansässigen Bevölkerung bauen, um den Vorsprung der Asiaten in diesem Bereich zu verkleinern.

Mit dem Einsatz öffentlicher Mittel kann man europäische Unternehmen, insbesondere Mittelständler aus dem Erneuerbare-Energien-Bereich, in die Zufluchts- und die ärmsten Länder bringen, in die sie ursprünglich gar nicht gehen wollten, wo sie aber dringend gebraucht werden – und wo sich auch gutes Geld verdienen lässt.

Kapitel 19

Freiheit und Unabhängigkeit – Trumpf der Energieautonomie

Wird die lokale Energienachfrage zunehmend durch lokale Quellen befriedigt, erhöht sich die lokale Energieautonomie bis hin zur 100 Prozent autarken Insellösung; die aber auch wirklich nur Inseln brauchen. Fürs Festland gilt: bis in zehn Jahren einen möglichst 100-prozentigen Autarkiegrad erreichen, um unabhängig von zentralen Strukturen zu sein; doch zum Regeln und für Lastverschiebung oder für den Notfall vernetzt bleiben.

Energieautonomie ist in jedem Haus, jeder Kommune und in jedem Land möglich. Regionale Gefälle können durch Autonomie ebenso abgebaut werden wie internationale Ungleichheiten. Statt des bisher herrschenden Zusammenhangs von der Verfügung über herkömmliche Energie, Kapitalakkumulation und äußerst ungleicher Verteilung des Weltbruttoinlandsprodukts (BIP) mit internationalen Abhängigkeiten, kann ein neuer Zusammenhang geschaffen werden zwischen Sonnenenergien, breiter Kapitalstreuung, gerechterer Verteilung des BIP und wirtschaftlicher Partnerschaft der vielen Akteure.[265] Energieautonomie ist die Energie des Volkes.

Im November 2005 gingen im Münsterland die Lichter aus. Nach äußerst heftigen Schneefällen waren rund 250.000 Menschen bis zu drei Tage lang ohne Strom. Genau ein Jahr später waren etwa 10 Millionen Menschen in großen Teilen Westeuropas für Stunden ohne Strom. Während des Super Bowl 2013 ließ ein großer Stromausfall 34 Minuten lang die Spieler und 74.000 Zuschauer im Stadium im Dunkeln sitzen. Eine Milliarde Menschen starrten zu Hause auf einen schwarzen Fernsehbildschirm; seitdem trägt das Ereignis den Namen »Blackout Bowl«. 2003 erlebte Großbritannien den größten

Stromausfall seit 25 Jahren. In einem Umspannwerk war statt einer 5.000-Ampere-Sicherung eine 1-Ampere-Sicherung eingesetzt worden; 20 Prozent der Londoner Stromversorgung waren betroffen. In Frankreich rissen 1999 heftige Stürme 280 Freileitungsmasten um. Alle Verbindungen zu Deutschland wurden beschädigt; 10 Millionen Menschen waren betroffen. Etwa 1,5 Millionen Kunden hatten kein Wasser, weil die Stromversorgung der Pumpen unterbrochen war. Nach einer Woche hatten noch immer 500.000 Kunden keinen Strom. Es dauerte 20 Tage, bis die Versorgung wieder vollständig hergestellt war.

Die Notstromversorgung und geladene Akkus reichen typischerweise für rund 24 Stunden. Mobilfunkmasten schalten schon nach drei Stunden ab. Dann brechen die Funknetze zusammen, auch das Internet. Aus dem Bankomaten kann man kein Geld mehr ziehen. Warum auch? Die Registrierkasse im Supermarkt funktioniert auch nicht mehr. Wenn der Strom ausfällt, schließen eine halbe Stunde später die Geschäfte. Nach 24 Stunden beginnen die Lebensmittel in Kühl- und Gefrierschränken zu verderben. Ohne Notstromversorgung fließt nicht mal mehr Wasser aus der Leitung. Deutschland hat zwar eine strategische Ölreserve für 90 Tage gebunkert. Aber wie kommt der Treibstoff ohne Strom dahin, wo er gebraucht wird? Selbst in so einem vergleichsweise einfachen Fall bricht unsere Zivilisation zusammen. Hilfe durch Polizei, Feuerwehr, Notärzte oder die Bundeswehr ist ohne Strom nicht zu erwarten, weil die auch nicht mehr untereinander kommunizieren können. Selbst sie scheitern daran, dass sie nicht an die Ölvorräte in den Tanks der Tankstellen kommen. Und selbst, wenn es doch gelingt, hilft es ihnen nichts, wenn diese Tanks leer sind. Jeder Einzelne ist auf sich gestellt. Das Bundesamt für Bevölkerungs- und Katastrophenschutz warnt explizit vor diesem Problem. Es empfiehlt unter anderem, dass jeder Bundesbürger einen ›Überlebensvorrat‹ für 14 Tage anlegen sollte, um auf mögliche Krisen vorbereitet zu sein.

Deutschland ist mit wenigen Minuten jährlich zwar Weltmeister in der Vermeidung von Stromausfällen. Fast alle Verbraucher hängen aber von einem funktionierenden Gesamtenergiesystem ab. Backup-Systeme finden sich nur vereinzelt in Krankenhäusern oder bei der Bahn. In vielen Ländern der Welt gibt es nur schlecht funktionierende Netze und es kommt zu täglichen Stromausfällen. Weil viele Verbraucher in diesen Ländern – das Krankenhaus ebenso wie produzierende Unternehmen, Büros mit Computern ebenso wie Restaurants mit Kühlschränken – von einem zuverlässigen Stromfluss abhängen, haben sie kleine Dieselgeneratoren als Backup-System im Garten stehen.

Resilienz? Ausfallsicherheit? – Fehlanzeige

Aribert Peters, eine Legende im Verbraucherschutz, warnte am 7. Januar 2018 auf dem Neujahrsempfang seine und Willy Brandts Heimatstadt Unkel. Er wies darauf hin, dass unsere Wirtschaft und unsere Gesellschaft ohne den ständigen massiven Import fossiler Energien nicht funktionsfähig seien. Das macht Deutschland abhängig von der Verfügbarkeit und den Preisen der Energieimporte. Einen Plan B, ohne oder mit zumindest geringeren Mengen fossiler Importe auszukommen, gibt es nicht.

Wird auf einer Computerplatine auch nur ein Draht durchgeschnitten oder geht nur ein einziges Bauteil kaputt, funktioniert der ganze Computer nicht mehr; ein Fall für den Mülleimer. Lebende Systeme wie zum Beispiel das menschliche Immunsystem haben dagegen Reparaturmechanismen entwickelt, die extrem komplex, aber effizient organisiert sind und sich laufend an veränderte Bedrohungen anpassen können. Die Fähigkeit, mit Angriffen und Veränderungen umzugehen, ist ein wesentliches Merkmal des Lebendigen. Diese Fähigkeit nennt man Resilienz.

Ob unsere Zivilisation sich ausreichend vor schockartigen Veränderungen schützt, muss bezweifelt werden. Schon der Ausfall einer oder von zwei wichtigen Lebensadern, an denen unsere Energieversorgung hängt – Hochspannungsleitungen, Gas- oder Ölpipelines –, führt zu unabsehbaren Zuständen. Über die Folgen hat kaum einer nachgedacht, geschweige denn Resilienzstrategien entwickelt. Wer sich jetzt entspannt zurücklehnt, in der Annahme, die Energiewende sei ja gestartet und im Gange, der irrt sich, so Peters. Seit 1990 reduzierte sich die Gewinnung von Energierohstoffen wie Erdgas und Kohle in Deutschland um 40 Prozent. Die Abhängigkeit von importierten Brennstoffen liegt auf EU-Ebene bei 53 Prozent und hat zugenommen, in Deutschland liegt sie sogar bei über 70 Prozent. Uran, Mineralöl und Steinkohle werden zu 100 Prozent importiert; Erdgas zu circa 92 Prozent.[266] Nur Braunkohle und Sonnenenergien sind in Deutschland in großen Mengen verfügbar.

Neben einem großen Stromausfall durch Leitungsschaden lassen sich etliche weitere Szenarien denken, in denen Hilfe und Versorgung unmöglich werden: Naturkatastrophen wie Eis- und Starkregen und Sturmfluten, die durch den bereits begonnenen Klimawandel weiter zunehmen werden, Erdbeben, Terroranschläge, Kriege und Wirtschaftskrisen, technische Pannen in der Netzleitstelle oder Preiskrisen wie die Ölkrisen in den 1970er-Jahren. Ein Blick in die Geschichte zeigt, dass solche Ereignisse immer wieder eintreten und dass der Staat dann dem Einzelnen nicht mehr helfen kann.

Gefahr erkannt, Gefahr gebannt – Cyber-Terrorismus

Am 13. Juni 2018 meldete die Tagesschau, das deutsche Stromnetz sei offenbar ins Visier von Hackern geraten. Das teilte das Bundesamt für die Sicherheit in der Informationstechnik gegenüber dem WDR mit. An viele Energieunternehmen seien E-Mails mit gefährlichen Anhängen verschickt worden. Teilweise sei es den Angreifern gelungen, in die Büros und Netzwerke der Firmen einzudringen. Um wen es sich bei den Hackern handelt, sei noch nicht bekannt. Im Mai 2017 legte die Erpressungssoftware ›WannaCry‹ mit globalen Attacken Systeme lahm. Cyberangriffe auf das ukrainische Stromnetz 2015 und 2016 führten zu einem Ausfall eines Teils des Netzes. Dies verdeutlicht, dass für das Energiesystem durch IT-Angriffe eine reale Gefahr besteht. Um das Risiko zu beherrschen, empfiehlt die Deutsche Energie-Agentur (dena) die Einführung von Resilienzstrategien. Resilienz beschreibt hier die Fähigkeit von technischen Systemen, bei einem Teilausfall nicht vollständig zu versagen. Zu solchen Strategien gehören Konzepte für den Störfall und »Fallback-Strategien«, auf die im Notfallbetrieb zurückgegriffen werden kann. Im Fall des Hackerangriffs auf das ukrainische Stromnetz konnte beispielsweise das klassisch ausgebildete Personal mit seiner langjährigen Kenntnis des Stromnetzes auf manuellen Betrieb umstellen.

Hacking hat sich vom Vergnügen verrückter Nerds zur terroristischen Aktivität entwickelt. Alle machen mit, staatliche und nicht staatliche Akteure. Die Nordkoreaner setzten die Websites des US-Schatzamts und des Secret Service außer Kraft, aber auch Banken oder Krankenhäuser geraten ins Visier. Hacker machen sich ständig an Stromnetzen zu schaffen – und natürlich an Atomkraftwerken. Berühmt wurde der Stuxnet-Computerwurm, der – vermutlich von den USA und Israel kommend – 2010 die iranischen AKW und Anreicherungsanlagen infizieren sollte. Ziel war die Leittechnik von Siemens, deren Tochter Kraftwerks-Union (KWU) unter dem Schah Reza Pahlavi die persischen Atomanlagen baute und solche Steuerungen auch in großen Wasserkraftwerken, Pipelines usw. in der ganzen Welt einsetzt. Iran revanchierte sich 2012 mit Shamoon, dem bis dahin historisch größten Hack, der die IT-Infrastruktur von Saudi-Aramco (das ist die frühere Arabian-American Oil Company mit einem Gewinn im Jahr 2018, Fitch Rating zufolge, von 224 Milliarden US-Dollar) zerlegte. So geht es hin und her.

Unter Trumps Vorgänger Barack Obama wurden weitreichende elektronische Kriegspläne gegen Iran entwickelt und weitere Cyberangriffe auf das iranische Atomprogramm durchgeführt; die Operation Nitro Zeus sollte ganz direkt Irans Stromnetz lahmlegen. Die Vereinigten Staaten haben sich bereits seit 2012 ins Kontrollsystem des russischen Stromnetzes eingenistet; unter Donald Trump sind diese Viren und Würmer angeblich zur Vorbereitung auf Sabotage mit nie zuvor ausprobierter Tiefe und Aggressivität ausgebaut worden[267]. Russland, so befürchten die USA, dringt seit 2015 in US-Kraftwerke und Stromnetze ein und könnte seit 2017 den USA den Strom abdrehen. Attacken auf die Energieversorgung sind die Kanonenbootpolitik des 21. Jahrhunderts.

Ohne Elektrizität sind sämtliche kritische Infrastrukturen lahmgelegt. Wasser, Abwasser, Transport und Nahrung, Wärme, Licht, Kommunikation, die Verwaltung und selbst das Militär – die komplette Wirtschaft – nichts geht ohne Strom. Strom ist schwer substituierbar.

Der Bundesnachrichtendienst erfasst im Ausland Cyber-Spionage- und Cyber-Sabotageangriffe, die sich gegen staatliche oder kritische Infrastrukturen richten, und kann so frühzeitig Warnhinweise für die entsprechenden Stellen zur Einleitung von Abwehrmaßnahmen generieren. Durch die Identifizierung von Schadsoftwareaktivitäten in den Datenströmen des Internets kann das Schadpotenzial von Cyber-Angriffen staatlicher und nicht staatlicher Akteure minimiert werden. Diese Vorgehensweise wird als Strategic Support to Cyber Defense (SSCD) bezeichnet. Das Bundesamt für Sicherheit in der Informationstechnik stellt ebenfalls Informationen zum Thema Cyber-Sicherheit und zur nationalen Cyber-Sicherheitsstrategie zur Verfügung. Doch das reicht nicht aus, weil das Amt vom althergebrachten Stromnetz ausgeht, das von zentralen Erzeugungskraftwerken ausgehend riesige Strommengen übers Land verteilt. Ein HGÜ-Netz – so wie von Deutschland und der EU geplant – erhöht die potenzielle Cyberverletzbarkeit noch.

Dezentrale intelligente Netze verringern hingegen sowohl die Bedrohung als auch das Ausmaß des Schadens durch einen Anschlag. Gemeinden und Mikronetze gehen im Krisenfall lokal vom Übertragungsnetz und bleiben funktionsfähig. Das Internet ist zumindest teilweise aus dem militärischen Gedanken entstanden, wie man ein dezentrales Netz schaffen könnte, um im Fall eines Atomangriffs, mit der Zerstörung von großen Teilen des nationalen Telefonnetzes, noch kommunizieren zu können. Die Idee war, Daten verschiedene Routen nehmen zu lassen, um ans Ziel zu gelangen, sodass sie nicht vom Funktionieren anderer Systemteile abhängig waren. So begann die Metamorphose zum Internet.[268]

Ein Leben ohne Internet ist im privaten wie im öffentlichen Leben kaum mehr denkbar. Wir kommunizieren per E-Mail, posten in sozialen Netzwerken, recherchieren und kaufen online ein. Wichtige Infrastrukturen wie Kraftwerke, Strom- und Telekommunikationsnetze oder Krankenhäuser sind über das Internet verbunden. Gleiches gilt für die hochkomplexen Abläufe im Transportwesen und die weit verzahnten Produktionsprozesse der Industrie. All dies geschieht im sogenannten Cyberspace. Darunter versteht man zunächst alle über das Internet auf Datenebene vernetzten IT-Systeme, aber darüber hinaus auch die im internationalen Datenraum transportierten und gespeicherten Informationen. Hier werden zwar auch Viren und Würmer transportiert, doch das Netz selbst bleibt bestehen. Die dezentrale Architektur eines Internets der Energie hat eine ähnliche Fähigkeit, Cyber-Anschlägen zu widerstehen.

Ein Problem entsteht dann, wenn der Staat den Prosumer dazu zwingt, stets am Netz angebunden zu bleiben. Versagt dann das Hauptsystem, schaltet sich auch das Mikronetz ab und wird nutzlos. Trotzdem beschloss die EU 2009 eine Richtlinie, um die Messtechnik zu modernisieren. Umgesetzt in deutsches Recht wurde die Richtlinie im Jahr 2016 mit dem Gesetz zur Digitalisierung der Energiewende. Ein Ziel ist, flächendeckend fernsteuerbare Abschalteinrichtungen einzubauen. Die Regierung sieht das Gesetz als weltweit ambitioniertestes Projekt für Datenschutz und Datensicherheit und als eine Unterstützung der Bundesrepublik Deutschland gegen Hacker, Terroristen und feindlich gesinnte Staaten. Falls es nun wider Erwarten doch einem Hacker gelingt, in das zentrale System einzudringen, könnte er über massenweises Einwirken auf Kundenanlagen einen so großen Lastsprung herbeiführen, dass die Netzregelung im europäischen Verbundnetz überfordert wird. Die Konsequenz wäre dann ein europaweiter Blackout, ausgelöst durch einen steuernden Eingriff über das Internet, da – zwangsweise – die Smart-Meter (intelligente Zähler) aller Erneuerbaren-Energien-Anlagen angeschlossen und ferngesteuert wären.

Einen Schutz gegen ein solches Einwirken gibt es nicht. Es kann nicht vorausgesetzt werden, dass bei der Vielzahl von fernsteuerbaren Eingriffen durch Vorschriften das Überfordern der Netzregelung wirksam unterbunden werden kann. Vom Gesetzgeber wurde ignoriert, dass bisher immer wieder ein Loch in Sicherheitsmaßnahmen gefunden wurde, mit dem nahezu beliebig viele Anlagen quasi gleichzeitig aufgrund eines irgendwo im Internet eingespeisten Befehls oder durch ein Update-Schadprogramm abgeschaltet werden können. Ein Schutz wäre nur bei strikter Unterbindung jeglichen Eingriffs von außen gegeben. Die aufgezwungenen Fernsteuerungen machen die dezentralen erneuerbaren Energien abhängiger, fremdgesteuerter und ohnmächtiger, als sie es sonst wären.

Während des Hurrikans Sandy gingen in Long Island und den Küstenstädten New Jerseys die Lichter aus. Viele Häuser mit Photovoltaik auf dem Dach konnten diese nicht einsetzen aufgrund einer Einrichtung, die bei Netzausfall den Wechselrichter abschaltet, um zu verhindern, dass selbst erzeugter Strom während gleichzeitigen Wartungsarbeiten ins Netz fließt; an einen großen Blackout hatte keiner gedacht. Neuere Systeme sind jedoch in der Lage, das Funktionieren des Hauskraftwerks selbst bei Netzstörungen zu gewährleisten; Heizung, Licht, Geräte funktionieren und sogar das E-Auto kann aufgeladen werden.

Nur Millionen von Anlagen, die auch unabhängig vom Hauptnetz funktionieren, können kurzfristig und effektiv einem Cyber-Anschlag auf ein nationales Übertragungsnetz oder auf Großkraftwerke entgegenwirken. Dezentrale erneuerbare Energien bieten somit die große Chance, Gesellschaft und Wirtschaft auch bei Notfällen am Leben zu erhalten.

Notfallvorsorge für den Fall der Fälle

Die Survival-Szene fasst Kenntnisse und Fertigkeiten über individuelle Behelfsmaßnahmen zusammen, die ein vorübergehendes Überleben in einer Krise (umschrieben mit dem Codewort SHTF für Shit hits the Fan) ermöglichen sollen. Survivalisten lernen in der Wildnis, beim Trekking sowie in lebensbedrohlichen Situationen nach Naturkatastrophen ohne oder mit geringen Hilfsmitteln zu überleben. Dabei geht es vor allem um richtiges Verhalten vor und in einer Notsituation. Anwendung finden dabei Techniken und Hilfsmittel, um das Bedürfnis nach Wasser, Nahrung, Schutz und Wärme, Orientierung und Rettung zu gewährleisten.

Unterschieden werden zwei Ansätze für ein Überleben – die Vorratshaltung und die Versorgung aus der Natur. Im weitesten Sinne gehört dazu auch die Herstellung von Behelfswerkzeug und Behelfsbekleidung sowie von Gebrauchsartikeln aus natürlichen Materialien. Freilich ist dazu handwerkliches Geschick notwendig.

Im Falle eines Falles heilt Liebe wirklich alles

Vattenfall hat die Gefahren der Zentralisierung erkannt und erklärt auf seiner Homepage, dass die schwedische Energiebehörde allen Stromverbrauchern rät, sich ihre persönliche Situation im Fall eines andauernden Stromausfalls vor Augen zu führen. Dies gelte für praktische Dinge wie einen Vorrat für drei Tage an Wasser, Licht und Lebensmitteln. Darüber hinaus sollten sich die Vattenfall-Kunden aber auch mit ihren Nachbarn bekannt machen und verweist auf den westschwedischen Schneesturm von 1929 und den in Kanada 1998, als sich die Bevölkerung gegenseitig geholfen habe.

Nahrungsmittel aus der Natur stehen auch nur von Frühjahr bis Herbst zur Verfügung.

Die systematisch organisierte Variante der persönlichen Notfallvorsorge bilden die Prepper (die Vorbereiteten, vom englischen to be prepared, deutsch in etwa: allzeit bereit). Prepper sind Personen, die sich mittels individueller Maßnahmen auf jedwede Art von Katastrophen vorbereiten: durch Einlagerung von Lebensmittelvorräten, die Errichtung von Schutzbauten oder Schutzvorrichtungen an bestehenden Gebäuden, das Vorhalten von Schutzkleidung, Werkzeug und vor allem Waffen. Dabei ist es unwichtig, durch welches Ereignis oder wann eine Katastrophe ausgelöst wird.

Historisch wurden immer wieder Vorräte als Krisenvorsorge für Zeiten des Krieges und der damit verbundenen Nahrungsmittelknappheit angelegt. In den USA begannen viele Amerikaner mit dem großen Börsencrash 1929, für einen weiteren starken Anstieg des Interesses am Preppen sorgte der Zweite Weltkrieg und noch mehr der darauffolgende Kalte Krieg im Ost-West-Konflikt. Seit dem Zerfall der Sowjetunion sorgen vor allem Umweltkatastrophen, terroristische Anschläge wie 9/11 und Epidemien für Verängstigung insbesondere in der US-Bevölkerung. In den letzten Jahren sorgten Klimawandel, kriegerische Auseinandersetzungen und wirtschaftliche Krisen, wie zum Beispiel die Finanzkrise um Lehmann-Brothers 2008, für ein weiteres Anwachsen der Prepper-Szene, die zum Teil in Deutschland am äußersten rechten Rand der politischen Rechten angesiedelt ist und dort als gewaltbereit eingestuft wird. Und auch die Superreichen machen mit. Bloomberg berichtete[269] darüber, dass in den letzten beiden Jahren bereits sieben Silicon-Valley-Unternehmer sogenannte Deluxe Bomb Shelters in Neuseeland vergraben ließen[270].

Doch eigentlich muss sich niemand Sorgen machen. Die Sonne schickt uns 11.000-mal mehr Energie als wir verbrauchen. Jede Viertelstunde so viel, wie die Menschheit im ganzen Jahr benötigt. Die Umstellung auf diesen Energielieferanten ist nicht einfach – aber alternativlos. Wir können und müssen uns als örtliche Gemeinschaft zusammen versorgen; dadurch werden wir an Sicherheit und Lebensqualität gewinnen. Auch dafür gibt es viele positive Beispiele. Etwa 8 Millionen Deutsche in über 70 Regionen wollen sich von fossilen Energieträgern verabschieden und vollständig selbst mit Energie versorgen. Es gibt eine breite Bewegung mit dem Ziel, schnellstmöglich zu 100 Prozent auf dezentrale erneuerbare Energien umzustellen. Sonne, Wind, Speicher und gegebenenfalls auch Biomasse oder Wasserkraft können, geschickt kombiniert, jede Kommune energieautonom machen.

Menschen haben ein tiefes Streben nach Gemeinsamkeit. Menschen kommunizieren miteinander, handeln Regeln aus und wissen oft selbst am besten, was gut für sie ist. Sie sind in der Lage, zu kooperieren und Dinge gemeinsam zu nutzen. Teilen und gemeinsames Vorgehen hat auch für unser Thema unschlagbare Vorteile: Zum einen ist der Aufbau einer örtlichen Stromversorgung eine Vorsorge für die krisensichere Versorgung mit Energie, Lebensmitteln, Gesundheit und Transport. Zum anderen kann eine dezentrale, autarkiefähige Stromversorgung die wichtigsten Versorgungseinrichtungen wie Rettungskräfte, Katastrophenschutz, Wasserwerke, Banken oder Lebensmittelmärkte vor Ort bei einem großflächigen Stromausfall auffangen.

Stubenberg in der Oststeiermark ist die erste österreichische Gemeinde mit einem umfassenden Blackout-Schutzplan mit eigenem

Krisenstab für die komplette Infrastruktur. Haßfurt in Unterfranken baut gerade eine Blackout-sichere Wasserversorgung auf. Hurrikan Harvey legte 2017 in Texas die Stromversorgung und damit das öffentliche Leben lahm. Die Ölplattformen im Golf wurden evakuiert und die Exploration eingestellt. Doch die Windkraftanlagen im Meer und auf Land produzierten mitten im Hurrikan die besten Stromernten, schalteten zwischendurch automatisch ab, wenn der Wind zu heftig wurde und überstanden den Sturm unbeschadet. Sofern die Leitungen hielten oder erdverkabelt waren, gab es keine Stromprobleme. In Südaustralien hat 2017 – nach mehreren vorangegangenen großflächigen Stromausfällen wegen Überlastung des Netzes durch Klimaanlagen im heißen Sommer – eine in nur 100 Tagen installierte Tesla-100-MW-Batterie in lediglich 0,14 Sekunden den überraschenden Betriebsausfall eines Kohlekraftwerks aufgefangen und einen Blackout verhindert. In Ländern wie Südafrika hingegen, die fast ausschließlich auf Kohle setzen, sind stundenlange Blackouts an der Tagesordnung.

Dezentrale erneuerbare Energien zusammen mit Speichern sind der Garant dafür, dass das Horrorszenario eines lang andauernden und flächendeckenden Stromausfalls mit verheerenden Folgen nicht eintritt. Sympathien für erneuerbare Energien sind da; aus Sympathie wird praktisches Engagement, sobald den Menschen bewusst wird, dass Erneuerbare nicht nur sympathisch, sondern ernst zu nehmen sind. Mit ihnen wird in kürzester Zeit, abgesehen von ihrer Umweltverträglichkeit und ihrer Wirtschaftlichkeit, vor allem eine Versorgungssicherheit möglich, die atomare und fossile Energien nicht bieten können.

Was ist zu tun?

Stadträte und Landkreise sollten sich Gedanken machen, was zu tun ist, wenn Strom oder Gas länger ausfallen. Nach der Analyse könnten sie darüber nachdenken, wie sich ihre Stadt oder die Region selbst mit Energie und Lebensmitteln versorgen kann und ob sie 100-Prozent-Erneuerbare-Energien-Gemeinde werden wollen. Durch Umstellung der kommunalen Gebäude und des Fuhrparks auf Erneuerbare kann man mit gutem Beispiel vorangehen. Schließlich kann man mit der Gründung von Klimaagenturen den Zusammenschluss der Bürgerschaft fördern und eine breit getragene Vorsorge für eine sichere Zukunft organisieren. Ziel ist die Autarkiefähigkeit.

Kapitel 20

»Ich will eure Hoffnung nicht« – der Zeitgeist

Seit 2003 müssen wir elende Erfahrungen mit den Klimawandelleugnern der AfD machen. Sie lehnen die Energiewende ab, halten die Schädlichkeit von CO_2 für in der Fachwelt hoch umstritten und werfen der Politik vor, dass sie den Klimawandel zu einer menschengemachten Klimakatastrophe hochstilisiert[271].

Da tauchte im Herbst 2018 unerwartet ein neuer Akteur auf: Greta Thunberg, die schwedische Schülerin, die mit ihren Fridays-for-Future-Demonstrationen eine internationale Massenbewegung initiierte. Hunderttausende streikende Schülerinnen und Schüler demonstrieren seither jeden Freitag für eine gute Sache. Klimawandel, schmutzige Autos, vermüllte Meere – sie trauen sich, die Missstände unverblümt zu benennen. Die Heranwachsenden sind fröhlich und zornig; das geht sehr gut zusammen und macht sie sympathisch und seriös.

Der sich weltweit beschleunigende Wettbewerb um Märkte, Innovationen und neue Konkurrenten ebenso wie die unaufhaltsame Erderwärmung mit ihren Begleiterscheinungen lösen in den alten Industrieländern eher Furcht als Zuversicht aus. Da kann es eigentlich nicht allzu sehr überraschen, dass sich in Zeiten leichter Interaktion durch die sozialen Netzwerke diejenigen zusammenfinden, organisieren und radikalisieren, die sich als Unterlegene, Besiegte oder Opfer sehen.

Unser Weg ist auch ein Weg der Zerstörung, der Zerstörung von Gemeinschaften, der millionenfachen Zerstörung von Leben, von kultureller und zivilisatorischer Substanz – und der Zerstörung unserer ökologischen Grundlagen. Die Nutznießer dieser Zerstörungen haben genug Gründe dafür, dass sich nichts ändert. Die repräsentative Demokratie ist überfordert; Menschen spüren, dass die notwendige Vetomacht von unten kommen muss.

Protest mit vielen Gesichtern

Zum Erstarken einer Protestbewegung braucht es drei Faktoren:[272]

- eine strukturelle Deklassierung wesentlicher Teile der Bevölkerung, die sich auch als Verlierer fühlen,
- eine Verschiebung im Zeitgeist, die zum Widerspruch und Widerstand gegen die herrschende Kultur (hier: des progressiven Neoliberalismus) aufruft und schließlich
- strukturbedrohliche Krisenereignisse.

Erst durch das Zusammenwirken dieser unterschiedlichen Faktoren erhält der politische Protest sich an den Rand gedrängt fühlender Gruppen eine Legitimitätsgrundlage. Der Kampf für das Eigene wird in ihren Augen zum Kampf für die Allgemeinheit.

Es ist diese Kumulation von krisenhaften Entwicklungen einerseits und der Kapitulation unserer politischen Führer andererseits, die das Umschlagen von Zuversicht in Zorn bewirken. Das Zutrauen in die demokratischen Institutionen sinkt und ein Gefühl von Kontrollverlust breitet sich aus. Die Auswirkungen der Erderwärmung sind historisch zu großen Teilen durch die Industrienationen zu verantworten. Fatal wirkt, wenn in der internationalen Politikarena weiterhin Stimmen vorrangig mit wirtschaftlichen Erwägungen argumentieren, notwendige Maßnahmen immer wieder aufschieben oder den Klimawandel sogar leugnen.

Parallelen zu den sozialen Bewegungen der 1968er-, 1970er- und 1980er-Jahre bieten sich an.[273] Auch diese verdankten ihren Erfolg dem Zusammenkommen gesellschaftlicher Krisen wie NATO-Nachrüstungspakt und Atomkraft, Waldsterben und Ölkrisen mit Fahrverboten im damaligen Wirtschaftswunder-Zeitgeist.

Aktuell erfüllen die kapitalismuskritischen Rechtspopulisten alle Merkmale einer erfolgreichen Protestbewegung. In Deutschland nennen sie sich explizit: Alternative für Deutschland (AfD). Im Gegensatz zur 68er- oder 80er-Bewegung ist die neue politische Rechte nicht progressiv unterwegs in die Zukunft, sondern bestenfalls auf den Erhalt des Bestehenden gerichtet, in Teilen sogar regressiv Anti-68. Früher war alles besser. Allen gemeinsam ist ihr Leugnen des Klimawandels, gegen die herrschende Meinung praktisch aller Klimaforscher und aller Universitäten und Institute weltweit. Inhaltlich scheint das selbst aus rechtsnationaler Sicht kaum nachvollziehbar: Anstatt Uran aus Australien, Kohle aus Kolumbien und Öl von den Arabern zu importieren und die Scheichs reich zu machen, könnte man doch 100 Prozent gesunde Energie aus heimischen Sonnenstrahlen gewinnen.

Auch Donald Trumps Schockstrategie folgt einem Muster, wie man es aus anderen Ländern kennt, die unter dem Deckmantel einer Krise radikal umgekrempelt wurden. Ziel ist der offene Krieg gegen den öffentlichen Sektor und das Gemeinwohl, zum Beispiel in Form der Abschaffung von Umweltschutzvorschriften. An ihre Stelle soll die entfesselte Macht und Freiheit der Konzerne treten.[274] An rechtsradikale Organisationen werden wir uns gewöhnen müssen. Sie bilden den Resonanzboden einer hoch dynamischen und breiten Protestbewegung in Deutschland, Europa, Russland, Brasilien und den USA, der weit in die Zivilgesellschaft hineinragt.

Ressentiments gegen Globalisierungsgewinner sind verständlich. Menschen, ja ganze Länder befürchten, bedeutungslos zu werden. Wenn die Menschen das Vertrauen ins System verlieren, entstehen Orientierungslosigkeit und Nihilismus. Die Verweigerung der Mächtigen, sich der Probleme der Menschen anzunehmen, gebiert Ungeheuer. Aber sie gebiert auch edle Ritter.

Nicht nur die Rechten haben das diffuse Gefühl, um ihre Zukunft betrogen zu werden. Die Jungen machen Rabatz. Sie sind laut. Und sie werden immer mehr. Die 16-jährige Klimaaktivistin Greta Thunberg verweigerte im August 2018 den Schulbesuch mit den Worten: »Why should I be studying for a future that soon may be no more, when no one is doing anything to save that future?« und demonstrierte vor dem schwedischen Parlament mit einem Schild: Skolstrejk for klimatet (Schulstreik fürs Klima). Mit dem Hashtag

#FridaysForFuture erzeugte sie internationale Aufmerksamkeit. Seitdem streiken jeden Freitag Hundertausende Schüler und etliche Studenten. Sie demonstrierten im Frühsommer 2019 in 1.600 Städten in 105 Ländern der Erde.[275] Die am 15. März gemessene Teilnehmerzahl liegt weltweit bei 1,8 Millionen Schülern. Allein in deutschen Städten beteiligten sich am Freitag vor der Europawahl 320.000 Menschen an den Protesten. Der Streik ist nicht gegen Schulen gerichtet, sondern soll zum schnellen Handeln mahnen. In ihrer Rede auf dem Weltwirtschaftsforum gesteht Greta ihre eigene Angst mit den eindringlichen Worten: »Erwachsene sagen immer: ›Wir schulden es den jungen Leuten, ihnen Hoffnung zu geben‹. Aber ich will eure Hoffnung nicht. Ich will nicht, dass ihr hoffnungsvoll seid. Ich will, dass ihr Panik habt. Ich will, dass ihr die Angst empfindet, die ich jeden Tag spüre. Und dann will ich, dass ihr handelt.« Eine 16-Jährige, die viel jünger wirkt, steht auf und ruft: »Der Kaiser ist nackt.« Eine Symbolfigur betritt die Bühne, die den Schülerprotesten eine Kraft zu geben scheint, wie sie ein Nelson Mandela hatte, um die Apartheid abzuschaffen, oder ein Abraham Lincoln, um die Sklaverei zu beenden.[276]

Der Hitzesommer des Trockenjahres 2018 hat die Klimaproteste noch verstärkt. Neben gewaltigen Ernteausfällen wurden auch massives Insektensterben und der Rückgang zahlreicher Vogelarten sichtbar. Die Warnungen der Klimaforscher vor Kipppunkten sind plötzlich für jeden spürbar. Das Klima ist fragil geworden. Die meisten Erdbewohner sehen inzwischen den Klimawandel als größte Bedrohung überhaupt[277].

Die Friday-for-Future-Aktivisten forderten im April 2019 für Deutschland:

- Treibhausgase: Nettonull bis 2035 erreichen,
- Kohleausstieg bis 2030,
- 100 Prozent erneuerbare Energieversorgung bis 2035.

Bereits bis Ende 2019 forderten sie:

- Ende der Subventionen für fossile Energieträger,
- ein Viertel der Kohlekraft abschalten,

- eine Steuer auf alle Treibhausgasemissionen. Der Preis für den Ausstoß von Treibhausgasen muss schnell so hoch werden wie die Kosten, die dadurch uns und zukünftigen Generationen entstehen. Laut UBA sind das bei CO_2 180 Euro pro Tonne.

Damit sind die Fridays den Forderungen und Versprechen dieses Buchs, die Energiewende in zehn Jahren durchzusetzen, ziemlich nah. Auch wenn es noch ein wenig schneller möglich wäre.

Für eine zunehmende Zahl junger Leute repräsentieren die traditionellen Energieversorger oder Autokonzerne den Archetypus zentralistischer Gewalt mit allen Übeln, die sie in die Welt bringt. Die Elterngeneration zerstört in ihren Augen den Planeten. Sie erhöht den Druck in Schule und Studium. Sie reduziert die Jungen auf ihre Funktion als frische Brainware für eine Wirtschaft, die nicht nachhaltig ist. Das ist die Grundstimmung. Der Streit um das Urheberrecht im Internet etwa erzeugte auch deshalb so einen ungeheuren Protest, weil es ein Kulturkampf ist. Das Gefühl der Digital Natives: Politik und Konzerne versuchen mit gestrigen Mitteln, sich die Netze untertan zu machen, deren Freiheit für uns so wichtig ist wie die Luft zum Atmen. Unter dem Banner der Nachhaltigkeit fordert die Jugend freien Zugang zur Kommunikation und freie grüne Energie.[278] CDU, SPD, FDP oder gar die AfD helfen ihnen nicht. Die Rechten leugnen oder verharmlosen den menschengemachten Klimawandel und schützen den Status quo; Linke leugnen die gesellschaftlich-politische Realität, in der der notwendigerweise radikale globale Wandel eben nicht durch Konferenzen und viel zu geringe Ziele kommen wird, die viel zu spät dran sind und von niemandem nachgeprüft werden. Rechter und linker Illusionismus haben den Glauben gemeinsam, dass nicht sein kann, was in ihrem Kosmos nicht sein darf.

Schon heute zeichnet sich die neue große Systemauseinandersetzung der Zukunft ab: zwischen westlichen Demokratien, die sich auf dem schwierigen und schwerfälligen Weg der demokratischen Kompromiss- und Konsenssuche ökologisch reformieren müssen, und einem ökodiktatorischen chinesischen Modell, das Maßnahmen von oben dekretiert und diese mit allen Mitteln durchsetzt, notfalls gegen die individuellen Menschenrechte der Betroffenen. Um den Triumph dieses Modells zu verhindern, müssen unsere Demokratien auf allen Ebenen radikale ökologische Reformen in Gang setzen.[279]

Radikaler Ernst und Charme der Energiewende

Viele Ältere hierzulande beobachten den Aufstand mit einer Mischung aus Nachsicht, Irritation und schlechtem Gewissen, weil es ja sein könnte, dass die Kids Recht haben. Hoppla: Die Generation Selfie besteht ja gar nicht aus unpolitischen, selbstverliebten Smartphone-Zombies. Greta Thunberg fordert – mit beklemmendem Ernst – das einzig Vernünftige: das ›Erkenne die Lage‹ und, daraus resultierend, das gebotene Handeln. Der neue radikale Ernst, diese Unbedingtheit der Jungen steht in totalem Kontrast zum Ironiegebot einer pubertären Spaßgesellschaft. Inzwischen folgen viele dem FFF-Aufruf, dass man sich ihnen anschließen möge. So entstanden die

- Parents for Future,
- Grandmas for Future,
- Scientists for Future,
- Journalists for Future,
- Entrepreneurs for Future,
- Teachers for Future,
- Artists for Future
- Health for Future
- Workers for Future und die
- Sports for Future.

Auch andere freie Gruppen docken sich an, etwa Youth for Climate, Youth Strike 4 for Climate, School strike for Climate oder Extinction Rebellion.

Eines sollte allen klar sein: Mithilfe der beschriebenen Technologien können wir das Paradies auf Erden schaffen – oder die Hölle. Wenn wir vorhandene Technologien weise nutzen, werden die Vorteile für die Menschheit unermesslich sein. Der Preis für unkluge Entscheidungen könnte hingegen im Untergang der Menschheit bestehen.[280]

Helfen kann auch hier eine entschlossen durchexerzierte Energiewende hin zu einer dezentralen Energieversorgung und erneuerbaren Mobilität, die die Macht der Konzerne und der Politik über die Bürger beendet, überall funktioniert und auch noch spürbar günstiger ist; der entscheidende Hebel war noch immer der Preis. Das ist eine bessere Antwort auf kapitalistische Bedrohungen und den Klimawandel als der erschrockene Rückzug hinter nationale Grenzen. Eine schnelle Energiewende ist von unüberwindbarem Charme, außer für die Korrupten und die Konzerne. Klassische Wirtschaftstheorien müssen wir neu denken lernen, wenn die Grenzkosten für die Erzeugung gegen null gehen. Müssten die Energiekonzerne für die Rohstoffe bezahlen, die in unser aller Erde liegen und ebenso für die bei ihrer Verbrennung frei werdenden Emissionen in die Luft, die alle atmen, hätte sich das fossil-atomare Geschäft nie rentiert. Wenn Strom fast umsonst, umweltverträglich und für alle im Überschuss zur Verfügung steht, verliert die operative Grundlage eines kapitalistisch organisierten Systems von fossilen Energien mit ihren langen Bereitstellungsketten ihren Sinn.

Wir befinden uns in einer rasanten Transformation in eine neue Weltwirtschaftsordnung und in eine neue Wertschöpfungskultur. Die in diesem Buch beschriebenen Geschäftsmodelle sind Szenarien, die bei manchen Ängste wecken, weil sie die Fundamente unseres ökonomischen Systems ins Wanken bringen. Märkte funktionieren in der digitalen Nachhaltigkeitsgesellschaft nicht mehr so wie im Industriekapitalismus der 1950er-Jahre, als die Schornsteine rauchten. Wir können uns nicht mehr an alte Wahrheiten aus der Ära der montanindustriellen Welt klammern. Geschäftsmodelle werden heute mitunter über Nacht funktionslos. Die großen Energieversorger, über Jahrzehnte gefeierter und gepäppelter Maschinenraum der deutschen Industriegeschichte, sind praktisch bankrott. Die Autoindustrie ist als nächste dran.

Die weltweite Massennutzung solarer Energien wird den wahrscheinlich umfassendsten wirtschaftlichen Strukturwandel auslösen, der je stattgefunden hat. Es kommt eine schrittweise Umstrukturierung des heute noch zentral ausgerichteten Versorgungssystems auf der Grundlage von Großkraftwerken hin zu einem heterogenen, überwiegend von kleineren, dezentralen Einheiten gekennzeichneten System. Jeder Strukturwandel hinterlässt Gewinner und Verlierer. Die Verlierer stehen auch schon fest: Es sind in erster Linie die Anbieter der Primärenergien, Öl, Kohle, Gas, Uran. In zweiter Linie sind es die Produzenten von großen Stromerzeugungsanlagen wie zum Beispiel Großturbinen und von interkontinentalen Pipelines und die Besitzer und Betreiber solcher Anlagen. Einen Bestandsschutz für fossile Kraftwerksstrukturen gibt es nicht, einen tragfähigen Markt auch nicht. Klimawandel und Erderwärmung zeigen doch gerade das Marktversagen auf. Kohle und Atom müssen schon deshalb weg, weil sie nicht schnell regelbar sind. Stranded Investment, also das Schließen von Kraftwerken vor dem Erreichen ihrer technischen und betriebswirtschaftlichen Betriebszeit und damit Verzicht auf das Goldene Ende, weil sich der Weiterbetrieb nicht mehr rentiert, ist ein Fehler eben derjenigen Energiemanager, die heute Bestandsschutz für fossile Kraftwerke fordern. Eine schnelle Energiewende kommt die Gesellschaft exorbitant billiger als die parallele Aufrechterhaltung des fossilen Systems.

Gewinner des kommenden Strukturwandels sind die Verbraucher, die Umwelt, der Frieden, der Arbeitsmarkt und kleine und mittlere Unternehmen. Die Städte gewinnen und besonders auch der ländliche Raum – Sehnsuchtsort und gleichwohl von Strukturschwäche gezeichnet. Bäcker, Metzger, Schule, Krankenhaus, Kreisverwaltung, Polizei und die Amtsgerichte ziehen sich aus dem ländlichen Raum zurück. Auch die Landwirtschaft fällt als Arbeitgeber kaum noch ins Gewicht. Parallel wird dort das Demokratieproblem am meisten beklagt, weil die Landbewohner die Hoffnung auf »die da oben« verlieren und dann schlimmstenfalls extreme Parteien wählen. Dort hingegen, wo seit der Jahrtausendwende die dezentrale Energieerzeugung an Boden gewann, entstand eine zweite, ganz andere Realität: selbstbewusste Kommunen, die dank Gewerbesteuereinnahmen durch die Windmühlenbetreiber nicht mehr am Finanztropf ihres Bundeslandes hängen. Bürgermeister, die Kindergarten und Grundschule erhalten können und deren Freiwillige Feuerwehr ein neues Dach bekam – alles als Folge des EEG, wodurch Investitionen sowohl für die ländliche Bevölkerung als auch für die Banken kalkulierbar waren. Dezentrale erneuerbare Energien wirken an vielen Orten als Strukturprogramm. Sie schaffen Arbeit in Zuliefer- und Servicebetrieben, wo lange kein Unternehmen mehr investieren wollte, und binden die dörfliche Gemeinschaft ein.

Umso unverständlicher ist, dass mit CDU und CSU gerade die Parteien, die ihre Wurzeln im ländlichen Raum haben, ihre Unterstützung für diese Prozesse zurückfahren, wie der Stopp des Ausbaus der Windenergie in Bayern zeigt. Anstatt sich über kleinteilige und autonom gestaltete Wertschöpfung zu freuen, die ganz nebenher eine neue wachsende Industrie in Deutschland entstehen ließ, hängen die Unionsparteien an Konzernstrukturen und zentralen Kraftwerkseinheiten, selbst wenn sie dafür – wie in Bayern – einen hohen wirtschaftlichen und kulturellen Preis zahlen müssen und sogar zum Stromimportland werden. Das hinterlassene Vakuum im ländlichen Raum droht derweil die AfD zu füllen, mit ihren kruden Einstellungen, ihrer emotionalen Kälte und ihrer Verweigerung, sich realen Herausforderungen wie Klimawandel und Digitalisierung zu stellen. Gerade erneuerbare Energien tarieren den ländlichen Raum solide aus, werten ihn auf, machen ihn lebenswert und tragen mit dem Schutz des Klimas zu dessen Erhaltung bei.[281]

Die Dynamik des Kapitalismus liegt in der Knappheit. Solange Ressourcen, Güter und Dienstleistungen knapp sind, wird jemand bereit sein, dafür mehr zu bezahlen, als sie den Anbieter gekostet haben. Wenn jedoch die vielfältig nutzbare Ressource Strom fast nichts mehr kostet, verliert das kapitalistisch organisierte herkömmliche Energiesystem seinen Einfluss auf Knappheit und damit seine monopolistische Stellung und die Fähigkeit, von der Abhängigkeit ihrer Kunden zu profitieren. Überfluss ersetzt dann die Knappheit. Die Strom-Prosumenten werden frei von Knappheit und vom Preis, den sie dafür zu bezahlen hatten. Die für jede Gesellschaft eminent wichtige Energiewirtschaft wird so von der dumpfen Macht ihrer Kartelle befreit und demokratisiert. Feindbilder lösen sich auf, weil für jeden gesorgt und alles erschwinglich ist. Das kann den ganzen Zeitgeist in eine freundlichere Richtung lenken.

Epilog

Keine Angst – es gibt viel zu gewinnen

Auf die geschilderten disruptiven Entwicklungen können wir uns freuen. Unsere Städte werden leiser, die Luft wird reiner, die Lebensqualität verbessert sich dadurch. Mobilität wird geschmeidiger und spottbillig, sogar auf dem Land. Und die Kommunen profitieren mit Einnahmen aus der lokalen Erzeugung von Strom aus erneuerbaren Energien, Energiedienstleistungen und Quartiernetzen, ihren Elektroautos in Flotten und enormen CO_2-Einsparungen. Saubere Luft macht glücklich.

Bitter wird es für die alte Welt. Die großen Automobilhersteller haben noch sehr viel Geld und können durch Schrumpfen überleben – vielleicht wie es E.ON und RWE durch Aufspaltung und Fusionierung versuchen. Bitter wird es auch für die vielen mittelständischen Zulieferbetriebe, die auf Motorteile wie Getriebe, Vergaser, Kupplungen oder Kolben spezialisiert sind, die nicht mehr gebraucht werden. Die bisherige Melkkuh Sekundärmarktgeschäft, die Wartung, Reparatur, Pflege und Individualisierung von Fahrzeugen besorgt und damit weit mehr erwirtschaftet als der Fahrzeughandel, wird in einen bloßen Kostenfaktor verwandelt. Allein in Deutschland gibt es 40.000 Kfz-Werkstätten, deren Hauptaufgabe das Warten von Verbrennungsmotoren ist; je später sie sich neue Geschäftsfelder suchen, desto härter werden die wirtschaftlichen und sozialen Zusammenbrüche. Die Techniken der letzten industriellen Revolution stehen nicht mehr unter Dampf.

Jetzt muss sämtlichen beschriebenen Anbietern von Erneuerbare-Energien-Anlagen, Speichern, Lastverschiebungen und Flexibilität – und damit dem Wettbewerb – ein Ordnungsrahmen angeboten werden, ein zuverlässiger Fahrplan, der die bestehenden Hemmnisse beseitigt und neue Geschäftsmodelle begünstigt. Die Phase des lang anhaltenden Wirtschaftswachstums seit 2008 und der relativ niedrigen Ölpreise seit etwa 2013 hätte gut genutzt werden können, um die Umstellung auf erneuerbare Energien ohne größere soziale und wirtschaftliche Verwerfungen zu organisieren. Doch weder in Deutschland noch in der EU, der Weltregion mit der höchsten Abhängigkeit von Energieimporten, gibt es eine offensive Strategie zur schnellen Umstellung auf dezentrale erneuerbare Energien. Je länger man wartet, desto radikaler wird der Wandel. Entscheidend sind jetzt entschlossene regulatorische Rahmenbedingungen. Schon Aristoteles wusste: Eine gute Gesellschaft ist auf guten Gesetzen gebaut. Jetzt müssen wir uns den Herausforderungen stellen und mit einer konsequenten Neuausrichtung die Aufholjagd beginnen. Dann können wir Deutsche eine Entwicklung mit anführen, die auch ohne uns kommen wird.

Es geht bereits los, wie viele aktuelle Beispiele in diesem Buch belegen. Die Vierte Industrielle Revolution beginnt jetzt. Eine disruptive Entwicklung entsteht durch die digitale Verknüpfung der Bereiche Strom, Wärme und Transport. Die Bereitschaft der Bevölkerung[282], die Technik, die handwerklichen Fähigkeiten, die Organisationskraft und genug Geld für die nötigen Investitionen sind vorhanden. Alles ist startklar zum Aufbruch in die Informationstechnologie-Disruption: die erneuerbaren Energien, die Speicher, die Digitalisierung und die autonom fahrenden Elektrofahrzeuge. In zehn Jahren kann das alles bereits vollzogen sein – in Deutschland, in jedem Land.

Anmerkungen

1 Hermann Scheer, Solare Weltwirtschaft: Strategie für eine ökologische Moderne, 1999.
2 Statista, Abhängigkeit von Energieimporten in Deutschland in den Jahren 2002 bis 2016, 2018.
3 Sir Nicholas Stern, ehemaliger Weltbank-Chefökonom und später Leiter des volkswirtschaftlichen Dienstes der britischen Regierung, veröffentlichte 2006 den Stern Review on the Economics of Climate Change.
4 Hermann Scheer, Der energethische Imperativ, S. 47, 2010.
5 So das Ärzteblatt über Berechnungen der Europäischen Umweltagentur (EEA) aus dem Jahr 2014, 12.10.2017.
6 Tony Seba, Saubere Revolution 2030, 2014.
7 Ebd. S. 22 f.
8 UBA, Die Treibhausgase, 2018.
9 IPCC, Fünfter Sachstandsbericht, Band 1, Kapitel 8.7.4.1.
10 Misereor-Dossier 5/2018.
11 Claire Stam, RWE gehen die Investoren für Kohle-Projekte aus, Euractiv 24.07.2018.
12 Health and Environment Alliance, Climate Action Network Europe, WWF, Sandbag, Europe's Dark Cloud.
13 Umweltbundesamt, Kohleverstromung und Klimaschutz bis 2030: Diskussionsbeitrag des Umweltbundesamts zur Erreichung der Klimaziele in Deutschland 11/2017.
14 UBA, Pressemitteilung 37/2018, 20.11.2018.
15 Heinrich Böll Stiftung, Wasserverbrauch, KommunalWiki, 10.01.2018.
16 Die Universität St. Gallen hat 2018 im Auftrag von Greenpeace erhoben, wie die Deutschen zu einem Ende für die Kohle stehen, und das nach den Braunkohlerevieren in der Lausitz und im Rheinland aufgeschlüsselt. Insgesamt ist den Befragten demnach ein früher Ausstieg wichtiger als die Kosten oder die Frage der Arbeitsplätze – und ein möglichst schneller Ausstieg bis 2025 findet mit 67 Prozent eine höhere Zustimmung als ein langfristiger Ausstieg bis 2040 (62 Prozent). Naturgemäß stellt sich so ein Abschied anders dar, wenn die eigene Nachbarschaft, womöglich der eigene Job betroffen ist. So findet sich selbst im Rheinland, dem größten Braunkohlerevier der Republik, eine Mehrheit für den Kohleausstieg; und das sogar schon bis 2030. In der Lausitz denkt man anders, weil alternative Arbeitsplätze rarer sind. Nur 43 Prozent befürworten ein Ausstiegsgesetz, 36 Prozent sind strikt dagegen. Wenn die Region aber doch Abschied nehmen soll, dann bitte erst 2040. Während im Rheinland auch viele andere Branchen florieren und in der Braunkohle nur ein Bruchteil aller Arbeit-

nehmer beschäftigt ist, sind die Tagebaue in der strukturschwachen Lausitz fast die letzten industriellen Arbeitgeber, die noch geblieben sind. Zu DDR-Zeiten waren einst 100.000 Menschen mit der Erzeugung von Strom aus Braunkohle beschäftigt, heute ist es nicht einmal mehr ein Zehntel. Unter den Befragten über 60 finden sich in der Lausitz mehr Gegner als Befürworter eines Kohleausstiegs, unter den jungen Erwachsenen ist es genau umgekehrt. Ganz anders verhält es sich auf Bundesebene. Zwar sind hier alle Altersgruppen mehrheitlich für einen schnellen Ausstieg, die größte Zustimmung kommt allerdings von den Senioren: 78 Prozent aller Befragten über 60 wollen zügig raus, unter den Jüngeren sind es 71.

17 Gem. 13. BImSchV von 2004.

18 Institut der deutschen Wirtschaft, Subventionsbericht 2018.

19 So auch der BUND-Abschaltplan für AKW und Kohlekraftwerke, 2018.

20 Claudia Kemfert, a. a. O.

21 Deutschland liegt bei der Förderung mit 171,5 Millionen Tonnen (Mt) vor China (140 Mt), Russland (73,7 Mt) und den USA (66,2 Mt) und auch deutlich vor anderen europäischen Staaten wie Polen (60,2 Mt) oder der Türkei (56,9 Mt), Kurzgutachten arepo consult im Auftrag des WWF, 2018.

22 Zum Vergleich: Eine Kilowattstunde aus Gaskraftwerken setzt 382 Gramm CO_2 frei, Steinkohle 847 Gramm, Braunkohle setzt 1.148 Gramm frei – das ist das 2,3-Fache des Durchschnitts des gesamten Strommixes, der im Jahr 2017 bei 489 g/kWh lag.

23 UBA, Häufige Fragen zu Quecksilber, 04.05.2016.

24 Was Braunkohlestrom wirklich kostet, Studie des Forums Ökologisch-Soziale Marktwirtschaft (FÖS) im Auftrag des Ökoenergieanbieters Greenpeace Energy eG, 2018.

25 Institut für Meteorologie und Klimaforschung – Atmosphärische Umweltforschung (IMK-IFU) des Karlsruher Instituts für Technologie (KIT), in: Atmospheric Chemistry and Physics, 2016.

26 BT-Drucksache 18/13083.

27 Jos Lelieveld vom Max-Planck-Institut für Chemie, Spektrum der Wissenschaft, 14.04.2005; Jan Oliver Löfken, Klimarisiko Erdgas: Methanleckagen bei Gasförderung größer als vermutet, wissenschaft aktuell, 19.08.2013; Matthias Brake, Gas und Ölförderung: Leckagen sind in Europa Dauerzustand, heise.de, 01.07.2010.

28 GEOMAR Helmholtz-Zentrum für Ozeanforschung Kiel, Nordsee: Alte Bohrlöcher speien Methan, 29.08.2017.

29 Million British thermal units. 1 MMBtu entspricht 26,4 Kubikmeter Gas mit einem Energiegehalt von 40 MJ/m^3.

30 Tony Seba, a. a. O., S. 192.

31 Laura Weis, Fracking, Klimawandel: Erdgas ist keine Lösung, sondern Teil des Problems, Stiftung Energie & Klimaschutz, 25.05.2016.

32 ClientEarth, 2017.

33 Top Risks 2018, www.eurasiagroup.net.

34 Werner Zittel, Fracking: eine Zwischenbilanz, Energy Watch Group/Ludwig-Bölkow-Stiftung, 2015.

35 ADAC, Info, Test & Rat, 2018.

36 Tony Seba, a. a. O., S. 151.

37 Rupert Wronski & Swantje Fidler, Was Strom wirklich kostet: Vergleich der staatlichen Förderungen und gesamtgesellschaftlichen Kosten von konventionellen und erneuerbaren Energien, FÖS, 2017.
38 Axel Berg, Frankreichs Institutionen im Atomkonflikt, S. 26 ff., 1992.
39 The World Nuclear Industry Status Report 2018, S. 181 ff.
40 Versicherungsforen Leipzig, (Fiktive) Berechnung einer risikoadäquaten Versicherungsprämie zur Deckung der Haftpflichtschäden, die aus dem Betrieb von Kernkraftwerken resultieren, 2011.
41 Philippsburg 2 (1.486 MW), Grohnde (1.430 MW), Gundremmingen C (1.344 MW), Brokdorf (1.480 MW), Neckarwestheim 2 (1.400 MW), Isar II (1.485 MW) und Emsland (1.406 MW) mit einer Gesamtleistung von 10.013 MW.
42 Nach einer Untersuchung des Analyseinstituts Energy Brainpool im Auftrag des Ökoenergieanbieters Greenpeace Energy.
43 Marcel Keiffenheim, Leiter Politik und Kommunikation bei Greenpeace Energy.
44 Z. B. www.samofar.eu.
45 VDI Blog, 23. 05. 2014.
46 Abgesehen vom zwar regenerativen, aber nicht nachhaltigen Verbrennen von Holz.
47 IHS Markit, Installation Tracker Q1, 2019.
48 Wolfgang Palz, The Triumph of the Sun, 2018.
49 Fraunhofer ISE, Stromgestehungskosten Erneuerbare Energien, 2018.
50 Emiliano Bellini, pv magazine, 07. 08. 2018.
51 IRENA, Renewable Capacity Statistics, 2018.
52 Franz Alt, Photovoltaik-Magazin, 30. 05. 2018.
53 Fraunhofer ISE, 2018.
54 Fraunhofer ISE, Aktuelle Fakten zur Photovoltaik in Deutschland, 2019.
55 Z. B. Martin Ammon, EuPD; Günter Haug, Baywa; Karl Heinz Remmers, Solarpraxis, 2018.
56 Verbraucherzentrale NRW, 22. 05. 2018.
57 WI, ISI, IZES (Hg.), Technologien für die Energiewende, S. 35 ff.
58 BSW, Zehn Empfehlungen zur neuen Legislaturperiode, 2017.
59 Fraunhofer ISE, 2018.
60 Palz, a. a. O., S. 149.
61 IHS Markit, 2018.
62 WI, ISI, IZES (Hg.), Technologien für die Energiewende, S. 47 ff.
63 Grundsatzpapier zur kleinen und mittleren Wasserkraft: Eine energie- und umweltfachliche Einschätzung, EUROSOLAR, 2015.
64 Markus Zdrallek, Netztechnischer Beitrag von kleinen Wasserkraftwerken zu einer sicheren und kostengünstigen Stromversorgung in Deutschland, 2018.
65 Von Nahwärme spricht man bei kurzen Entfernungen bis etwa einem Kilometer. Rechtlich gesehen gibt es nur Fernwärme, die traditionell an große Kraftwerke angeschlossen ist.
66 Wikipedia Energiemais, 2018.
67 WWF Soja, 27. 06. 2018.
68 Wikipedia Sojabohne, 2018.
69 Siehe dazu Kap. 15, Agro-PV.
70 Hans Josef Fell, 2018.
71 Wikipedia Water Footprint, 2018.

72 Tony Seba, Saubere Revolution bis 2030, S. 203 f.

73 Hydrothermale Carbonisierung.

74 Rebecca Clare Hood-Nowotny, Biokohle verbessert Pflanzenwachstum und Klima, PROJEKTE, 03. 10. 2016.

75 Paul G. Falkowski, Der unsichtbare Wald im Meer, Spektrum der Wissenschaften, 6/2003, S. 56 ff. Inzwischen liegt die Kohlendioxidkonzentration bei über 400 ppm.

76 Z. B. Benjamin Heard et al., Burden of proof: A comprehensive review oft the feasibility of 100% renewable-electricity system in Renewable and Sustainable Energy Reviews, 2017.

77 Tom Brown et al., Response to Burden of proof, 2018. An diesem Aufsatz haben Wissenschaftler des Karlsruher Instituts für Technologie (KIT), des südafrikanischen Council for Scientific and industrial Research (CSIR), der Lappeenranta University of Technology, der Delft University of Technology und der Aalborg University gemeinsam gearbeitet. Sie haben nach eigenen Angaben Hunderte Studien analysiert, um Argumente, die gegen die Energiewende ins Feld geführt werden, systematisch zu widerlegen. Es geht dabei um Fragen wie: Gibt es überhaupt genug Platz für die benötigten Photovoltaik- und Windkraftanlagen? Was passiert, wenn sogenannte Dunkelflauten auftreten? Sie entkräften auch die Behauptung, das Stromnetz werde durch die Erneuerbaren destabilisiert und es komme regelmäßig zu Stromausfällen. Kalte Dunkelflauten lassen sich durch Importe, durch Wasserkraft, Biogas und -masse, Batterien und andere Speicher überbrücken. Sollte dies nicht ausreichen, könnte aus überschüssigem Wind- und Solarstrom Wasserstoff oder synthetisches Gas erzeugt werden, welches dann bei Bedarf rückverstromt wird. Alle technischen Lösungen sind erschwinglich, insbesondere durch sinkende Kosten für Wind und Solarenergie bei der Stromerzeugung. Dies gilt auch im Hinblick auf die Netzstabilität. Hier existieren bereits eine Reihe von technischen Lösungen weltweit: von rotierenden Stabilisatoren bis hin zu neueren elektronischen Lösungen.

78 Eurosolar, Memorandum Neue Energiemarktordnung (NEMO), 2015.

79 www.offshoregrid.eu.

80 Heise online, 24. 12. 2018.

81 Öko-Institut und Prognos AG i. A. von WWF & Energy Brainpool i. A. von Greenpeace, 2018.

82 Bundesnetzagentur (BNA), Kennzahlen der Versorgungsunterbrechungen Strom. Stand: 23. 11. 2017 und BNA / Bundeskartellamt, Monitoringbericht, 2018.

83 Gerd Rosenkranz, Sackgasse Kohle: Warum die Kohlenutzung keine Zukunft hat, WWF Deutschland & LichtBlick, 2018.

84 Umweltschädliche Subventionen in Deutschland, Umweltbundesamt, 2016.

85 David Coady et al., How Large Are Global Energy Subsidies?, IMF Working Paper, WP/15/105.

86 Umweltschädliche Subventionen in Deutschland, UBA 2017.

87 Rupert Wronski & Alexander Mahler, Investitionsmotor Klimaschutz: Metaanalyse zum Investitionsbedarf für die notwendige Dekarbonisierung, Forum Ökologisch-Soziale Marktwirtschat/Green Budget Germany, (FÖS-)Kurzanalyse im Auftrag des Deutschen Naturschutzrings (DNR), 2016 und Stern-Report a. a. O.

88 Statistisches Amt der Europäischen Union (Eurostat), Energiepreise im Jahr 2017, 2018.

89 Vgl. BEE-Vorschläge zur Senkung der EEG-Umlage, 2018.

90 Vgl. izes, Institut für ZukunftsEnergie- und Stoffstromsysteme, Ausschreibungen für Windenergie an Land: Erfahrungen in acht Ländern, 2017, oder auch REN21 Renewables 2019 Global Status Report.

91 Fraunhofer ISE, Energy Charts, 2019.

92 2011 bis 2013 waren Stromverbraucher mit einem hohen Jahresverbrauch vollständig von der Zahlung von Netzentgelten befreit. Die Europäische Kommission entschied im Mai 2018, dass dies eine unfaire Bevorteilung zulasten der übrigen Verbraucher und damit eine wettbewerbsverzerrende staatliche Beihilfe sei. Seit 2014 ist die vollständige Befreiung abgeschafft. Sie sieht seitdem aber immer noch Reduzierungen von 80 bis 90 Prozent vor.

93 UBA, Hohe Kosten durch unterlassenen Umweltschutz, PE zur Methodenkonvention 3.0, 20.11.2018.

94 Michael Sladek, Solarthemen, 2018.

95 Das Ausbremsen der erneuerbaren Energien bringt deshalb für die Verbraucher keine nennenswerte Kostensenkung. Der Präsident der Bundesnetzagentur, Matthias Kurth, erinnerte bereits 2011 daran, dass sich Strom aus erneuerbaren Energien dämpfend auf die Großhandelspreise auswirke, da diese teure Kraftwerke aus dem Markt verdrängten. So schrieb er an seinen Beirat, dass es »sachlich nicht gerechtfertigt« sei, die Steigerung der Ökostrom-Umlage von damals 1,5 Cent pro Kilowattstunde auf die Verbraucher umzulegen. Dieser sogenannte Wälzungseffekt ist schon seit Jahren bekannt und durch zahlreiche Studien belegt, wird jedoch von denjenigen Akteuren, die das EEG attackieren, bewusst unterschlagen, weil er nicht in das Trugbild vorgeblich teurer erneuerbarer Energien passt.

96 Energy Brainpool, Power Purchase Agreements: Finanzierungsmodell von Erneuerbaren Energien, 2018.

97 PricewaterhouseCoopers (PwC), Blockchain: Chance für Energieverbraucher, 2016.

98 Vgl. Metaanalyse zum Zusammenspiel von Strom- und Verkehrssektor, AEE Forschungsradar Energiewende 2019.

99 Tony Seba, a. a. O., S. 226 f.

100 Jens Mühlhaus, Vorstand von Green City Energy München.

101 Peter Becker & Martin Lohrmann, Regierungskoalition ohne Klimaplan, Energiedepesche 2/2018.

102 Hermann Scheer, Der energetische Imperativ, S. 151 ff.

103 Claudia Kemfert, Energiedepesche 2/2017.

104 Private Haushalte mit einem Jahresstromverbrauch von weniger als 1.000 kWh werden mit einem doppelt so hohen Netzentgelt (durchschnittlich 14,18 Cent/kWh) belastet wie große Privathaushalte mit einem Jahresstromverbrauch von 5.000 bis 10.000 kWh (6,79 Cent/kWh). Gewerbekunden mit einem wesentlich höheren Jahresstromverbrauch zahlen im Durchschnitt zwei Drittel weniger (4,18 Cent/kWh). Großverbraucher und Industrie zahlen mit 2,23 Cent/kWh nur ein Sechstel der Netzentgelte der Geringverbraucher.

105 Christian von Hammerstein, Stromnetzentgelte: Eine Blackbox, die nicht geöffnet werden kann? Eine rechtliche Analyse der aktuellen Situation, Agora Energiewende, August 2018.
106 Agora Energiewende, Netzentgelte 2019: Zeit für Reformen, April 2019.
107 Papier des Verbraucherzentrale Bundesverband VZBV, 29.06.2019.
108 Agentur für Erneuerbare Energien, RENEWS Kompakt, Keine Angst vor dem Stromstau, 06.02.2019.
109 Forschungsradar Energiewende, Energiewende im Wärmesektor, Metaanalyse, 2015.
110 BDI, Dena, Energiesysteme der Zukunft (ESYS), 22.05.2019.
111 Agentur für Erneuerbare Energien (AEE; Hg.), Neue Wärmewelt, S. 35, 2016.
112 Karl-Heinz Remmers, Solarpraxis AG, Photovoltaik Magazin, 12.06.2018.
113 WI, ISI, IZES (Hg.), Technologien für die Energiewende, S. 51 ff.
114 EuPD Research, Endkundenbefragung Photovoltaik, 2019.
115 Thomas Bube, Plusenergiehäuser: Alte und neue Herausforderungen, Solarzeitalter (SZA) 2/2018, S. 47 ff.
116 Nach Angaben der Europäischen Umweltagentur stießen Neuwagen im Jahr 2017 mehr CO_2 pro Kilometer aus als im Jahr 2016.
117 Andreas Knie, Einstürzende Brücken, privilegierte Autos und das Inlandsflug-Verbot, klimareporter, 19.08.2018.
118 Facit-Group, Nachhaltigkeit ist keine Frage der Branche, sondern der Kultur, Sustainability Image Score, 2017.
119 Statista, 2019.
120 Andreas Knie & Weert Canzler, Die ZEIT, 23.04.2018.
121 BDO, Statista, 2019.
122 Martin Buchenau, Keine Mode – ein Zeichen der Zeit, Handelsblatt, 20.07.2018.
123 Reuters, Business News, 15.01.2018.
124 Tony Seba, Clean Disruption 2030, 2014.
125 Robert Rohde & Richard Muller, Air Pollution in China: Mapping of Concentration and Sources, 2014.
126 Ferdinand Dudenhöffer, Direktor des CAR-Center Automotive Research sowie Inhaber des Lehrstuhls für allgemeine Betriebswirtschaftslehre und Automobilwirtschaft an der Universität Duisburg-Essen, Süddeutsche Zeitung, 07.09.2018.
127 McKinsey, 2017.
128 Lichtblick, Statista, 2019.
129 Ernst & Young, 2019.
130 Roland Berger, Index Elektromobilität, 2018.
131 Dena, Bio-LNG: eine erneuerbare und emissionsarme Alternative im Straßengüter und Schiffsverkehr, 2019.
132 Andreas Donath, Erste elektrische Autofähre geht in Norwegen in Betrieb, www.golem.de, 24.07.2017.
133 Andreas Knie, Merkels Sorgenkind: Flugtaxi-Quatsch und die kriminelle Energie der Autoindustrie, klimareporter, 24.06.2018.
134 Alexander Hars, Selbstfahrende Fahrzeuge und Carsharing, carsharing.de, 2018.
135 Dirk Asendorpf, Automatisiertes Fahren, ZEIT online, 02.01.2019.
136 Waymo ist das führende Unternehmen zur Entwicklung von Technologien für autonome Fahrzeuge. 2016 als Tochtergesellschaft von Alphabet gegründet, setzt Waymo die Arbeiten des Google Driverless Car (Googles fahrerloses Auto)

fort. Die Systemsoftware des Autos heißt Google Chauffeur. Das Projekt wurde anfangs von Sebastian Thrun geleitet, einem Professor für Künstliche Intelligenz an der Stanford University und Miterfinder von Google Street View. Waymo will – ähnlich wie Intel mit dem Online-Kartendienst Here – ein offenes System anbieten, das Autohersteller individualisieren können. Ziel ist, bei autonomen Fahrzeugen den gleichen marktbeherrschenden Status zu erreichen wie Android heute bei Smartphones.

137 F. Dudenhöffer, bizz energy, 07.06.2018.

138 Ferdinand Dudenhöfer, bizz energy, S. 81, 2018.

139 Alphabet Inc. ist die börsennotierte Holding der vormaligen Google LLC, die jedoch als Tochterunternehmen weiterexistiert.

140 Martin Kölling, Die Japan AG bündelt ihre Kräfte, um das Land zu einem Marktführer bei Flugautos zu machen: Sogar Airbus, Boeing und Uber machen mit, Handelsblatt, 29.08.2018.

141 Uber-Manager Allison im Handelsblatt.

142 World Health Organization (WHO), Road traffic injuries, 19.02.2018.

143 Masato Inoue, leitender Produktdesigner des Nissan Leaf, in: Tony Seba, a. a. O., S. 139.

144 ADAC Staubilanz, 2018.

145 Martin Randlhoff, Vergleich unterschiedlicher Flächeninanspruchnahmen nach Verkehrsarten (pro Person), Zukunft Mobilität, 19.08.2014.

146 Adaptive Cruise Control ACC, Adaptive Geschwindigkeitsregelung oder Automatische Distanzregelung ADR.

147 Martin Randlhoff, Die drei Haupttheoreme der Stauforschung: Der Schmetterlingseffekt, unsichtbare Wellen (= Phantomstau) und die Tragik des Zufalls, Zukunft Mobilität, 18.03.2011.

148 INRIX ermittelt für sein jährliches Ranking mithilfe von Verkehrsgeschwindigkeitsdaten die staureichsten Städte. Im weltweiten Ranking liegt die kolumbianische Stadt Bogotá mit 272 Stunden auf dem ersten Platz. Es folgen Rom, Dublin und Paris. Deutschlands Stauhauptstadt Berlin landet im weltweiten Vergleich auf Rang 40, Statista, 2019.

149 München ist wieder deutsche Stau-Hauptstadt, ZEIT Online, 06.02.2018.

150 Peter Cramton et al., Set road charges in real time to ease traffic, Nature 31.07.2018.

151 Umweltbewusstseinsstudie von BMU & UBA, 2016.

152 Martin Schössler, Plattformökonomie als Organisationsform zukünftiger Wertschöpfung, WiSo 21/2018.

153 Lars Weisbrod, Elektroauto: Wenn der Horizont gefährlich wird, Die ZEIT, 13.09.2018.

154 Agora Verkehrswende, Öffentlicher Raum ist mehr wert. Ein Rechtsgutachten zu den Handlungsspielräumen in Kommunen, 2018.

155 Sagen etwa die US-Start-ups Localmotors oder WEpods aus Holland, 2017.

156 Umfrage der forsa Politik- und Sozialforschung GmbH im Auftrag der Standortinitiative »Deutschland – Land der Ideen«, 2018.

157 Tony Seba, Clean Disruption 2030, 2014.

158 Julia Dittmann, Ernteausfälle wegen Dürre: Landwirtschaft nicht nur Opfer, in: Klima Allianz Deutschland, 16.08.2018.

159 Nährstoffeinträge aus der Landwirtschaft und Stickstoffüberschuss, UBA 27.08.2018.

160 Lachgas und Methan, UBA 27.10.2017.
161 Matthias Günther, Energieeffizienz durch Erneuerbare Energien: Möglichkeiten, Potenziale, Systeme. 2015.
162 An einer 194 kWp großen Forschungsanlage des Fraunhofer-Institut für Solare Energiesysteme (ISE) in Kooperation mit der Innovationsgruppe APV-RESOLA, 2018.
163 B. Raab, Erneuerbare Energien und Naturschutz: Solarparks können einen Beitrag zur Stabilisierung der biologischen Vielfalt leisten, ANLiegen Natur, 37(1), S. 67–76, 2015.
164 Gülleflut: Muss Deutschland bald 860.000 Euro pro Tag Strafe zahlen? proplanta. Das Informationsportal für die Land-wirtschaft, 13.02.2019.
165 Martin Schlatzer, Tierproduktion und Klimawandel: Ein wissenschaftlicher Diskurs zum Einfluss der Ernährung auf Umwelt und Klima, 2010.
166 Christoph Bals, Politischer Geschäftsführer von Germanwatch, Ernteausfälle wegen Dürre: Landwirtschaft nicht nur Opfer, in: Klima Allianz Deutschland 16.08.2018.
167 Studie über den erfolgreichsten Börsengang in den USA seit Jahren: Börsengang von Beyond Meat, JP Morgan, 2019.
168 Hermann Fischer, Horst Appelhagen, Chemiewende: Von der intelligenten Nutzung natürlicher Rohstoffe, 2017.
169 Vgl. Studien des nova-Instituts.
170 Gerald Wehde, Leiter Agrarpolitik von Bioland e. V.
171 Nach Angaben des Statistischen Bundesamts, Siedlungs- und Verkehrsfläche nach Art der tatsächlichen Nutzung, 2017.
172 UBA 06.08.2018.
173 Das italienische Istituto sull'Inquinamento Atmosferico verglich Wetterdaten und Migrationsstatistiken zwischen 1995 und 2009, Sonnenseite, 10.04.2019.
174 Abel, Brottrager u. a., Climate, conflict and forced migration, 2019.
175 Stephan Schindele, Projektleiter AgroPhotovoltaik am Fraunhofer ISE, 2018
176 Fraunhofer ISE, Solarserver, 12.04.2019
177 Stephan Schindele, AgroPhotovoltaik goes global: von Chile bis Vietnam, Fraunhofer ISE, 20.06.2018
178 Zukunftsforscher Lars Thomsen von future matters im Interview, pv-magazine, 16.11.2018.
179 Tag des Lebens.
180 Foodwatch, So viel Klima kostet unser Essen, 2016.
181 Carsten Markgraf, Projektleiter bei der Vattenfall GmbH.
182 Forum Synergiewende der Agentur für Erneuerbare Energie (AEE) und der Deutschen Umwelthilfe (DUH), 01.01.2018.
183 Wissenschaftliche Dienste, E-Fuels, Deutscher Bundestag, 22.01.2018.
184 EU-Projekt »Combi« unter Konsortialführung des Wuppertal Instituts, 2018.
185 Stefan Thomas & Peter Hennicke, Energy Efficiency First, Solarify, 12.07.2018.
186 Vergleichsstudie des American Council for an Energy-Efficient Economy (ACEEE), 2018.
187 Es gibt mindestens zwei Herleitungen für den Begriff der Vierten Revolution: Klaus Schwab, der Gründer des Davoser WEF oder das Deutsche Forschungszentrum für Künstliche Intelligenz sehen in der ersten Revolution die Entstehung der Industrie durch die Dampfmaschine (Kohle), die zweite mit Einfüh-

rung von Fließband und Massenproduktion (Erdöl). Die dritte ist die digitale Revolution (Erneuerbare Energien) und in der vierten kommunizieren nicht mehr Menschen, sondern die Dinge miteinander im Internet. »Die 4. Revolution – Energy Autonomy«, ein Dokumentarfilm von Carl Fechner aus dem Jahr 2010, sieht nach der Agrarrevolution, der Industriellen Revolution und der Digitalen Revolution die nun kommende Vierte Revolution der Energiewende.

188 Jeremy Rifkin, Die Nullgrenzkostengesellschaft, S. 37 ff.

189 Yuval Harari, Hunderte Millionen Menschen werden zu nutzloser Klasse, T-online, 21.09.2018.

190 Harald Welzer, Alles könnte anders sein, S. 271 ff., 2019.

191 WI, ISI, IZES (Hg.), Technologiebereich 7: Integrative Aspekte: Technologien für die Energiewende – Politikbericht, S. 95 ff., 2018.

192 Forschungsradar Energiewende, Metaanalyse, 2018.

193 Gabler Wirtschaftslexikon, 19.02.2018.

194 Jeremy Rifkin, a. a. O., S. 30 ff., 2016.

195 Die kollaborativen Commons sind nach Rifkin der Paradigmenwandel des Kapitalismus. Dieses neue Wirtschaftssystem mit Gütern und Dienstleistungen zu Grenzkosten nahe null führt demnach zu einer drastischen Verringerung der Einkommensunterschiede bei gleichzeitiger Demokratisierung der Weltwirtschaft hin zu einer ökologisch nachhaltigen Gesellschaft.

196 WI, ISI, IZES (Hg.), a. a. O., S. 146.

197 Udo Sieverding & Holger Schneidewindt, Blockchain in der Energiewirtschaft: Schöne (neue) Energiewelt für Verbraucher_innen und Prosumer, 2016.

198 Vgl. RockyMountain-Institute: www.energyweb.org, www.gridsingularity.com.

199 PwC, Blockchain: Chance für Energieverbraucher, 2016.

200 Marktwächter-Untersuchung der Verbraucherzentrale Rheinland-Pfalz 2011–2017, Frontal21, 21.08.2018.

201 PwC, Blockchain, S. 15, 2016.

202 Regierungschef Adrian Hasler, Liechtensteins Vorstoß zur Regulierung von Blockchain, Bitcoin & Coin, btc-echo, 30.08.2018.

203 Gilbert Fridgen, Fraunhofer Blockchain-Labor, 2018.

204 Reihenfolge der Topunternehmen 2018 weltweit nach ihrem Marktwert in Milliarden US-Dollar: Google (302), Apple (300), Amazon (207), Microsoft (200), das chinesische Internetunternehmen Tencent (178), Facebook (162). Zum Vergleich: Mercedes-Benz (25), Statista, 2019.

205 Hermann Scheer, Solare Weltwirtschaft, S. 204 ff., 1999.

206 Wolf-Peter Schill, A. Zerrahn, C. Kemfert und C. von Hirschhausen: Die Energiewende wird nicht an Stromspeichern scheitern, DIW aktuell, 2018.

207 Monika Rößiger, Stein-Stromspeicher von Siemens-Gamesa soll 2019 ans Netz, bizz energy, 29.10.2018.

208 Vattenfall betreibt seit 2019 den ersten Salzspeicher in Berlin.

209 Cairn Energy Research Advisors, 2019.

210 Fraunhofer-Institut für System- und Innovationsforschung (ISI), Energiespeicher-Roadmap Hochenergie-Batterien 2030+ und Perspektiven zukünftiger Batterietechnologien, Update 2017.

211 Bundesverband Solarwirtschaft (BSW).

212 Kosten für Blei-Säure- und Lithium-Ionen-Batterien bis 2020, VDMA, Roland Berger, Statista, 2018.

213 Verteilung des Absatzes von Lithium-Ionen-Akkus in Prozent: Handys (40), Notebooks (15), E-Werkzeuge (10), Ersatzakkus und Powerbanks (10), Tablets (8), E-Bikes (3), Autobatterien (2), SNE Research, Statista, 2014.

214 Forscher der State University New York brachten dünne Lagen aus Metall und anderen Substanzen auf einen Papierstreifen; sie dienen als Elektroden und Leiterbahnen.

215 Klaus Decken, Rise of the Lithium-Ion Battery Megafactories: What 2018 Holds in Energyload, 20.01.2018.

216 Laut Recherchen von Benchmark Mineral Intelligence.

217 Diffusion und Versprödung: Was uns an der Speicherung von Wasserstoff hindert – oder auch nicht, EnXpress, Für echte Wasserkraft, 28.06.2017.

218 Die Deutsche Energie Agentur (Dena) ermittelte, dass die Systemkosten einer intelligent integrierten Strom-Wasserstoff-Energiewirtschaft über 500 Milliarden Euro günstiger sind als die reine Stromwirtschaft.

219 WI, ISI, IZES (Hg.), a. a. O., S. 95 ff.

220 Dena, NOW, FhG-ISE oder Ines.

221 Steffen Schmidt, Raketentriebwerke und Implantate: Was mit 3D-Druckern bereits hergestellt wird, nd 15.08.2018.

222 Matthias Heyde, Scheibchenweise zu neuen Produkten: Knochen, Motoren oder Schuhsohlen aus dem Drucker: Wie generative Fertigung und 3D-Druck unsere Produktionswelt verändert, Fraunhofer-Gesellschaft, 2018.

223 Jeremy Rifkin, a. a. O., S. 33 ff.

224 Ulrich Petschow et al., Dezentrale Produktion, 3D-Druck und Nachhaltigkeit: Trajektorien und Potenziale innovativer Wertschöpfungsmuster zwischen Maker-Bewegung und Industrie 4.0, Schriftenreihe des IÖW 206/14, 2014.

225 Analyse von Strategy&, der Strategieberatung von PwC, in Kooperation mit den 3D-Druck-Spezialisten von Materialise, strategy&, 31.01.2018.

226 Zehn zentrale Punkte einer Strategie für Solarstromspeicher, bsw.li/2hn0VgS.

227 Tony Seba, a. a. O.

228 Thilo Bode, Die Diktatur der Konzerne: Wie globale Unternehmen uns schaden und die Demokratie zerstören, 2018.

229 Thilo Bode, a. a. O.

230 Hermann Scheer, Der energethische Imperativ, S. 216 ff.

231 Das Renewable Energy Certification System (RECS) wurde bereits 2002 in der EU eingeführt – initiiert und maßgeblich getragen von großen europäischen Stromproduzenten wie E.ON, RWE und Vattenfall. Das System erfasst Strom aus regenerativer Energie bei der Einspeisung ins Netz und trennt beim Handel im Nachhinein jede physikalisch hergestellte Kilowattstunde von dem ökologischen Nutzen, der damit verbunden ist, dass kein CO_2 ausgestoßen wurde. Der virtuell abgetrennte ökologische Nutzen wird dann in Form eines Zertifikats europaweit vermarktet. Mit diesem Greenwashing-Trick können große Energieversorger, die traditionell große Wasserkraftwerke in ihrem Portefeuille haben, diesen erneuerbaren Wasserkraftstrom, ohne neu zu investieren, als grünen Strom extra teuer verkaufen. Die umweltbewussten Kunden denken, mit dem teureren Ökotarif würde die Energiewende gefördert. In Wirklichkeit wird der zertifizierte Ökostromanteil mit herkömmlichen Angeboten aus Kern- und Kohlekraftwerken aufgefüllt. Die Grünstromkunden werden an der Nase herumgeführt, die Konzerne machen ein dickes Zusatzgeschäft und können

sogar ihre schädlichen Altanlagen länger laufen lassen. Und nicht eine zusätzliche oder gar herkömmlichen Strom substituierende Windmühle oder Photovoltaikanlage wird gebaut.

232 Claudia Kemfert ist Leiterin der Abteilung »Energie, Verkehr, Umwelt«, Deutsches Institut für Wirtschaftsforschung und Professorin an der Hertie School of Governance.

233 Nationale Industriestrategie 2030, BMWi, 2019.

234 Masterplan 100% Klimaschutz, Energiereferat Frankfurt am Main, 2016.

235 Z. B. eza! im Allgäu oder Energiewende Oberland in Oberbayern.

236 Hellmann, K.-U., Prosumismus im Zeitalter der Internetökonomie, SWS-Rundschau, 49(1), S. 67–73, 2009.

237 Gabler Wirtschaftslexikon.

238 M. Schumann, Konvergente Märkte der Internetökonomie (KMI), seit 2010 ein Forschungsschwerpunkt der Universität Göttingen.

239 Holm Friebe, Thomas Ramge, Marke Eigenbau, 2008.

240 Flieger, Burghard et al., Zukunftsfeld Mieterstrommodelle: Potentiale von Mieterstrom in Deutschland auf verschiedenen Ebenen mit einem Fokus auf Bürgerenergie, Forschungsprojekt BuergEn., Carl von Ossietzky Universität Oldenburg, 2018.

241 Verlautbarungen des Apostolischen Stuhls Nr. 22.

242 Islamisches Manifest zum globalen Klimawandel im Namen Allahs, des Barmherzigsten, des Allerbarmers, 2015.

243 Banking on Climate Change: Fossil Fuel Finance Report Card, 2019.

244 21 vs. 7 Milliarden US-Dollar, so Heike Mainhardt, World Bank Group Financial Flows undermine the Paris Climate Agreement, Urgewald, 2019.

245 Bill McKibben, Gründer des Klimaschutznetzwerks www.350.org.

246 Unhedgable risk: How climate change sentiment impact investment, University of Cambridge, 2015.

247 Die Marktkapitalisierung ist der Preis, den ein Käufer für eine komplette Übernahme bezahlen müsste.

248 Global Risks Report des World Economic Forum (WEF), 2018.

249 Paul de Grauwe, Green money without inflation in Social Europe, 19.03.2019.

250 Matthias Kroll, Chefökonom des World Future Council, Klima-Bailout: ein Vorschlag zur Durchführung der notwendigen Konversion fossiler »stranded assets« in Erneuerbare Energien, 2018.

251 Art. 127 TFEU und Art. 3 TEU.

252 Thilo Bode, Die Diktatur der Konzerne: Wie globale Unternehmen uns schaden und die Demokratie zerstören, S. 7 ff.

253 Agora Energiewende, Agora Verkehrswende, Die Kosten von unterlassenem Klimaschutz für den Bundeshaushalt: Die Klimaschutzverpflichtungen Deutschlands bei Verkehr, Gebäuden und Landwirtschaft nach der EU-Effort-Sharing-Entscheidung und der EU-Climate-Action-Verordnung, 2018.

254 Hans Joachim Schellnhuber, Wir sind schon im Hochrisikobereich, forum Nachhaltig Wirtschaften, 5/16.

255 Camilo Mora et al., Global risk of deadly heat, Nature Climate Change 7, S. 501 ff., 2017.

256 L. Caesar & St. Rahmstorf, Nature Vol. 556, S. 191 ff. und Thornalley, Nature Vol. 556, S. 227 ff.

257 W. Steffen et al., Trajectories of the Earth System in the Anthropocene, Proceedings of the National Academy of Sciences of the United States of America, PNAS, 06.08.2018.
258 Hans Joachim Schellnhuber, ZEIT online, 06.08.2018.
259 Johan Rockström, Mitautor und Direktor des Stockholm Resilience Centre (SRC).
260 Hermann Scheer, Solare Weltwirtschaft, 1999.
261 Peter Becker, Aufstieg und Krise der deutschen Stromkonzerne, 2011.
262 UNHCR, Zahlen und Fakten, 2019.
263 International Renewable Energy Agency (IRENA) 2019; auch Agro-PV in Kapitel 14.
264 Assessing International Public Finance for Energy in Africa: Where do development and climate priorities stand?, Oilchange Int., 2018.
265 Hermann Scheer, Sonnen-Strategie, S. 273, 1998.
266 UBA, Entwicklung der Primärenergiegewinnung, 16.02.2018.
267 David Sanger, Nicole Perlroth, U.S. Escalates Online Attacks on Russia's Power Grid, NYT, 15.06.2019.
268 Jeremy Rifkin, Die Nullgrenzkostengesellschaft, S. 428 ff., 2016.
269 Bericht vom 05.09.2018.
270 Die Rising S Co. in Murchison, Texas bietet serienmäßig komplett eingerichtete Stahlbunker mit verstecktem Eingang bis zu einer Größe von 260 Quadratmeter an, die bei Prominenten großen Anklang finden.
271 Landtagswahlprogramm der AfD in Baden-Württemberg.
272 Cornelia Koppetsch, Ordnung und Struktur, Süddeutsche Zeitung, 22.05.2018.
273 K.-W. Brand, D. Büsser, D. Rucht, Aufbruch in eine andere Gesellschaft: Neue soziale Bewegungen in der Bundesrepublik, 1986.
274 Naomi Klein, Gegen Trump: Wie es dazu kam und was wir jetzt tun müssen, 2018.
275 Imre Grimm, Hat Greta recht?, Hannoversche Allgemeine, 05.04.2019.
276 Claus Leggewie, in: Jan Tremmel, Alles Klima, Süddeutsche Zeitung, 16.02.2019.
277 Jacob Poushter & Christine Huang, Pew Research Center, Climate Change Still Seen as the Top Global Threat, but Cyberattacks a Rising Concern, 01.02.2019.
278 Jeremy Rifkin, a. a. O., S. 318.
279 Albrecht von Lucke, Der Kampf um die Empörungshoheit. In: Blätter für deutsche und internationale Politik, 2019.
280 Yuval Harari, Hunderte Millionen Menschen werden zu nutzloser Klasse, T-online, 21.09.2018.
281 Hermann Albers, Ländlichen Raum stärken, Erneuerbare Energien 6/2018.
282 Im Einklang mit früheren Erhebungen von KfW Research halten mehr als 90 Prozent der befragten Haushalte in Deutschland die Energiewende für wichtig, KfW-Energiewendebarometer 2018.

Grafiken

Abbildung 1:
Primärenergieverbrauch in Deutschland
Der Primärenergieverbrauch (2017: 13.594 PJ) bezeichnet den Energiegehalt aller im Inland eingesetzten Energieträger. Der Begriff umfasst Primärenergieträger, wie Kohle, Mineralöl oder Erdgas, die direkt genutzt oder in Sekundärenergieträger (Kraftstoffe, Strom) umgewandelt werden. 2017 lagen die Fossilen bei immer noch rund 80 Prozent.
Quelle: AG Energiebilanzen AGEB

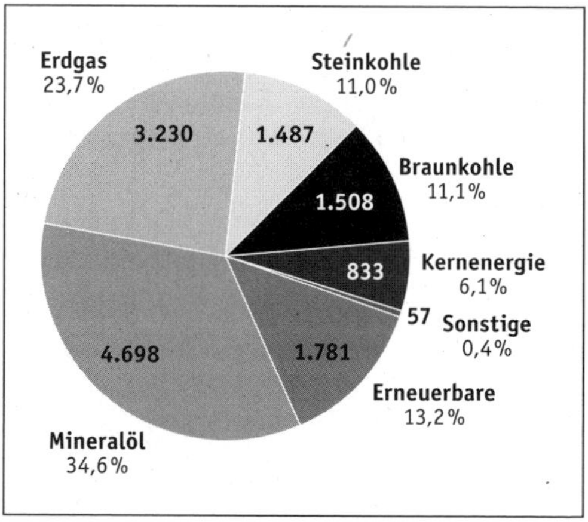

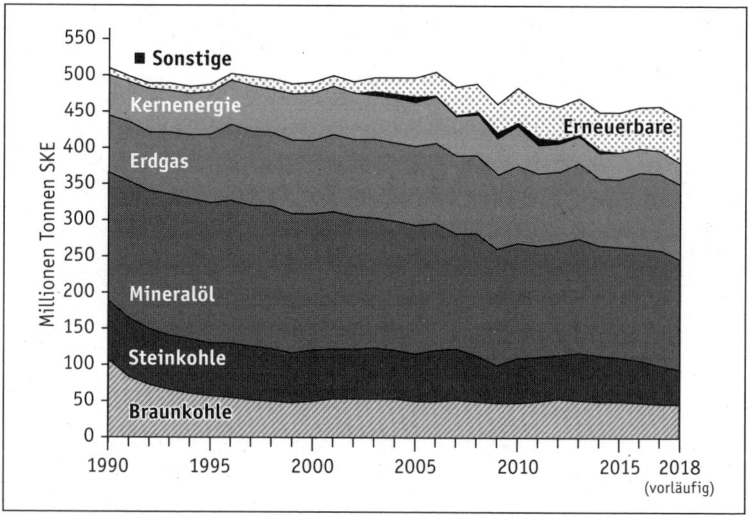

Abbildung 2: **Entwicklung des Primärenergieverbrauchs in Deutschland**
Der Primärenergieverbrauch ist seit Beginn der 1990er Jahre leicht rückläufig. Das liegt am Ausbau der erneuerbaren Energien (hoher Wirkungsgrad) sowie an Effizienzsteigerungen. *Quelle: Arbeitsgemeinschaften Energiebilanzen*

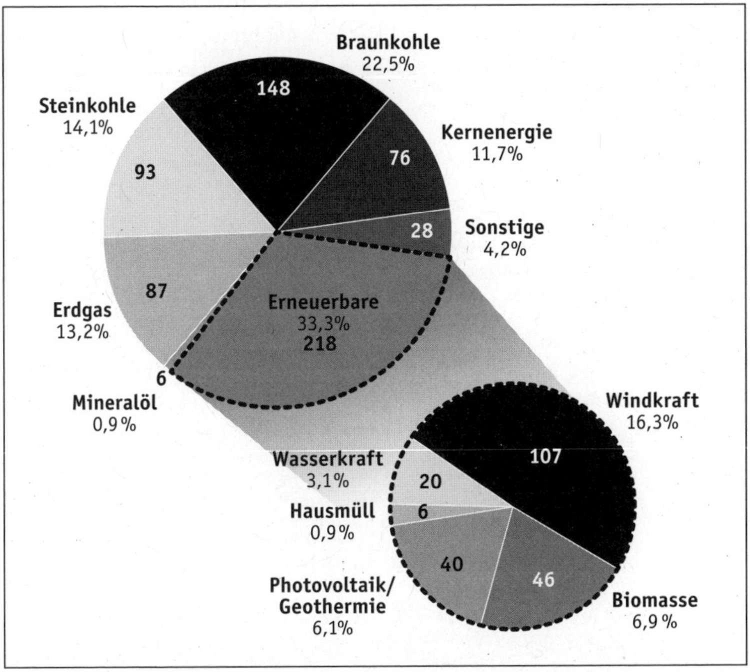

Abbildung 3: **Bruttostromerzeugung in Deutschland**

Die insgesamt produzierte Strommenge wird als Bruttostromerzeugung (2017: 654,8 TWh) bezeichnet; sie ist größer als das, was beim Verbraucher ankommt (z. B. durch Übertragungsverluste). 2017 war es noch ein Drittel, 2019 kommen bereits 43 Prozent des Stroms aus erneuerbaren Quellen. *Quelle: AG Energiebilanzen AGEB*

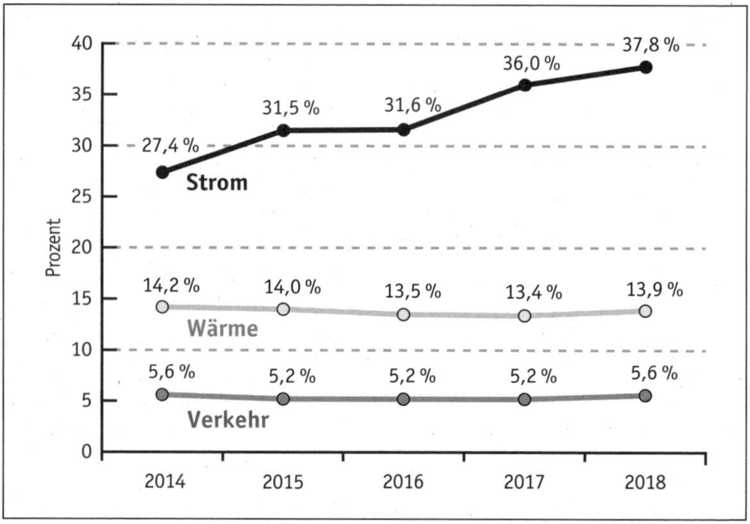

Abbildung 4: **Anteil der erneuerbaren Energien in Deutschland nach Sektoren**
Stagnation bei Wärme und Verkehr, starke Anstiege im Sektor Strom – auch hier wird der Fokus der bisherigen Energiewende sichtbar. *Quelle: Umweltbundesamt*

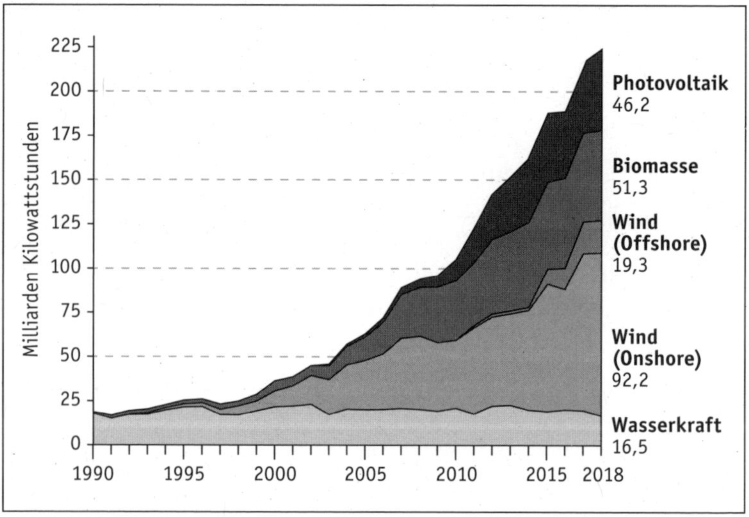

Abbildung 5: **Entwicklung der Stromerzeugung aus Erneuerbaren in Deutschland**
In knapp 20 Jahren hat sich der Anteil der Erneuerbaren an der Stromerzeugung verzehnfacht. Auf Windkraft entfielen 2018 knapp 50 %, gefolgt von Biomasse, PV und Wasserkraft. Die Geothermie spielt kaum eine Rolle. *Quelle: BMWI/AGEE-Stat*

Abbildung 6:
Energieverbrauch in Deutschland
Industrie, Verkehr und Haushalte haben ähnlich hohe Anteile am Endenergieverbrauch. Auf Warmwasser/Heizung (Raumwärme) entfallen fast 90 % des Energieverbrauchs in den Haushalten.
Quelle: dena/ Energiedaten BMWI

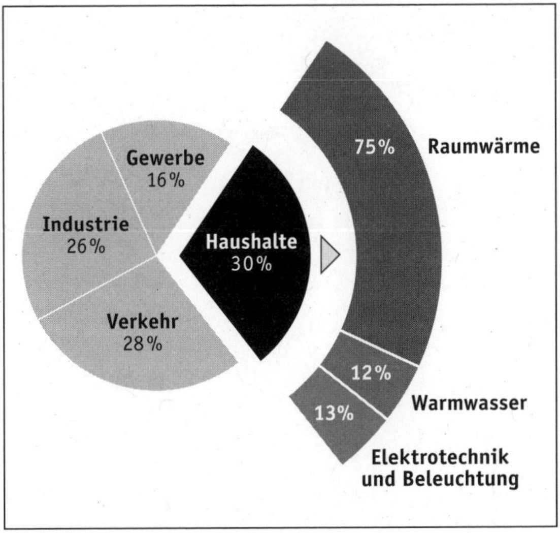

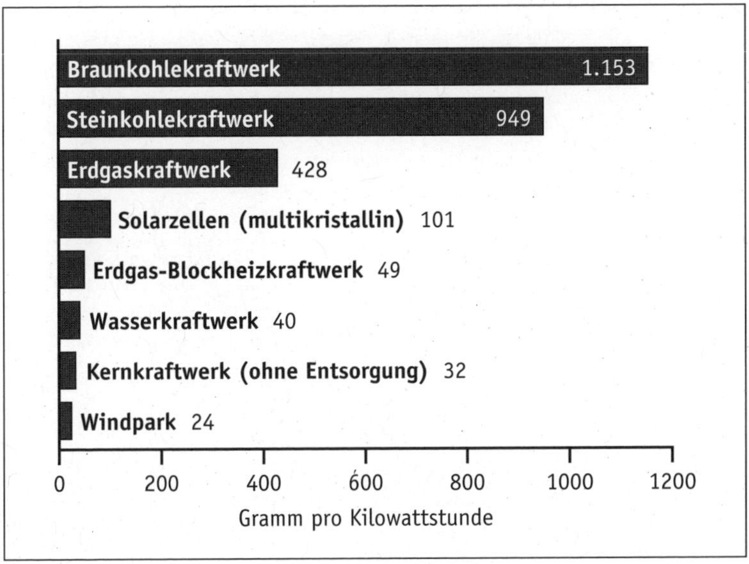

Abbildung 7: **CO_2-Emissionen bei der Stromerzeugung nach Kraftwerkstypen**
Deutlicher können die negativen Auswirkungen von Kohlestrom nicht ausfallen: Die Emissionen übersteigen die der sauberen Wasser- und Windenergie um ein Vielfaches. Die Kernkraft schneidet nur deshalb so gut ab, weil Bau und v. a. Entsorgung in der Darstellung unberücksichtigt bleiben.
Quelle: Öko-Institut

Danksagung

Ohne moralischen, redaktionellen und auch technischen Beistand, gesicherte Finanzierung, Inspiration und intellektuelle Stützen hätte ich das Buch nicht schreiben können. Mein herzlicher Dank gilt allen, die sich in einer oder mehrerer dieser Disziplinen um mein Wohl gesorgt haben.

Einige, wenn auch längst nicht alle, erwähne ich: meine Freundin Ira Hauswirth erträgt mich nicht nur, sondern half in vielen fruchtbaren Gesprächen. Meine Tante, die unvergleichliche Renate Dommasch, coacht mich, seit ich denken kann. Mein kluger Bruder Dieter treibt mich liebevoll an. Daniel Bannasch half mir sehr dabei, meine ersten Gedanken zu ordnen. Ohne meine größten, mittlerweile leider verstorbenen Lehrer Walter Berg, Iring Fetscher, Peter Glotz und Hermann Scheer wäre alles nichts. Viel gelernt habe ich auch von den Jüngeren; von jungen mutigen Unternehmern wie Amir Roughani, der aus dem Nichts ein Hightechunternehmen aufgebaut hat und es zielstrebig auf die neue Welt der dezentralen erneuerbaren Energien ausrichtet. Die ganze EUROSOLAR-Familie war mir stets ein Ort des Lernens und der Selbstvergewisserung; pars pro toto: Brigitte Schmidt, Rosa Hemmers, Irm Scheer-Pontenagel, Peter Droege, Wolfgang Palz und Harry Lehmann.

Christoph Hirsch vom oekom verlag gab meinem Manuskript eine Chance; die Lektorin Eva Rosenkranz sorgte mit intellektueller Schärfe und stoischer Prägnanz für einen weniger fachlich-mäandernden, sondern eher zugänglichen Sprachstil.

Zorn ist ein guter Motivator. Immer wieder ärgerte es mich zu erleben, wie selbst erfahrene Aktivisten und Wissenschaftler ihren Mut verlieren und den Glauben daran, dass das Ruder noch rechtzeitig herumgerissen werden kann, oder die davon träumen, ihr gutes altes EEG wiederzubekommen. Auch ihnen danke ich dafür, dass sie mich zwangen, klar zu denken und zu argumentieren. Kaum begann ich an dem Buch zu arbeiten, kam meine gute Laune zurück, weil ich erkannte, dass die Lösung noch näher liegt, als ich selbst für möglich hielt. Es ist aus Liebe zu den Menschen entstanden und möge den Leserinnen und Lesern helfen, sich eine eigene Meinung zu bilden.